Emmanuel Davoust

Signale ohne Antwort?

Die Suche nach außerirdischem Leben

Aus dem Englischen
von Margit Röser

Birkhäuser Verlag
Basel · Boston · Berlin

Die Originalausgaben erschienen 1988 unter dem Titel «Silence au Point d'Eau» bei Teknea, Toulouse, Frankreich, und 1991 unter dem Titel «The Cosmic Waterhole» in aktualisierter Form bei MIT Press, Cambridge, Massachusetts, USA. Die deutsche Übersetzung folgt der amerikanischen Ausgabe unter Berücksichtigung des französischen Originals.

Die Deutsche Bibliothek – CIP-Einheitsaufnahme

Davoust, Emmanuel:
Signale ohne Antwort? : Die Suche nach außerirdischem Leben / Emmanuel Davoust. Aus d. Engl. von Margit Röser. – Basel ; Boston ; Berlin : Birkhäuser, 1993
Einheitssacht.: Silence au point d'eau <dt.>
ISBN 3-7643-2731-6

Umschlaggestaltung: Atelier Hanjo Schnug, Rosenheim
Printed in Germany
ISBN 3-7643-2731-6

Inhalt

Danksagungen

Die Fakten und Ideen, die das Gerüst dieses Buches bilden, habe ich Stück für Stück aus der Literatur sowie aus Konferenzen und Diskussionen zusammengetragen, wobei Reaktionen aus der Öffentlichkeit zur Klärung meiner Gedanken beitrugen. Joachim Cardona hat mit Sorgfalt mehrere aufeinanderfolgende Versionen des französischen Manuskripts gelesen; seine Fragen und Anregungen haben mir geholfen, sowohl Form als auch Inhalt zu verbessern, wofür ich ihm sehr dankbar bin. Danken möchte ich auch Dr. Philippa Gander, die die Kapitel 2, 3 und 4 gelesen und meine voreiligen und manchmal falschen Schlüsse in bezug auf die Biologie korrigiert hat, ebenso Hans-Ulrich Daniel, der zahlreiche konstruktive Kommentare zum englischen Text beigesteuert hat, sowie meinem Vater Eugene Davoust, der die meisten Stil- und Rechtschreibfehler der französischen Ausgabe eliminiert hat (für die noch verbliebenen bin ich verantwortlich), und meinen Kollegen am Observatorium Besançon, die zur Realisierung dieses Buches beigetragen haben. Mein Dank geht auch an Cynthia Peterson und Margit Röser, die Verbesserungen an der deutschen Ausgabe vorgenommen haben. NASA, Editions Belin, Lucienne Gouguenheim und die Französische Astronomische Gesellschaft haben kostenlos Illustrationen für das Buch zur Verfügung gestellt, wofür ich ihnen danken möchte. Nicht zuletzt danke ich auch meiner Frau Barbara, die viele Versionen des Manuskripts immer wieder gelesen, zahlreiche Fehler und Unbeholfenheiten korrigiert und das Buch ins Englische übersetzt hat. Außerdem hat sie es klaglos hingenommen, daß ich viele Abende und Wochenenden dem Schreiben dieses Buches geopfert habe.

Vorwort

Sie haben einen Traum: Eine Gruppe von Reisenden zieht durch die Wüste und sehnt sich nach irgendeinem Zeichen, daß sie nicht allein ist. Sie findet zwar viele Oasen, doch jede ist eigenartig steril. Auch eine fremde Sprache wäre willkommen, doch nichts ist zu hören außer dem sanften, leblosen Seufzen des Windes über dem Sand. Kein Hundegebell, kein Vogelgezwitscher, kein Kindergeschrei, kein Willkommensruf – keinerlei Leben.

Wachen Sie auf! Diese Reisenden sind wir. Die menschliche Rasse sieht sich in einer unvorstellbar weiten Wüste. Im Universum herrschen unbarmherzige Extreme: Hitze und Kälte, hohe und niedrige Drucke, Geschwindigkeiten, die bei Kollisionen alles zerschmettern, und todbringende energiereiche Strahlen – offensichtlich feindliche Bedingungen für jegliche Form von Leben. Und doch gibt es – vermutlich – zumindest einige Ausnahmen, wie zum Beispiel den zerbrechlichen Planeten, den wir bewohnen.

Bis zu dem Zeitpunkt, an dem dies geschrieben wurde, war kein anderes Planetensystem bekannt. Doch laut Theorie und Beobachtung sollten überall solche Systeme existieren. Das heißt, verstreut über die Galaxien müßte es fast unzählig viele Planeten geben, von denen einige auch zufällig mehr oder weniger der Erde ähneln. Geht man davon aus, daß es solche Orte gibt, können sich die meisten Biologen heute durchaus vorstellen, daß sich zumindest einige dieser Planeten spontan mit Lebensformen bevölkern, die ihre Energie und Entropie von ihrem Zentralstern beziehen. Dabei könnten sie im Laufe der Äonen eine ständig wachsende Komplexität entwickeln, in seltenen Fällen vielleicht sogar Intelligenz, Wissenschaft und Technologie.

Dies war viele Jahrzehnte lang die gängige Vorstellung, und sie mag sogar stimmen. Spätestens seit den zwanziger Jahren gibt es Science-fiction-Literatur – zum Teil von hoher Qualität –, in der einige der schier unbegrenzten Möglichkeiten fremden Lebens näher beschrieben wurden. In den letzten 30 Jahren hat sich dann die ernsthafte wissenschaftliche Forschung verstärkt mit dieser Frage beschäftigt. 1982 gründete die angesehene Internationale Astronomische Union (IAU) ihre Kommission 51 (heute Exobiologie-Kommission genannt), die praktisch sofort die größte aller IAU-Kommissionen wurde.

Es überrascht jedoch nicht, daß es auch Skeptiker gibt. Diese weisen zum Beispiel darauf hin, daß die Exobiologie «die einzige Wissenschaft ohne einen zu behandelnden Gegenstand» sei. Sie bezweifeln sogar, daß diese Wissenschaft je einen solchen Gegenstand besitzen wird. Einige der Kritiker behaupten, die tatsächliche Wahrscheinlichkeit für eine spontane Entstehung von Leben sei so unglaublich gering, daß dies in unserem gesamten Universum nur ein einziges Mal stattfinden konnte – und selbst dies entgegen einer immens hohen Unwahrscheinlichkeit. Selbstverständlich sind wir damit gemeint.

Andere wiederum vertreten eine Meinung, die zum entgegengesetzten Extrem neigt. Sie akzeptieren zwar die immer häufiger vertretene Auffassung, daß wahrscheinlich Leben immer dann entsteht und sich intelligent entwickelt, wenn die Bedingungen dafür günstig sind. Doch dann seien wir ziemliche Nachzügler. Vor Millionen, wenn nicht sogar Milliarden Jahren hätten sich bereits in der Nachbarschaft anderer Sterne Zivilisationen bilden müssen. Mit Hilfe von uns weit überlegenen Technologien sollten sie schon vor langer Zeit die gesamte Galaxis bevölkert haben – entweder sie selbst oder durch ihre Robotersonden. Doch wo sind sie? Beweist ihre offenbare Abwesenheit und ihr Schweigen (zumindest für unsere heutigen Ohren), daß es sie nicht gibt?

Wieder andere Kritiker betonen die erschreckenden Entfernungen, die selbst noch zwischen den näher gelegenen Sternen liegen, sowie die noch erschreckenderen Energiebeträge und Zeiträume, die nötig sind, um die kleinsten Raumsonden zwischen ihnen hin und her zu schicken. Ihrer Meinung nach ist es somit durchaus möglich, daß grundsätzlich eine universelle Quarantäne für ungleichartige Lebensformen im Weltall besteht.

Warum also gibt es dann Exobiologen? Aus vielerlei Gründen, von denen der wichtigste die Frage ist: «Sind wir allein?». Mit Sicherheit ist dies eine der tiefgehendsten Fragen, der die Menschen überhaupt nachgehen können. Ihre Bejahung – ja, wir sind allein – kann niemals mit absoluter Sicherheit erfolgen. Sollten aber nach Jahren und Jahrzehnten der Suche keine Spuren von Leben gefunden werden, ergibt sich gerade daraus eine noch größere Verantwortung für uns und unsere Nachkommen, die Flamme am Leben zu erhalten, das unschätzbar wertvolle Geschenk des Denkenkönnens an die zahllosen folgenden Generationen weiterzugeben, die vielleicht Möglichkeiten haben werden, die jenseits unserer Vorstellungskraft liegen. Sollte aber die Suche Erfolg haben, so wird es zweifellos die wichtigste Aufgabe der menschlichen Rasse sein, die Eigenschaften des völlig fremden Lebens kennenzulernen und zu versuchen, sinnvollen Kontakt herzustellen.

Darüber hinaus besitzt die Exobiologie durchaus Zielobjekte und auch Werkzeuge. Im Sonnensystem gibt es mehrere Orte, wo zumindest primitive eingeborene Lebensformen möglich wären. Hier sind vor allem die unter der Oberfläche befindlichen Bodenschichten des Mars und die warmen Ozeane und etwaigen Vulkanschlote unterhalb der relativ dünnen Eiskruste des Jupitermondes Europa zu nennen. Sollte es dagegen um irgendeinen der vielen tausend Sterne, die sich heute innerhalb einer Entfernung von 50 oder 60 Lichtjahren von der Sonne befinden, neugierige Lauscher geben, so könnten sie aus einer Kugelschale elektromagnetischer Strahlung (bestehend aus allen Arten von Rundfunksendungen), die uns umgibt und die sich immer weiter mit Lichtgeschwindigkeit ausbreitet, auf unsere Existenz schließen. Umgekehrt könnten wir sie ebenfalls hören, sollten sie Rundfunk ausstrahlen; deshalb gibt es das Unterprojekt SETI (Search for Extra-Terrestrial Intelligence), die Suche nach außerirdischer Intelligenz.

Die SETI-Fachleute sehen sich ernsten praktischen Problemen gegenüber. Hochentwickelte Zivilisationen, die von Planet zu Planet oder von Planet zu Raumschiff kommunizieren, werden sicher sehr feine, scharf gebündelte Sendestrahlen benutzen – und sei es nur aus wirtschaftlichen Gründen –, so daß die Wahrscheinlichkeit, daß die Erde zufällig davon getroffen wird, verschwindend gering ist. Vermutlich müssen wir unsere Hoffnungen darauf stützen, daß wir zufällig in die relativ breiten Strahlenbündel des Radars oder des echten Rundfunks geraten oder aber daß mit Absicht ein Strahl in alle Richtungen ausgesandt wird – eine unberechenbare, mit Sicherheit aber winzig kleine Chance. Das Suchproblem wird noch dadurch erschwert, daß die Außerirdischen jede beliebige von Trillionen von Frequenzen benutzen und ihre Sendestationen in Milliarden speziellen Richtungen von uns aus gesehen liegen könnten. Darüber hinaus könnten ihre Sendungen so ungewohnt oder so subtil kodiert sein, daß sie uns im wesentlichen als Rauschen erscheinen. Noch beunruhigender ist jedoch die Tatsache, daß wir in Anbetracht der Milliarden Jahre, die bereits vergangen sind und die noch kommen werden, wenig Grund zu der Hoffnung haben, daß ausgerechnet in den paar Jahrzehnten, in denen unser Interesse geweckt ist und wir die Möglichkeiten einer Kontaktaufnahme hätten, ein so seltenes Ereignis eintritt, wie es die Existenz einer intelligenten, radiosendenden Zivilisation in plausibler Entfernung zur Sonne wäre. Trotz solcher Probleme sind jedoch bereits mehr als 50 ständig verbesserte SETI-Suchantennen montiert worden.

In den letzten Jahren konnte durch relativ billige Mikrochip-Technologien die Leistung dieser Suchantennen um rund das Millionenfache gesteigert werden. Vor über zehn Jahren hatte ich die Ehre, eine besondere Unterkommission des U.S. National Research Council zu leiten, die darüber befinden sollte, ob SETI inzwischen als unterstützenswertes Projekt im Rahmen der professionellen astronomischen Forschung anzusehen war. Nach einjähriger Untersuchung und Beratung kamen wir im wesentlichen zu dem Schluß, daß nun zum ersten Mal einigermaßen realistische Aussichten bestehen, den multidimensionalen kosmischen Heuhaufen zu sondieren, wenn auch die Wahrscheinlichkeit, etwas zu finden, sehr gering ist. Da aber ein positives Ergebnis dieser Suche von überwältigender Wichtigkeit wäre, gaben wir die Empfehlung, dieses Projekt in bescheidenem Rahmen weiter zu verfolgen. Die NASA stimmte zu. Doch an diesem Punkt tauchte dann das größte aller Probleme auf – der Spott einflußreicher Repräsentanten. Senator William Proxmire zeichnete 1978 SETI mit seinem «Golden Fleece

Award» aus (was hier nicht «Preis des Goldenen Vlieses», sondern «Goldener Plünderungspreis» heißt! – Anm. d. Übers. –). Daraufhin wurde der NASA untersagt, auf diesem Gebiet Forschung zu betreiben. Dieses Problem existierte noch lang. Die Lektüre der Nachschrift einer sogenannten Debatte im Repräsentantenhaus (*Congressional Record*, 18. Juni 1990, S. H4329), die umfangreiche Zitate aus Supermarkt-Revolverblättchen enthält, war eine recht ernüchternde Erfahrung für meinen immer noch starken Glauben an die von Volksvertretern repräsentierte Demokratie. Es möge genügen zu erwähnen, daß 1990 immer noch kein realistisches SETI-Programm finanziert war. Inzwischen ist SETI allerdings in eine neue Phase eingetreten: Am 12. Oktober 1992, dem 500. Jahrestag der Entdeckung Amerikas, startete die NASA ein Hundert-Millionen-Dollar-Projekt, bei dem mit Hilfe modernster Elektronik und riesiger Radioteleskope das Weltall nach Signalen abgesucht werden soll (Anm. d. Übers.). Doch selbst wenn man auf der Erde große Suchantennen errichten und nichts finden sollte, so wird man sicher zur Zeit unserer Kinder SETI-Observatorien entwickelt haben – auf der radioruhigen Rückseite des Mondes –, mit deren Hilfe nachdrücklichere Aussagen zu dieser ehrfurchtgebietenden Frage möglich sein werden.

In der Zwischenzeit ist eine Reihe von Büchern zu diesem Thema erschienen. Doch nur wenige, wenn überhaupt, haben es von so vielen verschiedenen Gesichtspunkten aus beleuchtet wie das vorliegende Werk. Der Leser wird zwar nicht erfahren, ob es Leben auf anderen Welten gibt, doch er wird ein tieferes Verständnis für diese jahrhundertealte Frage, ihren Inhalt, ihre Komplexität und ihre Bedeutung erlangen. Vorläufig müssen wir uns damit begnügen.

Harlan J. Smith

Einleitung

> *... wir leben mit Vorstellungen, die, wenn wir wirklich an sie glaubten, unser Leben völlig sprengen würden.*
>
> Albert Camus: *Der Mythos von Sisyphos*

Sind wir allein im Universum? Diese Frage stellt sich ganz automatisch, wenn man hinauf an den Sternenhimmel blickt. Und wirklich, warum sollte unter den Tausenden von Sternen nicht eine Sonne wie die unsre sein, umgeben von Planeten, auf denen zum Teil Wesen wie wir leben? Dies ist eine der Fragen, die sich die Menschen seit undenkbaren Zeiten über das Leben, den Tod und das Danach stellen, ohne jedoch mehr als darüber spekulieren zu können. Diese Fragen spiegeln das Bedürfnis wider, der Welt, in der wir leben, eine Ordnung zu geben, aber auch das Gerüst unseres Alltags in Frage zu stellen. Was wäre, wenn die Radioastronomen schließlich eine verständliche Botschaft vom Rande unserer Galaxis auffangen würden? Unser Weltbild wäre vollständig aus dem Gleichgewicht gebracht.

Dieses Thema, das bisher Philosophen und Schreibern von Science-fiction vorbehalten schien, hat sich in den letzten 20 Jahren auch den Astronomen erschlossen. Aber wo sollen wir die Suche nach Leben im Universum beginnen? Oft ist eine Entdeckung oder eine neue Tatsache Ausgangspunkt für weitere Forschungen, doch bis jetzt haben wir keine Anzeichen für Leben außer dem auf der Erde gefunden.

Die Suche nach außerirdischem Leben ist begründet und angetrieben durch die tiefe Überzeugung, daß diese Frage *jetzt* in Angriff genommen werden muß und wir bald eine Antwort finden müssen. Diese Überzeugung ergibt sich aus der Entwicklung des westlichen Gedankenguts in den letzten Jahrhunderten. Die Erde, die vor Kopernikus das Zentrum des Weltalls zu sein schien, mußte zunächst ihre bevorzugte Rolle an die Sonne abgeben, die sich dann ihrerseits als ein ziemlich gewöhnlicher Stern in unserem Milchstraßensystem herausstellte, das selbst auch nur eine von Milliarden Galaxien in einem unermeßlichen Universum ist. Besteht dann nicht der nächste Schritt in dem Gedanken, daß das Leben auf der Erde ebenfalls keine Ausnahme darstellt?

Solange wir noch auf unwiderlegbare astronomische Beweise warten, die der zukünftigen Forschung eine bestimmte Richtung geben würden, sind alle Hypothesen über Leben im Universum erlaubt. Das besondere Kennzeichen dieser Forschung – das Fehlen von Beweisen, das anfängliche konzeptionelle Vakuum – macht sie so viel interessanter und gibt ihr eine zusätzliche Dimension. Alles ist möglich, und somit geht die Forschung über Leben im Universum gleichzeitig in viele verschiedene Richtungen. Die einen machen eine Bestandsaufnahme der Bausteine des Lebens im interstellaren Medium, andere versuchen dagegen, die wahrscheinliche Anzahl von Orten in unserer Galaxis abzuschätzen, die günstige Bedingungen für Leben bieten, um dann die Konsequenzen zu überdenken, die sich aus dem möglichen Vorhandensein von Leben oder sogar von technologisch hochstehenden Zivilisationen irgendwo im Weltall ergeben.

Sie zögern auch nicht, sich von der Science-fiction inspirieren zu lassen, wenn sie das Schweigen des Universums zu erklären versuchen. Diese Aufgabe ist multidisziplinär; so geben zum Beispiel anthropologische Untersuchungen über polynesische Gesellschaften Anregungen bei Studien über die Kolonisation der Milchstraße. Sind die Sterne unserer Galaxis nicht vergleichbar mit Inseln im Pazifischen Ozean, getrennt durch riesige Wasserstrecken, deren Überquerung das Leben der Kolonisten bedrohte? Wieder andere suchen, etwas pragmatischer, nach Planetensystemen um Sterne oder horchen in das Universum und hoffen, eine Botschaft oder einfach ein künstliches Signal aufzufangen, das auf intelligente Aktivitäten außerhalb der Erde hinweist.

Auch der Leser kann Beiträge zu dieser Forschung leisten. So machte zum Beispiel ein Freund ohne spezielle wissenschaftliche Ausbildung den Vorschlag, daß Viren, die zu Epidemien auf der Erde führen, von Staub getragen aus dem Weltall kommen könnten – warum nicht? Dieses Buch ist zwar vor allem das Ergebnis einer gründlichen Überprüfung bibliographischer Quellen und vieler Diskussionen mit Kollegen aus der Astronomie und anderen Naturwissenschaften, doch es wurde auch bereichert durch Fragen und Bemerkungen aus der Öffentlichkeit während verschiedener Konferenzen. Und es war in der Tat die Öffentlichkeit, die mir klarmachte, was auf dem Spiel steht, die mich zwang, das Problem über die Grenzen der Astronomie hinaus auszuweiten, und die mich dazu brachte, meine wissenschaftliche «Objektivität» aufzugeben, Farbe zu bekennen und mich an der Diskussion zu beteiligen. Diese Art der generellen Überprüfung ist nötig, um einen vorläufigen Überblick über das Thema zu erlangen und uns die begrifflichen Werkzeuge an die Hand zu geben, die wir für diese Aufgabe brauchen. Wir müssen die vertrauten Begriffe «Zivilisation», «Kommunikation» und sogar «Leben», von denen wir nur die auf der Erde vertretenen Formen kennen, verallgemeinern. Wir müssen versuchen, unsere Existenz in ihrer relativen Bedeutung zu sehen, uns selbst von außen zu untersuchen.

Eigenartigerweise besteht einer der größten Verdienste dieser Forschung darin, daß sie uns etwas über uns selbst lehrt. Wir müssen unseren Planeten und seine Bewohner mit dem Auge eines Fremden betrachten. Diese Untersuchung aus einem ungewöhnlichen Blickwinkel heraus kann uns viel über uns selbst lehren, über unsere Grenzen und Eigentümlichkeiten, doch auch über das, was universell an uns ist. Es ist ein Weg, uns selbst besser kennenzulernen, indem wir in einem größeren Zusammenhang neu definieren, wer wir sind.

Teil 1:
Leben auf der Erde

1
Kometen und der Ursprung des Lebens

Diese erste lebende Zelle, die den Keim aller Liebe, allen Denkens, aller Musik in sich trug, und dieser menschliche Körper, so schön, wenn er schön ist, und all das, was er erweckt hat, wäre genug, mich niederknien zu lassen.

François Mauriac: *Das Neue Notizbuch,* 1958–60

Ein Reisender, der sich in einem fremden Land verirrt hatte, versuchte, eine Stadt zu finden. Das einzige, was er von ihr wußte, war ihr Name. Da seine Heimatstadt in einem fruchtbaren Tal am Ufer eines Flusses lag, folgte er auch hier den Straßen, die an Flüssen entlang führten. Sollten wir nicht seinem Beispiel folgen und vor der Suche nach Leben im Universum zunächst die einzigen Kenntnisse, die wir darüber besitzen – die über das Leben auf der Erde –, näher untersuchen, um einen Ausgangspunkt für unsere Forschung zu finden? Sind die physikalischen und historischen Bedingungen, denen wir unsere Existenz verdanken, allgemein genug, um sie überall im Raum oder in der Zeit anzutreffen?

Die Bestandsaufnahme von Lebensressourcen beginnt hier auf der Erde. Wir müssen die Geschichte des Lebens auf unserem eigenen Planeten studieren und so genau wie möglich alles untersuchen, was uns bei der Bestimmung seines außergewöhnlichen oder aber auch seines universellen Charakters helfen könnte.

Drei Fragen müssen gestellt werden: Wie begann das Leben auf der Erde? War die Evolution bis hin zum Menschen Zufall? Ist es unser Schicksal, uns weiterzuentwickeln – auf der Erde oder im Weltraum?

Auch ohne darüber nachzudenken, haben wir alle eine vorgefaßte Vorstellung von Leben im Universum. Es ist klar, daß die Antworten, die wir auf diese drei Fragen zu geben versuchen, entweder unsere ursprünglichen Überzeugungen bestärken oder ihnen entgegenstehen. Wenn wir dazu verdammt sind, in Kürze zu verschwinden, wären auch die Chancen, daß außerirdische Zivilisationen einem solchen Schicksal entronnen sind und nun im interstellaren Raum kommunizieren, nur gering. Falls wir darüber hinaus unsere Existenz außergewöhnlichen historischen Umständen verdanken, bedeutet dies, daß Evolution nicht unausweichlich stets in Richtung immer komplexerer Organismen verläuft. Wir könnten also eine sehr seltene, wenn nicht sogar einzigartige Spezies darstellen. Für den Augenblick wollen wir diese beiden Möglichkeiten einmal außer acht lassen und versuchen, die erste Frage zu beantworten.

Wie hat das Leben auf der Erde begonnen? Tatsächlich wird diese Frage von keiner der beiden momentan akzeptierten Theorien beantwortet. Nach der einen Theorie ist Leben ein fundamentaler Bestandteil des Universums und hat schon immer existiert. Auf der Erde hat es sich aus Keimen entwickelt, die durch Staub aus dem Weltall eingeschleppt wurden. Dies ist die *Panspermie*-Hypothese. Die Theorie der *Spontanen Zeugung* besagt dagegen, daß Leben auf der Erde aus inaktiver Materie hervorgegangen ist und wahrscheinlich sonst nirgendwo existiert. Zwischen diesen beiden extremen Standpunkten sind zahlreiche Szenarien vorstellbar, in denen Kometen und Meteoriten eine Rolle spielen könnten.

Der Ausdruck *Panspermie* wurde Anfang des 20. Jahrhunderts von dem schwedischen Naturwissenschaftler Svante Arrhenius geprägt. Doch die Idee, daß Keime tierischen und pflanzlichen Lebens im ganzen Universum verteilt sind und immer und überall, wo die Umgebung günstig ist, Wurzeln fassen, ist sehr viel älter. Etwa 500 v. Chr. vertrat der griechische Philosoph Anaxagoras eine solche Hypothese. Die Vorstellung blieb unbeachtet, bis sie im 19. Jahrhundert zu neuer Popularität gelangte, nachdem Louis Pasteur mit seinem berühmten Gärungsexperiment* der Hypothese der Spontanen Zeugung anscheinend einen tödlichen Schlag versetzt hatte.

Für die Art und Weise der Verbreitung der lebenstragenden Keime in der Galaxis** gibt es zwei Erklärungsvorschläge. Die von Hermann Helmholtz und Lord Kelvin um das Jahr 1870 vertretene *Lithopanspermie*-Hypothese besagt, daß die Keime von Meteoriten transportiert wurden. Laut Arrhenius' Theorie aus dem Jahre 1908 werden die Keime durch den Strahlungsdruck der Sterne vorwärts getrieben (*Radiopanspermie*).

Bei beiden Transportmitteln ergeben sich zahlreiche Schwierigkeiten. Im Falle der Radiopanspermie ist die Verbreitungsgeschwindigkeit der Keime sehr gering – zu gering, wenn wir die Entfernungen betrachten, die zurückgelegt werden müssen, um die gesamte Galaxis zu befruchten. Seit der Entstehung des Weltalls hätten sie nur 6000 Lichtjahre zurückgelegt – ein Achtel des Wegs.***

Werden die Keime von Meteoriten transportiert, entstehen Schwierigkeiten in dem Moment, in dem sie in die Erdatmosphäre eintauchen. Die Aufheizung des Trägers und sein nachfolgender Aufschlag auf dem Boden könnten sie abtöten. Dies gilt für Meteoriten, die zwischen einem millionstel und zehn Gramm wiegen. Im Inneren von schwereren Meteoriten kann organisches Material überleben, da nur eine äußere Schicht von einem Millimeter Dicke am Meteoriten durch die atmosphärische Reibung aufgeheizt wird. Sehr schwere Meteoriten (eine Tonne und darüber) werden beim Aufschlag völlig zerstört, da die Atmosphäre sie nicht ausreichend abbremsen kann. Die am anderen Ende des Massenbereichs liegenden feinen interplanetaren Staubteilchen (bis zu 50 Mikron Durchmesser) landen sanft auf der Erde. Die Hitze, die sie durch die Reibung in der Atmosphäre absorbieren, reicht gewöhnlich nicht aus, um sie zum Schmelzen zu bringen.

---

* Pasteur zeigte, daß Gärung durch Mikroorganismen verursacht wird und nicht spontan auftreten kann.

** Über die Verwendung des Ausdrucks Galaxis siehe Anhang.

*** Unsere Galaxis (die Milchstraße) hat einen Radius von 45 000 Lichtjahren. Ein Lichtjahr ist die Entfernung, die das Licht bei einer Geschwindigkeit von 300 000 Kilometern pro Sekunde in einem Jahr zurücklegt.

Man schätzt heute, daß täglich 8700 Kilogramm ungeschmolzenes Material auf die Erde niedergehen, das zu zehn Prozent aus intaktem organischem Kohlenstoff besteht. Die Rate muß in den ersten Millionen Jahren der Erdgeschichte sehr viel höher gewesen sein, bevor all die Trümmer, die bei der Bildung des Sonnensystems übriggeblieben waren, weggefegt wurden. Nach 100 Millionen Jahren sollte sich auf der Erdoberfläche eine dünne Schicht von einem tausendstel Gramm organischem Material pro Quadratzentimeter ergeben.

Der amerikanische Astronom David Brownlee von der Universität Washington sammelte in der Stratosphäre in einer Höhe von etwa 20 Kilometern mehr als 1000 solcher Teilchen. Er benutzte eine dünne Plastikplatte, die mit einem Silikonöl beschichtet und an einem U2-Flugzeug angebracht war, das unter anderen Umständen Berühmtheit erlangt hatte. Außerdem holte er auch mitten im Pazifischen Ozean mit Hilfe einer magnetischen Harke aus einer Tiefe von 5000 Metern marine Sedimente herauf. Diese Methoden waren zwar sehr leistungsfähig, doch auf diese Weise konnte Brownlee nur bestimmte Teilchentypen sammeln: eisenhaltige oder sehr kleine.

Eine französische Gruppe unter der Leitung von Michel Maurette aus Orsay sammelte im Juli und August 1984 und 1987 in Grönland sowie von Januar bis März 1988 in der Antarktis vollständigere Proben von extraterrestrischem Material. In dieser Umgebung, weit entfernt von den Hauptkorrosionsquellen, boten die Teilchen außerdem noch den Vorteil, gut erhalten zu sein. In Grönland wurden die Mikrometeoriten aus den schwarzen Sedimenten gewonnen, die man am Boden flacher Seen in der Nähe von Gletschern findet. In der Antarktis brachte das Team einige 100 Tonnen Eis zum Schmelzen, um die Proben zu bekommen. Ihre Analyse zeigte, daß sie keine bedeutende Aufheizung bei ihrem Eintritt in die Atmosphäre erfahren hatten. Etwa 30 Prozent der Mikrometeoriten waren nicht geschmolzen, auch nicht einige unerwartet große (bis zu einem Millimeter). Staub scheint demnach besser geeignet als Meteoriten, um die Keime des Lebens auf die Erde zu bringen. Diese Staubkörner zeigen ferner Merkmale, die eine präbiotische Synthese wahrscheinlich begünstigen, wie zum Beispiel bestimmte Oberflächeneigenschaften und das Vorhandensein von katalytischem Material (Metalloxide und -sulfite). Somit können sie als «Minizentren» einer präbiotischen Chemie dienen.

Die Reise durch das interstellare Medium, ein für das irdische Leben besonders feindliches Medium, birgt ihre eigenen Risiken. Die physikalischen Bedingungen sind extrem unterschiedlich. Sehr dichte und kalte Gebiete mit Temperaturen nahe dem absoluten Nullpunkt (–273 Grad Celsius) werden durch riesige Regionen mit sehr heißem (einige Millionen Grad), verdünntem Gas voneinander getrennt. Das Medium ist durchflutet von tödlicher Strahlung: kosmische Strahlen, Röntgenstrahlung, Ultraviolettstrahlung und ein Bombardement aus Elektronen – sie alle können Leben zerstören.

J. Mayo Greenberg führte in Leyden Laborexperimente durch, die ihm die Berechnung der Überlebenschancen von Bakterien ermöglichten, die der ultravioletten Strahlung im interstellaren Medium ausgesetzt sind. Für das Bakterium *Bacillus subtilis* liegt die Lebenserwartung bei etwa 150 Jahren. Nur eins von 10 000 Bakterien kann länger als 1000 Jahre überleben. Interstellare Staubwolken können jedoch einen wirksamen Schutzschild bilden, da sie den ultravioletten Strahlungsfluß um mindestens den Faktor 1000 vermindern. Darüber hinaus bilden Atome und Moleküle, die sich auf den Bakterien ablagern, eine schützende Kruste, die ihr Leben um Zehntausende von Jahren verlängert – lange genug, um ihnen die Reise von einem Planetensystem zum anderen zu ermöglichen.

Kosmische Strahlen stellen eine sehr viel größere Gefahr für reisende Keime dar als Ultraviolettstrahlung, da sie sehr viel energiereicher sind und es keinen wirksamen Schutz vor ihnen gibt außer einem Magnetfeld wie das, welches die Erde umschließt. Die Wahrscheinlichkeit, auf kosmische Strahlenschauer zu treffen, ist schwer abzuschätzen, da ihr Ursprung nicht genau bekannt ist. Mit Sicherheit setzen sie jedoch die Lebenserwartung der Keime weiter herab.

Diese Schwierigkeiten werden zum Teil durch die Hypothese der *Gezielten Panspermie* gelöst. Nach dieser Hypothese hätten intelligente Wesen von irgendwoher aus der Galaxis die Erde künstlich mit Leben geimpft – Wesen, die uns in der Evolution um Millionen

Jahre voraus waren. Diese Hypothese wird von Francis Crick vertreten. Man kann sich auch eine zufällige Befruchtung durch Mitglieder einer fortgeschrittenen Zivilisation vorstellen, die auf einer interstellaren Reise einen Zwischenstopp auf der Erde einlegten und sie durch zurückgelassene Reste ihres Picknicks verunreinigten. Diese Vorschläge sollten natürlich nicht zu ernst genommen werden, doch sie zeigen die Mängel der anderen Theorien über den Ursprung des Lebens.

Die wahre Unzulänglichkeit der Panspermie-Theorie über die Probleme des Transports und Überlebens hinaus zeigt sich jedoch, wenn wir die vollen Konsequenzen aus dieser Theorie ziehen. Selbst wenn sie erklärt, wie Leben auf unserem Planeten entstehen konnte, so umgeht sie doch das Problem des Ursprungs des Lebens selbst. Entweder geht dem Leben notwendigerweise Leben voraus, so daß folglich Leben schon immer existiert hat, so wie dann auch das Universum schon immer existiert hat, oder Leben wurde irgendwo im Universum geboren – aber warum dann nicht auch auf der Erde? Diese Theorie schafft eine Diskontinuität zwischen lebender und inaktiver Materie. Sie beinhaltet, daß die Eigenschaften des Lebens mit unseren wissenschaftlichen Methoden nicht verstanden werden können, da diese Eigenschaften nicht auf ihre chemischen Bestandteile zurückgeführt werden können.

Bevor wir jedoch die Möglichkeit ausschließen, daß Lebenskeime durch den interstellaren Raum gereist sind und an bevorzugten Orten Leben hervorgerufen haben, müssen wir die möglichen Träger detaillierter untersuchen und herausfinden, ob die Keime irgendwelche Spuren auf ihnen hinterlassen haben. Wir müssen auch den Begriff Keim erweitern, um neben der bekannten Definition eines lebenden Organismus auch die eines wesentlichen Elements des Lebens auf einer mehr oder weniger komplexen Stufe (organisches Molekül, Aminosäure, Protein usw.) mit einzuschließen.

Unter den auf der Erde gefundenen Meteoriten sind nur die kohligen Chondrite für den Ursprung des Lebens von Bedeutung, da sie bis zu vier Prozent Kohlenstoff und organische Verbindungen enthalten. Das Problem besteht darin, sicherzustellen, daß diese Verbindungen nicht durch terrestrische Verunreinigung zum Zeitpunkt des Aufschlags oder später entstanden sind.

Standardverfahren wie Chromatographie und Massenspektroskopie wurden benutzt, um zum Beispiel folgende Meteoriten zu analysieren: Murchison (Australien) im September 1969, Murray (Kentucky) 1951 und Mighei (Odessa, UdSSR) 1966. Diese Untersuchungen ergaben, daß sowohl biologische Aminosäuren als auch andere vorhanden waren, die normalerweise nicht in Proteinen vorkommen. Aminosäuren wurden fast zu gleichen Teilen in D- und L-Konfigurationen nachgewiesen, wohingegen Lebewesen nahezu ausschließlich aus Aminosäuren der L-Konfiguration bestehen. (Die D- und L-Konfigurationen sind zwei unterschiedliche Anordnungen asymmetrischer Moleküle, die spiegelbildlich zueinander sind.) Darüber hinaus wurden im Murchison-Meteoriten mindestens 74 Aminosäuren identifiziert, während man in terrestrischen lebenden Organismen gewöhnlich nur 20 findet.

All dies führt uns zu der Annahme, daß diese Aminosäuren durch nichtselektive – d.h. nichtbiologische – Synthese im interstellaren Raum entstanden sind. (Marcelin Berthelot und Louis Pasteur untersuchten einen Meteoriten, der 1864 in der Nähe von Orgueil in Frankreich niederging. Sie versuchten erfolglos, aus einer Probe vom Kern des Meteoriten, der organisches Material enthielt, eine Kultur möglicherweise vorhandener extraterrestrischer Mikroorganismen zu züchten.)

Die Antarktis ist ein idealer Platz, um Meteoriten zu suchen. Da sie auf gefrorenem Boden landen, sind sie leicht zu finden und nicht durch irdische organische Materie verunreinigt. Insgesamt 4000 Meteoriten, davon 40 kohlige Chondrite, sind in der Antarktis gefunden worden. Genaue Analysen an zwei von ihnen durch ein japanisches Team bestätigten das Vorhandensein von Aminosäuren extraterrestrischen Ursprungs.

Kometen und interstellarer Staub sind weitere mögliche Träger von Lebenskeimen. Wie Meteoriten und interplanetarer Staub enthalten Kometen hohe Prozentsätze an organischen Elementen. Kometen entstanden wahrscheinlich zur gleichen Zeit wie die Planeten in der protoplanetaren Scheibe. Interstellarer Staub stellt einen wichtigen Bestandteil des protoplanetaren Nebels dar, in dem sich diese Scheibe gebildet hat.

Ein Komet muß nicht mit der Erde zusammenstoßen, um diese mit seinen Bruchstücken zu verunreinigen. Tatsächlich bildet der Staub, den die Kometen ausstoßen, wenn sie nahe an der Sonne vorüberziehen, lange Schweife, die von der Erde in periodischen Abständen passiert werden. Dies sind die Quellen der regelmäßig wiederkehrenden Meteoritenschauer wie der Perseiden und Geminiden. Ihren Bahnen nach zu schließen stammen große Meteoriten (von mehr als einem Kilogramm) nicht aus den gleichen Regionen wie Staub und Kometen. Sie kommen wahrscheinlich aus dem Asteroiden-Gürtel – dem Gürtel aus Tausenden von Kleinstplaneten und großen Felsbrocken, der zwischen den Bahnen von Mars und Jupiter liegt.

Kometen werden gern mit schmutzigen Schneebällen verglichen, bestehend aus Eis und mehr oder weniger komplexen Mole-

Abb. 1
Komet West. Diese 1976 am Observatoire de Haute-Provence in Frankreich aufgenommene Photographie zeigt den Kometen etwa zehn Tage nach seinem Vorbeiflug an der Sonne, unmittelbar bevor sein Kern in vier Teile zerbrach. Die gedrehten Filamente im Plasmaschweif entstehen durch die Wechselwirkung zwischen dem Sonnenwind und den aus dem Kern des Kometen austretenden Gasen (© CNRS/OHP).

külen, aus Staubkörnern und aus Kristallen mit eingeschlossenen Gasen. Ihre genaue Zusammensetzung ist noch nicht bekannt, doch man nimmt an, daß die Moleküle, die den Kern bilden, mindestens genauso komplex sind wie die, welche man im Kometenschweif beobachtet. Es könnte sich sogar um Aminosäuren handeln. Die besonderen physikalischen Eigenschaften von Kometen, wie geringe Masse, niedrige Temperaturen und das Fehlen einer Atmosphäre sowie von flüssigem Wasser und einer Lithosphäre, lassen eine komplexere biologische Synthese jedoch als unwahrscheinlich erscheinen.

1986 flogen europäische, japanische und sowjetische Raumsonden zum Halleyschen Kometen. Ihre Begegnung mit dem Kometen lieferte den Wissenschaftlern neue Daten, um die Panspermie-Hypothese zu testen. Die europäische Sonde *Giotto* entdeckte im Kometen ein Polymer des Formaldehyd, das sogenannte Polyoxymethylen, das aus langen Ketten identischer Moleküle besteht. Dies ist die komplexeste organische Verbindung, die je im Weltraum gefunden wurde. Fred Hoyle und sein Team in Cardiff haben bestimmte Eigenschaften der Infrarotstrahlung des Kometen im Sinne von bakteriellen Körnern interpretiert. Doch diese Ansicht wird allgemein von den Fachleuten nicht geteilt.* Die Daten, die die sowjetische Sonde *Vega* bei ihrem Vorbeiflug am Kometen sammelte, enthalten dagegen keinen Hinweis auf Aminosäuren.

Es ist noch zu früh zu entscheiden, ob Kometen, Meteoriten und Staub wirklich am Anfang des Lebens auf der Erde standen. Dennoch ist sicher, daß sie alle eine wichtige Rolle beim Erscheinen des Lebens auf der Erde gespielt haben. Diese Objekte haben zur Formung der Oberflächen der inneren Planeten beigetragen, wie die zahlreichen Krater auf dem Mond, dem Mars und dem Merkur bezeugen. Sie reicherten die Atmosphäre der Erde mit den Bausteinen des Lebens, wie Wasserstoff, Kohlenstoff, Stickstoff, Sauerstoff, Schwefel sowie Wasser, und vielleicht auch mit organischen Molekülen an. Modelle zur Planetenentstehung besagen, daß die Ein-

* Hoyles kontroverse Hypothese über Bakterien im Weltraum wird in den Kapiteln 5 und 12 ausführlicher besprochen.

fallsrate von Kometen und interplanetaren Trümmerstücken auf der Erde in der Vergangenheit sehr viel höher und bis vor 3,9 oder vier Milliarden Jahren sogar ausgesprochen intensiv war. Wenn nur zehn Prozent der Einschlagskrater auf dem Mond von Kometen stammen, dann hätten Kometen auch genug Wasser auf die Erde gebracht, um die heutigen Ozeane zu bilden. Das Auftreten von Leben fällt wahrscheinlich mit dem Ende dieser Periode intensiver Bombardierung zusammen.

Die Vorstellung, daß Leben spontan aus inaktiver Materie entstand, ist so alt wie die Menschheit selbst. Man findet sie in fast identischer Form in der Genesis, im *Rigweda*, in der Philosophie des Anaximander (einem der griechischen Vorsokratiker aus dem 6. Jahrhundert v. Chr.) und in vielen primitiven Mythen. Im 17. Jahrhundert vertraten Newton und Descartes diese Vorstellung.

In Anbetracht der Schwierigkeiten, mit denen die Panspermie-Hypothese konfrontiert ist, bezeichnete Paul Becquerel im Jahre 1911 das Leben als «eine bescheidene Tochter der Erde». Während der zwanziger Jahre versuchten Alexander Oparin in der Sowjetunion und John Haldane in Großbritannien, die Geschichte der terrestrischen Atmosphäre und die physikochemischen Bedingungen, die dem Leben vorausgingen, zu rekonstruieren. In jüngerer Zeit gelang es dem Paläontologen Edouard Boureau, mit Hilfe von Untersuchungen an präkambrischen Fossilien die zellulare Entwicklung von Bakterien bis zu den ersten kernhaltigen Zellen zurückzuverfolgen. Alle diese Untersuchungen lassen vermuten, daß Leben auf der Erde über einen für menschliche Begriffe beträchtlichen Zeitraum hin aus inaktiven Elementen entstanden ist.

Viele Biologen und Biochemiker glauben heute, daß Leben unter den speziellen Bedingungen, wie sie anfänglich auf der Erde herrschten, aus chemischen Reaktionen hervorgegangen sein könnte, die durch Blitze und die Ultraviolettstrahlung der Sonne katalysiert wurden. Die chemische und biologische Forschung von Ilya Prigogine geht ebenfalls in diese Richtung: «Irreversible Erscheinungen erlauben uns zu zeigen, daß die Wurzeln des Lebens tiefer in das Unbelebte reichen, als wir geglaubt hatten.»

Ihnen zur Seite stehen Astronomen, die nach außerirdischen

Zivilisationen suchen und davon überzeugt sind, daß Leben notwendigerweise überall im Universum entstehen muß, sobald ein ausreichendes Maß an Komplexität in den chemischen Reaktionen erreicht ist.

Pasteurs Experimente hätten dann nur in einem begrenzten zeitlichen Zusammenhang Gültigkeit und würden nicht die Möglichkeit ausschließen, daß sich Kohlenstoffverbindungen langsam und allmählich über einige hundert Millionen Jahre hinweg in lebende Systeme umwandeln können.

Die Erde und das Sonnensystem entstanden vor etwa 4,5 Milliarden Jahren, 10,5 Milliarden Jahre nach der Geburt des Universums. Die ursprüngliche Oberfläche der Erde war wahrscheinlich zu heiß, um Wasser in seiner flüssigen Form vorkommen zu lassen. Erst als die Temperatur der Erdkruste immer weiter abnahm, erschienen die Ozeane und die Ur-Atmosphäre (die hauptsächlich aus Wasserdampf, Methan, Kohlendioxid und Ammoniakverbindungen bestand), nachdem vulkanische und andere Erscheinungen Gase aus der Kruste des Planeten freigesetzt hatten. In dieser reduzierenden (d.h. sauerstofffreien) Atmosphäre, die der von Jupiter und Saturn sehr ähnelt, hätte das Leben seinen Anfang genommen – oder, wie die Panspermie-Hypothese behauptet, sich aus einem aus dem Weltall stammenden Keim entwickelt.

Nach Boureau könnte das Leben sogar an mehreren Orten und zu verschiedenen Zeitpunkten während der Präkambriumperiode begonnen haben, mit unterschiedlichem Erfolg. «Es gab zahlreiche physikochemische Versuche», schreibt er, «doch nicht alle waren erfolgreich.» Wenn diese Hypothese stimmt, hat sie wichtige Konsequenzen. Wenn Leben in fünf Milliarden Jahren nur ein einziges Mal auf der Erde entstand, ist das Zeugungsprinzip in der Tat sehr selten. Wenn es jedoch zu mehreren verschiedenen Zeitpunkten entstand, wahrscheinlich unter verschiedenen physikalischen und klimatischen Bedingungen, so folgte es in jedem Falle dem gleichen Evolutionsprinzip. Ist diese zweite Hypothese richtig, so ist die Wahrscheinlichkeit sehr groß, daß anderswo im Universum ganz ähnliches Leben existiert.

Die ältesten Sedimentgesteine, die wir kennen, liegen in Isua auf Grönland und sind etwa 3,8 Milliarden Jahre alt. Die Analyse dieser

Gesteine scheint darauf hinzudeuten*, daß es zu dieser Zeit bereits Leben gab. Sicher ist dies jedoch nicht, da diese Gesteine einer intensiven Metamorphose unterlagen. Mit Sicherheit verlief aber die biologische Evolution in den 3,4 Milliarden Jahren der Präkambriumperiode extrem langsam. Fossilien aus dieser Periode sind äußerst einfache Organismen: anaerobische Bakterien (die frühesten stammen aus der Periode von vor 3,2 Milliarden Jahren) und einzellige Blaualgen (die heute noch existieren). Sphäroide – größere Organismen, aus denen sich vermutlich die ersten eukaryotischen Zellen (Zellen mit einem Zellkern) entwickelt haben – stammen aus dem Ende der präkambrischen Ära vor etwa einer Milliarde Jahren.**

Die Entwicklung hin zu den ersten eukaryotischen Zellen läßt sich gut durch den fundamentalen Begriff der Symbiose erklären. Primitive irdische Organismen gruppierten sich wahrscheinlich zum Schutz gegen eine aggressive Umgebung zunächst durch Symbiose um und umgaben sich später mit einer Membran. Sphäroide zum Beispiel formten sich zu sehr verschiedenartigen Bakterienkolonien um, die von einer gemeinsamen Wand umgeben waren. Das Einfügen eines fremden Organismus in eine solche Gruppe konnte zunächst wie eine Infektion erscheinen. Nach gegenseitiger Anpassung nahm dann das neue Element am Leben des Systems teil und trug zu seiner Entwicklung hin zur eukaryotischen Zelle bei. Es scheint klar, daß Fossilien aus dieser Periode Ansammlungen von Sphäroiden sind, die mit der Zeit immer komplexer wurden.

Die ersten Spuren eines Reproduktionsmechanismus, einem wesentlichen Kennzeichen von Leben, fand man bei einigen fossilen Zellen, auffälligerweise bei Sphäroiden. Dabei handelt es sich um Sprossung und die Abgabe von Substanzen aus der Zelle, die als

* Das Verhältnis von leichtem Kohlenstoff (^{12}C-Isotop) zu schwerem Kohlenstoff (^{13}C-Isotop) ist abnormal; wahrscheinlich wurde es durch biologische Synthese verändert, die eine deutliche Bevorzugung von leichtem Kohlenstoff aufweist.

** Der genaue Zeitpunkt konnte wegen der ungewissen Rolle (Kern oder Keimpore) des «schwarzen Flecks» bei einigen Sphäroiden der Präkambriumperiode nicht festgelegt werden.

die ersten Stadien der Mitose, der häufigsten Form der Zellteilung, angesehen werden können.

Die frühesten bekannten mehrzelligen Organismen sind die in großen Populationen auftretenden bänderförmigen, algenähnlichen Organismen mit regelmäßiger Morphologie, die in Nordwestkanada und China gefunden wurden. Ihr Alter wird auf 800 oder 900 Millionen Jahre geschätzt.

Zwar trat schon früh im Laufe der Geschichte unseres Planeten Leben auf, doch das erste Stadium seiner Entwicklung dauerte extrem lang – über 3 Milliarden Jahre. Die uns heute bekannte lebende Welt mit ihrer Vielzahl von Arten entstand in Wirklichkeit erst zusammen mit einer sauerstoffreichen Atmosphäre vor etwa 500 Millionen Jahren. Zu jener Zeit wurde die Atmosphäre oxidierend, wobei eins von fünf Molekülen Sauerstoff war. In der oberen Atmosphäre bildete sich eine Ozonschicht, die die Ultraviolettstrahlung auf der Erdoberfläche erheblich verminderte. Damit wurde das von einfachen Lebensformen beherrschte Stadium beendet.

Dieser Wendepunkt in der Geschichte der Erdatmosphäre und des Lebens verdient, genauer untersucht zu werden. Die lebenden Organismen selbst reicherten die Atmosphäre über cyanobakterielle Photosynthese mit Sauerstoff an. Sie veränderten die Umwelt, möglicherweise zu ihren eigenen Ungunsten, und machten den Weg frei für die Entwicklung eines effizienteren Stoffwechsels und damit für komplexe Lebensformen. Wir können uns somit vorstellen, daß das Leben in einer besonders ungünstigen Umgebung entstand, diese Umgebung aber möglicherweise nach und nach verbesserte und sich dann selbst vielfältig veränderte.

Jedoch erst mit der Stabilisierung der Kontinentalblöcke und der Verminderung der vulkanischen Aktivität wurde das Nettoergebnis der Photosynthese positiv und die Atmosphäre damit oxidierend. Deshalb hing das Auftreten von höherentwickelten Lebensformen hauptsächlich von der tektonischen Aktivität ab. Dies hätte sehr viel früher geschehen können oder überhaupt nicht – je nach der Geschwindigkeit, mit der sich die Erdkruste entwickelt hätte.

Diese Unwägbarkeiten, die hier in die Entwicklung des Lebens eingreifen, sollten wir ein wenig näher beleuchten. Hätte eine stärkere oder vorzeitigere vulkanische Aktivität den Zeitraum zwischen dem Auftreten der ersten Bakterien und des *Homo sapiens* um einige 100 Millionen Jahre verkürzt, so befänden wir uns heute in einem sehr viel weiter fortgeschrittenen Stadium der sozialen und technologischen Entwicklung. Vielleicht hätten wir schon Planeten um benachbarte Sterne kolonisiert und einige der Träume unserer besten Science-fiction-Autoren verwirklicht. Damit eröffnet sich die Aussicht auf außerirdische Zivilisationen, die technisch sehr viel weiter fortgeschritten sind als wir. Es ist der erste Hinweis auf die mögliche Existenz von universellem Leben, den uns die Untersuchung der Entstehung des Lebens auf der Erde liefert. Es scheint kein Widerspruch zwischen der Dauer der Evolution des irdischen Lebens und der Existenz von weiter entwickelten außerirdischen Zivilisationen in Planetensystemen zu bestehen, die mit unserem vergleichbar sind. Solche Zivilisationen scheinen durchaus möglich zu sein; allerdings könnten wir uns selbst zerstören, ehe wir ein solches fortgeschrittenes Stadium erreicht haben.

Obwohl uns die ersten Schritte der Entwicklung des Lebens und die damit verbundenen Risiken heute praktisch bekannt sind, bleibt der Ursprung des Lebens selbst ein Rätsel. In welcher «warmen Ur-Suppe», welcher besonders günstigen Umgebung könnte der erste Funke des Lebens geboren worden sein? Die präbiotische Chemie der Ur-Atmosphäre der Erde besteht im wesentlichen aus Hypothesen.

Laut Oparin und Haldane war die Ur-Atmosphäre der Erde den heutigen Atmosphären von Jupiter, Saturn und Titan recht ähnlich und bestand hauptsächlich aus Methan, Ammoniak, Stickstoff und Wasser. Ihrer Meinung nach muß man die «warme Ur-Suppe», diese Alchemistenbrühe, in der das Leben geboren worden sein könnte, in den Ozeanen suchen. Doch die Vorstellung einer reduzierenden Atmosphäre wird nicht von allen Wissenschaftlern geteilt. Einige glauben, daß bereits beträchtliche Mengen an Sauerstoff vorhanden gewesen sein könnten. Andere sind der Meinung, daß die Ur-Atmosphäre der von Venus und Mars geähnelt und nur Kohlendioxid, Stickstoff und Wasser enthalten habe – ein ziemlich ungünstiges Medium für die Erzeugung organischer Moleküle. Diese seien daher aus dem Weltraum gekommen.

In jüngster Zeit stellten kalifornische und schottische Biologen die Hypothese auf, daß möglicherweise die berühmte «Ur-Suppe» aus Tonerde bestand. Sie glauben, daß Ton eine günstigere Umgebung für präbiotische chemische Reaktionen darstellt. Ton speichert Energie, die durch natürliche Prozesse wie Radioaktivität abgegeben wird, in Form von Elektronen. In den Ozeanen enthaltene Moleküle könnten während der Flut mit dem Tonmaterial an den Küsten in Kontakt gekommen sein. Der Ton hätte dann die chemischen Reaktionen katalysiert, indem er diese Elektronen unter der Wirkung von Spannungen, die durch Trocknung verursacht wurden, wieder freisetzte. Der Ton erwirbt somit den Charakter eines Proto-Organismus, der als Modell für zukünftige Lebewesen dient. Tatsächlich fehlt nur die Fähigkeit zur Reproduktion. Vielleicht sollte man die Schöpfungsgeschichte doch wörtlich nehmen!

Wissenschaftler übten sich als Zauberlehrlinge, indem sie in Laboratorien das nachschufen, was sie für die Ur-Atmosphäre hielten. Sie versuchten, präbiotische Moleküle – Aminosäuren – herzustellen; die noch ehrgeizigeren versuchten sogar, Leben zu erzeugen. Bei dem ersten wichtigen Experiment dieser Art, das Stanley Miller 1953 durchführte, wurden unter anderem elektrische Entladungen von 60 000 Volt durch Gasmischungen aus Ammoniak, Methan, Wasserstoff und Wasser geschickt. Nach einer Woche dieser gewalttätigen Behandlung waren Aminosäuren entstanden. Weitere Experimente folgten fast überall auf der Welt. In Frankreich verwendeten Gérard Toupance und François Raulin ganz ähnliche gasförmige oder flüssige Mischungen. Ihre Energiequellen waren elektrische Entladungen, Elektronen und Ultraviolettstrahlung – alles Energiequellen, die auf der Ur-Erde reichlich vorhanden waren – oder auch Protonen, Gamma- und Röntgenstrahlen oder einfach nur Hitze. Von den 20 Aminosäuren, die in Proteinen vorkommen, wurden 14 synthetisch im Labor hergestellt. Die Bausteine, die denen des Lebens am nächsten kommen, wurden 1980 von Sydney Fox experimentell erzeugt. Durch die Erhitzung von Aminosäuren auf 170 Grad Celsius auf Lava erhielt er Ketten aus einigen 100 Molekülen, die aufgelöst in Wasser «Mikrosphären» bildeten, die präkambrischen Sphäroiden ähneln. Das Problem ist nur, daß sich diese Mikrosphären nicht reproduzieren oder weiterentwikkeln können. 1989 erhitzte ein Team am Institut für Weltraumforschung in Moskau Meteoritenmaterial mit energiereichen Laserpulsen, um die Verdampfung von Meteoriten bei ihrem Aufschlag auf der Erde zu simulieren. Die dabei entstandenen Gasmischungen enthielten tatsächlich organische Verbindungen wie Methan, Blausäure und Acetaldehyd.

Aber waren die in diesen Experimenten benutzten besonderen Bedingungen realistisch? Die Ultraviolettstrahlung, mit deren Hilfe Aminosäuren synthetisiert wurden, könnte diese auch wieder dissoziiert haben, ehe sie Zeit hatten, komplexere biologische Moleküle zu bilden. Konnte auch ein katastrophales Ereignis wie ein auf der Erde aufschlagender Komet den nötigen Funken liefern? Andere Energiequellen für diese Reaktionen könnten Abstrahlungen von radioaktiven Elementen, Schockwellen durch Blitze oder Meteorschauer gewesen sein. In Tabelle 1 sind die möglichen Energiequellen in der Ur-Atmosphäre zusammengefaßt.

Tabelle 1:
Energiequellen in der primitiven Atmosphäre.

Quelle	**Energie (Kalorien/cm²/Jahr)**
Sonnenstrahlung (alle Wellenlängen)	260 000
Sonnenstrahlung (Ultraviolett)	570
Elektrische Entladungen	4
Kosmische Strahlen	0,0015
Radioaktivität (bis in 1 km Tiefe)	2,80
Hitze von Vulkanen	0,13
Meteoriteneinschläge	0,10

Die Wissenschaftler am Observatorium Besançon in Frankreich haben eine andere Richtung eingeschlagen. Sie untersuchen photochemische Modelle der Ur-Atmosphäre anhand von Computersimulationen. Die Entwicklung der Atmosphäre und die Erzeugung präbiotischer Moleküle werden mit Hilfe eines Modells untersucht, das alles enthält, was man über die Ur-Atmosphäre weiß: chemische Zusammensetzung, Temperatur und Druck sowie die Arten der Reaktionen, die durch beliebige vorhandene Komponenten verursacht werden könnten. Solch ein theoretischer Ansatz ist sicherer als eine empirische Labormethode, bei der die chemischen Bestandteile, die bei den Reaktionen entstehen, schwer zu isolieren und zu identifizieren sind. Einige Wissenschaftler äußerten sogar den Verdacht, daß die komplizierten Moleküle, die in den Labors entdeckt wurden, in Wirklichkeit erst durch den Prozeß der Identifizierung nach der eigentlichen Reaktion erzeugt worden sind. Computermodelle zeigen diese Schwierigkeit nicht. Sie ermöglichen es uns, besser zu verstehen, wie diese Moleküle entstehen, indem die Reaktionen Schritt für Schritt verfolgt werden. Ein weiterer Vorteil dieser Methode besteht in der Möglichkeit, die globale Entwicklung der Atmosphäre zu untersuchen, wobei alle bekannten Reaktionen mit einbezogen werden, während man in Laborexperimenten die Reaktionen getrennt behandelt.

Statt die Entwicklung bis hin zur ersten lebenden Zelle zu verfolgen, haben sich die Genbiologen ihr aus der anderen Richtung genähert, indem sie von heute aus zeitlich immer weiter zurückgingen. Die Ergebnisse sind überraschend. Die Analyse von Molekülen, die den genetischen Code des Lebens tragen, ermöglichte es den Wissenschaftlern, den Stammbaum lebender Arten aufzubauen. Zunächst mußten sie die Sequenzen der Aminosäuren identifizieren, aus denen diese Moleküle bestehen; dann mußten sie feststellen, welche Sequenzserien mehreren Arten gemeinsam und welche im Gegensatz dazu nicht mit einem gemeinsamen Ursprung vereinbar sind, um so sämtliche Verknüpfungen aufzufinden. Auf diese Weise ging James Lake, Biologe an der Universität von Kalifornien, zurück bis zur – seiner Meinung nach – ersten lebenden Zelle, indem er die Sequenzen von Ribosomen (einem der Bausteine lebender Zellen) in den fünf primitivsten, heute noch existierenden Bakterienarten verglich. Der letzte, allen lebenden Organismen gemeinsame Vorfahre würde demnach *Eozyten* ähneln, Bakterien, die in schwefelhaltigen geothermischen Quellen bei Temperaturen nahe 100 Grad Celsius leben. Eine solche Umgebung hat jedoch weder Ähnlichkeit mit der warmen Ur-Suppe noch mit dem Ton, der bereits als mögliche Umgebung der ersten lebenden Zellen vorgeschlagen wurde.

Zahlreiche Lebensoasen, die in den letzten 15 Jahren rings um hydrothermische Quellen in mehr als 2000 Metern Tiefe im Pazifik und Atlantik entdeckt wurden, bestätigen die Möglichkeit, daß Leben tatsächlich in einer sehr heißen Umgebung entstanden ist. Solche hydrothermischen Stellen bieten eine einzigartige Kombination aus Gasen, Hitze und Wasser, die fast im gleichen Verhältnis auch in den Ur-Ozeanen vorhanden waren. Es gibt jedoch einige Schwierigkeiten bei der Vorstellung, daß das Leben tief unten in den Ozeanen entstanden sei. Zum Beispiel werden die Grundaminosäuren bei Temperaturen über 200 Grad Celsius sehr kurzlebig, selbst unter hohem Druck. Die zukünftige Erforschung von Leben in den Tiefseeregionen durch spezielle Unterseeboote wie *Alvin* wird möglicherweise mehr Licht auf die Frage werfen, wo das Leben entstand.

Ein weiteres Gebiet muß ebenfalls noch untersucht werden: die selektiven Faktoren, die auf der Erde die Umwandlung von Molekülen in Aminosäuren lenken. In lebenden Organismen gibt es nur 20 Aminosäuren, und diese liegen fast alle in der L-Konfiguration vor.* Man erinnere sich, daß zwei Moleküle, die zwar die gleiche Zusammensetzung haben, jedoch in der L- beziehungsweise in der D-Konfiguration vorliegen, wie ein rechter und ein linker Handschuh sind. In Millers Experimenten wurden alle Arten von Aminosäuren erzeugt, sowohl in der L- als auch in der D-Konfiguration. Die in diesen Experimenten erzeugten Mischungen von Aminosäuren ähneln eher kohligen Chondriten als einem biologischen Medium.

Synchrotronstrahlung von Supernovae könnte eine Erklärung für dieses selektive Phänomen liefern. Diese Strahlung, die durch Elektronen verursacht wird, die sich mit sehr hohen Geschwindigkeiten auf Spiralbahnen entlang den Kraftlinien eines Magnetfeldes bewegen, ist sehr stark polarisiert (d.h. die abgestrahlten Lichtwellen schwingen in einer Ebene). Sie kann daher asymmetrische photochemische Reaktionen induzieren und somit die Erzeugung bestimmter Aminosäuren gegenüber anderen begünstigen.

Die Sonne stellt eine weitere Quelle für polarisiertes Licht dar, die die Erzeugung asymmetrischer Aminosäuren beeinflussen könnte. Sonnenflecken sind aufgrund des starken Magnetfelds auf der Sonnenoberfläche polarisiert. Diffuses Tageslicht ist wegen der

---

* Während biologische Aminosäuren in der L-Konfiguration vorliegen, zeigen andere Moleküle, wie Membrane von Bakterien, die D-Konfiguration. Tatsächlich sind die meisten lebenden Moleküle optisch aktiv (d.h. entweder L oder D). Grund und Ursprung dieser Aktivität sind noch ungeklärt.

Streuung durch Aerosole in der Atmosphäre ebenfalls polarisiert. Diese Polarisation kann auf schräg abfallendem Land, wie zum Beispiel in der Nähe von Gebirgen, von Bedeutung sein. Das Gelände verdeckt hier bestimmte Gebiete des Himmels, so daß die mittlere Polarisation im Verlauf eines Tages nicht vernachlässigbar ist.

Die Forschung auf dem Gebiet der präbiotischen Chemie ist weit davon entfernt, endgültige Antworten zu geben; bislang wirft sie nur noch mehr Fragen über das Leben und seinen Ursprung auf. Das Leben ist nicht bereit, sein Geheimnis preiszugeben. Die Analysen von Meteoriten und Staub, die auf der Erde gelandet sind, haben keine offensichtlichen Spuren von extraterrestrischem Leben gezeigt. Obwohl es verlockend ist, organische Moleküle auf der Erde mit solchen in Verbindung zu bringen, die man in Kometen und im interstellaren Medium gefunden hat, gibt es keinen Beweis dafür, daß importiertes organisches Material für den Ursprung des Lebens von Bedeutung war. Aufgrund der Tatsache, daß das interstellare Medium eine feindliche Umgebung für das Leben darstellt, ziehe ich die Hypothese der Spontanen Zeugung der Panspermie-Hypothese vor. Doch waren die drei Milliarden Jahre, die bis zum Erscheinen der eukaryotischen Zelle vergingen, ausreichend, um die passenden Elemente nach unzähligen Reaktionen und sterilen Kombinationen aneinanderzufügen – unter Bedingungen, die zur Geburt des Lebens führen konnten – und ihnen dann die Zellstruktur zu geben, die die Grundlage aller lebenden Organismen ist?

Trotz momentaner Unsicherheiten über den Ursprung des Lebens dürfen wir uns nicht in Erklärungen flüchten, die auf einem speziellen Eingreifen beruhen, sei es weltlicher oder geistlicher Natur. Dadurch würde nur der außergewöhnliche Charakter des Lebens betont. Wir werden die Antwort am Teleskop finden, indem wir versuchen, Planeten zu entdecken, die unserem ähnlich sind und die um Sterne kreisen, die der Sonne ähneln. Oder indem wir Sonden ausschicken, die nach Leben im Sonnensystem suchen (besonders auf Titan und Europa). Das Paradoxe dieses ersten Kapitels liegt darin, daß uns die Suche nach Leben im Universum mehr Informationen über den Ursprung des Lebens auf der Erde liefert, als es ein umgekehrtes Vorgehen tun würde. Nur die Langsamkeit der anfänglichen Entwicklung des Lebens auf unserem Planeten läßt uns auf die Existenz von weiter fortgeschrittenen, intelligenten Zivilisationen in der Galaxis hoffen. Dieser Hinweis ist wichtig, da er ein Anreiz für die Suche nach künstlichen Radiosignalen war.

2
Die zeitliche Dimension des Lebens

Zeit ist die tiefgreifendste und tragischste Hauptbeschäftigung der Menschen.

Simone Weil: *Schwerkraft und Anmut*

Der Ursprung des Lebens bleibt zwar weiterhin ein Geheimnis, doch seine Entwicklungsgeschichte ist dank Biologie und Paläontologie recht gut bekannt. Die treibende Kraft dieser Geschichte – das zentrale Element, ohne das wir noch nicht einmal von einer Geschichte sprechen könnten – ist ein bemerkenswertes Phänomen, dem Astronomen im ganzen Universum begegnen. Ich spreche von der Evolution.

Der Begriff der Evolution wurde bereits im vorausgehenden Kapitel erwähnt. Er ist für Theorien und empirische Forschung über die Ursprünge des Lebens unerläßlich. Das Konzept der Evolution erklärt auch die Vielfalt der heute lebenden Arten.

Eine Bestandsaufnahme der Lebensformen von den Bakterien der Urzeit bis hin zum Menschen zeigt sofort, daß die Evolution in Richtung immer komplexerer Organismen ablief. Sicherlich gab es auch einige Fälle von rückläufiger Entwicklung. So verloren zum Beispiel höhlenbewohnende Tiere nach und nach ihre Sehfähigkeit, die in einer lichtlosen Umgebung nutzlos geworden war. Doch in allen Fällen ist Evolution stets unausweichlich. Niemals ist eine ausgestorbene Art wieder aufgetaucht. Dieses Konzept der irreversiblen Evolution, das heute immer noch das moderne wissenschaftliche Denken erschüttert, stellt die wahre zeitliche Dimension des Lebens dar. Es zeigt uns, daß einige Ereignisse notwendigerweise anderen vorausgehen, und gibt damit auch die Richtung an, in der die Zeit fließt. Ich möchte sogar noch weiter gehen als Henri Bergson in seinem Werk *Kreative Evolution* und behaupten, daß Evolution dieses Vergehen von Zeit *verursacht*.

Wenn wir unsere Geschichte in den allgemeineren Rahmen des Universums stellen, erkennen wir, daß die Evolution des Lebens nur ein weiterer Aspekt der Evolution des Universums ist. Eine der wichtigsten Neuerungen in der modernen Astronomie war der Nachweis, daß das Universum nicht unveränderlich ist, sondern sich im Gegenteil ständig ausdehnt und entwickelt. Von diesem Standpunkt aus gesehen, erscheint Leben nicht länger als ein außergewöhnlicher dynamischer Prozeß innerhalb eines starren Universums, sondern eher als einer der Entwicklungsaspekte eines Universums, das sich ständig verändert, reichhaltiger wird und sich selbst erweitert.

In den zwanziger Jahren entdeckte der amerikanische Astronom Edwin Hubble, daß sich alle Galaxien, außer den uns am nächsten gelegenen, von uns wegbewegen – und zwar mit um so höherer Geschwindigkeit, je weiter sie von uns entfernt sind. Dies war der Beginn der modernen Kosmologie, die auf der Hypothese eines expandierenden Universums beruht. Die Tatsache, daß sich all diese Galaxien von uns wegbewegen, könnte den Eindruck erwecken, wir befänden uns im Zentrum des Universums. Die wahre Erklärung ist jedoch, daß sich *alle* Galaxien voneinander wegbewegen. Um diese Vorstellung zu verstehen, können wir das Universum mit einem aufgehenden Kuchenteig vergleichen, wobei die Galaxien die Rosinen in dem Teig sind. Wenn sich der Teig ausdehnt, entfernen sich die Rosinen immer mehr voneinander. Diese Expansionserscheinung ist inzwischen durch die genaue Messung der Radialgeschwindigkeiten von Zehntausenden von Galaxien bestätigt worden, obwohl die Expansionsrate sehr viel geringer ist, als Hubble zunächst berechnet hatte.*

---

* Der genaue Wert der Expansionsrate, die Hubble-Konstante, ist unter den Astronomen sehr umstritten. Sie beträgt wahrscheinlich etwa 25 Kilometer pro Sekunde pro Million Lichtjahre.

Die Entdeckung kosmischer Hintergrundstrahlung bei einer Temperatur von 3 Kelvin (d.h. –270 Grad Celsius) bestätigte die Vorstellung von einem expandierenden Universum.* Nach heutigen kosmologischen Vorstellungen ist das Universum in einer Ur-Explosion, dem «Urknall», bei einer Temperatur von 100 Milliarden Grad entstanden. Die kosmische Hintergrundstrahlung ist ein Relikt dieses Ereignisses. Diese Strahlung, die hauptsächlich im Radio- und Infrarotbereich nachgewiesen wird, ist sehr schwach und vollkommen gleichmäßig im gesamten Universum verteilt.

Wie die Geburt des Lebens bleibt auch die Geburt des Universums ein Geheimnis. Wir können uns die Ur-Explosion weder vorstellen noch mit Hilfe der Physik verstehen, da sie kein Ereignis ist. Dieses Nicht-Ereignis gehört nicht zur Raum-Zeit; es stellt eine ihrer Grenzen dar. Es liegt außerhalb des Bereichs wissenschaftlicher Forschung. Und doch stellen der Ursprung des Universums und seine Ursachen eine der Grundfragen der Wissenschaft dar. Allerdings beginnt die Wissenschaft erst eine Milliardstelsekunde nach dem Urknall.

Durch die Quantenphysik eröffnete sich uns ein neuer Blickwinkel, aus dem wir die Geburt des Universums betrachten können. Die Erzeugung eines Teilchens in einem starken elektromagnetischen oder Gravitationsfeld ist spontan und unvorhersagbar. Das Feld ist notwendig, aber nicht die Ursache. Wenn es die Gesetze der Quantenphysik den Teilchen erlauben, sich selbst spontan zu erschaffen, warum sollte dann die Raum-Zeit nicht auf die gleiche Weise erscheinen – aus keinem bestimmten Grund, sondern einfach nur durch Fluktuation aus einem anderen Zustand? Dies wäre aber nur möglich, wenn diese Quantengesetze auch ohne ein existierendes Universum vorhanden wären. Wegen des Begriffs des Beobachters in der Quantenphysik führt dies zu einer grundlegenden philosophischen Schwierigkeit: Wie kann ein Beobachter außerhalb eines Universums existieren, das per Definition alles, auch den Beobachter, umfaßt?

Die Expansion des Universums ist einer der Gründe, warum es sich entwickelt. Nach etwa 100 000 Jahren Ausdehnung war es so

* Diese Strahlung wurde 1965 von Arno Penzias und Robert Wilson, zwei Forschern der Bell Telephone Laboratories, entdeckt.

weit abgekühlt, daß sich die Bestandteile der Materie miteinander verbinden und Atome bilden konnten – 80 Prozent Wasserstoff und 20 Prozent Helium. Zu diesem Zeitpunkt wurde auch die kosmische Hintergrundstrahlung ausgesandt, deren Spuren wir heute noch beobachten können. Aufgrund von gravitativen Instabilitäten zerfiel die Materie, die bis dahin das Weltall gleichförmig ausgefüllt hatte, in einzelne, größere Stücke und zog sich unter der Wirkung ihrer eigenen Masse zusammen. So entstand eine hierarchische Struktur im Universum mit den Sternen als elementaren Bausteinen: Die Sterne sammelten sich in offenen Sternhaufen (einige tausend Sterne) oder Kugelhaufen (bis zu einigen Millionen Sterne) und bildeten Galaxien (Hunderte Milliarden Sterne); diese gruppierten sich ihrerseits zu Galaxienhaufen (einige tausend Mitglieder), die wiederum Superhaufen bildeten, die Haufen von Superhaufen bildeten und so weiter.

Am unteren Ende der Hierarchie führen die Sterne einen beständigen Kampf gegen die Gravitation, die sie schließlich doch vernichtet. Ein Stern entsteht zunächst aus einer Gaswolke, die kontrahiert und sich dabei aufheizt. Erreicht die Temperatur im Zentrum der Wolke etwa vier Millionen Grad, setzt das nukleare Wasserstoffbrennen ein; die dabei erzeugte Strahlung hält der Gravitationskraft das Gleichgewicht und breitet sich in den Raum aus: Ein Stern ist geboren. Ist dann aller Brennstoff im Zentrum des Sterns verbraucht, setzt erneut Kontraktion ein. Sie hält so lange an, bis die Temperatur etwa 100 Millionen Grad erreicht hat. Nun übernimmt nukleares Heliumbrennen die Speisung des stellaren Ofens und erzeugt Kohlenstoff, Sauerstoff und Stickstoff. Bestimmte Sterne explodieren am Ende ihres Lebens als Supernovae, wobei die erwähnten Elemente im Weltraum verteilt werden. Aber auch durch weniger heftige Vorgänge, etwa durch Sternwinde, wird das interstellare Medium mit diesen Elementen angereichert; schließlich bilden sich aus dem interstellaren Medium wieder neue Sterngenerationen sowie Planeten und Leben. Heute, ungefähr 15 Milliarden Jahre nach dem Urknall, sind die chemischen Elemente wie folgt im Kosmos verteilt: 76,5 Prozent Wasserstoff, 21,5 Prozent Helium, 0,82 Prozent Sauerstoff, 0,34 Prozent Kohlenstoff. Schwerere Elemente erreichen noch geringere Prozentanteile.

Dieses vereinfachte Szenarium vom Leben eines Sterns zeigt einen zweiten Mechanismus auf, der eine Entwicklung des Universums bewirkt, einen sehr viel mächtigeren als die Expansion. Es ist die fortschreitende Vielschichtigkeit der Materie. Sterne erzeugen Atome von immer größerer Komplexität. Am Ende des Lebens eines Sterns (oder auch noch während seines Lebens, wenn er leuchtstark genug ist, um einen stellaren Wind auszusenden) verteilen sich diese Atome im interstellaren Medium und setzen sich zu Molekülen zusammen, die ebenfalls immer komplexer werden. In diesem Sinne sind wir aus Sternen geboren. Wir bestehen buchstäblich aus Sternenstaub, den das Leben auf irreversible und komplizierte Weise zusammenfügt und damit die Evolution fortführt, die uns in den Strom der Zeit stellt. Diese Evolution ist das wahre Wesen der Zeit; sie zeigt uns die Richtung des Zeitpfeils an.

Lassen Sie uns diese Vorstellung näher untersuchen. Unser Leben verläuft in der Zeit, unerbittlich. Wir können nicht zurückgehen in der Zeit. Wir erkennen, daß die Zeit vergeht, da wir uns an Vergangenes erinnern, doch die Zukunft kennen wir nicht. Dies ist eine subjektive Wahrnehmung, doch sie spiegelt eine universelle Realität wider: Alles im Universum verläuft in der Zeit.

Wissenschaftler haben in dieser zeitlichen Richtung drei Kategorien von physikalischen Erscheinungen identifiziert. Die erste, der *historische Pfeil*, ist definiert durch das Ansammeln von Informationen in unserem Gedächtnis und in der Materie. Viele geologische Phänomene haben auf der Erdoberfläche Spuren hinterlassen. Sowohl der Prozeß der biologischen Evolution von der ursprünglichen Zelle zu komplexen Organismen als auch die Anreicherung des interstellaren Mediums durch schwere Elemente zeigen die Richtung der Zeit an.

Der *thermodynamische Pfeil* ist mit irreversiblen Erscheinungen in der Physik und Chemie verknüpft. Neben der geordneten und immer komplexeren Organisation von Leben und stellaren Systemen gibt es paradoxerweise eine ständig zunehmende Unordnung aufgrund der Erzeugung von Entropie.*

---

* Die Entropie ist ein Maß für den Grad der Unordnung in einem System. In einem abgeschlossenen System kann sie mit der Zeit nur größer werden.

Diese Definition enthält jedoch eine konzeptionelle Schwierigkeit: Die mikroskopischen Phänomene, die die Entropie erhöhen, sind vollkommen reversibel, da die dynamischen Gesetze, die sie beherrschen, auch gültig bleiben, wenn der Ablauf der Zeit umgekehrt würde. Wir müßten daher annehmen, daß sich das Universum am Anfang in einem ganz speziellen, sehr geordneten Zustand befand. Darüber hinaus ist diese Definition nicht vollständig. Hat sich ein Tropfen Wein einmal vollständig in einem Glas Wasser verteilt, ist die Mischung vollkommen. Wir können keine weitere Evolution bewirken. Der thermodynamische Pfeil zeigt nichts weiter an.

Der dritte Pfeil, die *kosmologische Zeit*, ist mit der Expansion des Universums verknüpft. Ist das Universum unendlich, wird sich die Expansion unbegrenzt fortsetzen. Ist jedoch das Universum geschlossen, wird die Expansion eines Tages zum Stillstand kommen; statt dessen wird eine Kontraktion einsetzen. In diesem Falle besitzt das Universum zu zwei bestimmten Zeitpunkten den gleichen Radius, jedoch mit unterschiedlich gerichteter Beschleunigung. Unser Universum liegt ziemlich dicht an der kritischen Grenze zwischen diesen beiden Geometrien. Wir wissen jedoch nicht, auf welcher Seite! Diese kosmologische Zeit kommt wahrscheinlich der absoluten Zeit am nächsten, wie man sie sich vor Einstein vorstellte – also Zeit, die von einer universellen Uhr gemessen wird und für alle gleich ist.

Die Entwicklung von Materie und Leben, das Anwachsen der Unordnung und die Expansion des Universums sind drei Kategorien von Erscheinungen, die – auf verschiedenen Stufen – den Fluß der Zeit erzeugen. Dieser ist eine Folge des fortschreitenden Aufbaus des Universums sowie der Unordnung und der natürlichen Abnutzung, die diesen Aufbau begleiten. Durch ihre Evolution erfüllen und verfolgen das Universum und die Lebewesen einen Plan. Doch hier schweigt die Wissenschaft. Sie beantwortet das *Wie*, aber nicht das *Warum*. Gäbe es ohne irreversible Entwicklung von Materie im Universum eine Zeit? Wahrscheinlich nicht, doch wir können hier nicht tiefer in dieses endlose Thema eindringen. Ziel dieser scheinbaren Abschweifung über die Zeit war nur, die Ähnlichkeit zwischen der Geschichte des Lebens und der des Universums aufzuzeigen. Erst eine irreversible Evolution erzeugt die vierte Dimension – die Zeit.

Bis zu diesem Punkt habe ich den evolutionären Charakter des Lebens als sicher anerkannte Tatsache betrachtet. Zwar wird die Evolution heute nicht mehr angezweifelt, doch war dies nicht immer so. Erst Anfang des 19. Jahrhunderts wurde sie durch die Schriften Lamarcks als Arbeitshypothese anerkannt. Schließlich formulierte Darwin 1859 nach einer Reise zu den Galapagos-Inseln die Einzelheiten dieser neuen Theorie. Die ganz besondere Fauna dort hatte ihn eine Erklärung für die Vielfalt der lebenden Arten finden lassen.

Die Vielfalt des Lebens war lange Zeit als Ergebnis der Schöpfung ohne natürliche Ursache angesehen worden. Tatsächlich sind die Anhänger der Schöpfungslehre auch heute noch dieser Ansicht. Um die treibende Kraft zu erkennen, die für diese Mannigfaltigkeit verantwortlich ist, müssen wir durch ein Mikroskop schauen: Das Leben auf der Erde variiert aufgrund genetischer Mutationen – zufälliger Modifikationen, die die Erbeigenschaften bestimmter Zellen beeinflussen. Diese Mutationen können einen gesamten Organismus verändern.

Die meisten Mutationen ermöglichen es den betroffenen Individuen nicht, sich besser an ihre Umwelt anzupassen, da unter gegebenen Verhältnissen die mögliche Zahl der Mutationen immer begrenzt ist. Heute gibt es mehr als eine Million lebende Arten auf der Erde, doch bereits etwa 500 Millionen sind ausgestorben, da sie sich nicht schnell genug (oder gut genug) an Veränderungen in ihrer Umwelt anpassen konnten. Beim Menschen geht offenbar die Hälfte aller befruchteten Eizellen während der ersten drei Wochen einer Schwangerschaft wieder ab, ohne überhaupt bemerkt zu werden. Diese spontanen Aborte beruhen auf Defekten in den Chromosomen des Embryos. Sie stellen wohl die beste Reaktion des heutigen menschlichen Organismus auf Belastungen dar, die höchstwahrscheinlich durch Umweltverschmutzungen verursacht werden.

Genetische Mutationen erklären zwar die Vielfältigkeit der lebenden Welt, doch sie sind nicht die ursprüngliche Ursache für deren Evolution. Diese Ursache muß in der Populationsgenetik gesucht werden. Seit Darwin ist der Hauptmechanismus, mit dem man die Evolution lebender Organismen erklärt, die natürliche Auslese. Diese ist François Jacob zufolge das Ergebnis zweier Zwänge, denen alle lebenden Organismen ausgesetzt sind: die

Notwendigkeit, sich zu reproduzieren, und die Notwendigkeit, sich ständig mit seiner Umgebung auseinanderzusetzen. Dieselben Eltern erzeugen vollständig verschiedene Individuen, und die Populationen verschiedener Arten variieren mit der Zeit. Für den Rest sorgt die Umwelt. Verschiedene Zwänge, wie zum Beispiel geographische Isolation, tragen zur Divergenz der Arten bei. Die natürliche Auslese lenkt den sehr langsamen Prozeß der Evolution, wobei sie von bereits Bestehendem ausgeht. «Neuheiten entstehen aus einer bis dahin nicht wahrgenommenen Verbindung von altem Material. Erschaffen heißt neu kombinieren», schreibt Jacob.

Die natürliche Auslese folgt keinem wohldurchdachten Plan, der notwendigerweise zu intelligenten Organismen führt. Jeder Versuch, die Evolution auf einfache, festumrissene Gesetze zu reduzieren, muß notgedrungen fehlschlagen, da es für jede Ebene – die chemische, biologische oder soziale – spezifische Regeln der Evolution gibt. Die natürliche Auslese scheint ruckartig zu funktionieren, entsprechend den Umständen und Bedingungen. Somit spielen die historischen Umstände, die das gegenseitige Wechselspiel lebender Organismen bedingen, eine ebenso wichtige Rolle in deren Evolution wie die Zwänge, die die natürliche Umgebung ausübt, in der sie leben. Astronomische Ereignisse können dramatische Auswirkungen haben, die manchmal erst nach einigen Millionen Jahren sichtbar werden, indem sie den Verlauf der Evolution stören und die Relationen zwischen verschiedenen lebenden Arten vollständig verändern.

Von ganz offensichtlicher Wichtigkeit sind die Klimaverhältnisse, indem zum Beispiel für die Reproduktion eine nasse Umgebung oder eine sauerstoffhaltige Atmosphäre erforderlich sind. Werden die lebenden Organismen komplexer, tauchen andere soziale oder ökonomische Zwänge auf. Sie werden dann empfindlicher gegenüber historischen Umständen: Eine Art, ob tierisch oder pflanzlich, kann sich auf Kosten von anderen entwickeln und diese in Gebiete abdrängen, in denen die Lebensbedingungen schwieriger sind. Entweder passen sich die anderen Arten dann dort an, oder sie verschwinden.

Gleiche Zwänge können somit auf verschiedenen Wegen zu ähnlichen Ergebnissen führen. Zum Beispiel besitzen zahlreiche lebende Arten Augen: Sie sind die Antwort auf das gleiche Bedürfnis – zu sehen, wohin man geht. Die Funktionsweise kann sich jedoch von Art zu Art erheblich unterscheiden. Man kennt 40 voneinander unabhängige Beispiele für die Evolution eines Auges! Flügel findet man bei Insekten, Fischen, Säugetieren und prähistorischen Reptilien. Bestimmte Organe treten öfter unter bestimmten Bedingungen auf: So findet man an den Füßen von Wassertieren Schwimmhäute, bei grabenden Tieren ein glattes Fell, bei baumbewohnenden Tieren einen Greifschwanz. Dieses Phänomen der Konvergenz ganz unterschiedlicher Arten ist offenbar ein biologisches Prinzip. Am Ende dieses Kapitels werde ich es auch auf Leben im interstellaren Raum ausdehnen.

Trotz der Vielfalt der lebenden Arten sind längst noch nicht alle Möglichkeiten ausgeschöpft. Um so erstaunlicher ist es, daß auf allen Kontinenten, einschließlich Australien, die Tierarten alle dieselben Organe, dieselbe Morphologie entwickelt haben: Beine, Flügel, einen Kopf mit zwei Augen und so weiter. Warum zum Beispiel gibt es keine Tiere mit Rädern statt Beinen? Die Flügel bestimmter Schmetterlinge haben Muster, die Vögel davon abschrecken sollen, sie aufzufressen; warum nicht statt dessen einen unappetitlichen Geschmack oder Geruch? Eventuell könnte die Embryologie Antworten auf diese Fragen geben. Physikalische und chemische Gesetze schränken die Möglichkeiten ebenfalls ein.

Die natürliche Auslese wird jedoch längst nicht von allen Wissenschaftlern als treibende Kraft der Evolution anerkannt. Eines der Grundkonzepte des Darwinismus ist der «Gradualismus» – die Vorstellung, daß Evolution aus einer allmählichen Ansammlung genetischer Veränderungen besteht. Dieses Konzept wurde in den vergangenen zehn Jahren besonders von den amerikanischen Paläontologen Stephen Jay Gould und Niles Elredge angezweifelt. Sie behaupten, daß Evolution eher abrupt stattfindet, durch «punktuelle Veränderungen», nachdem lange Perioden der Stabilität, gesichert durch eine große Population der betroffenen Art, vorausgegangen sind. Die Veränderungen würden nur eine sehr kleine Randpopulation betreffen, die sich unter speziellen Umständen gesondert von der ursprünglichen Population entwickelt, bis sie schließlich mit dieser in Konkur-

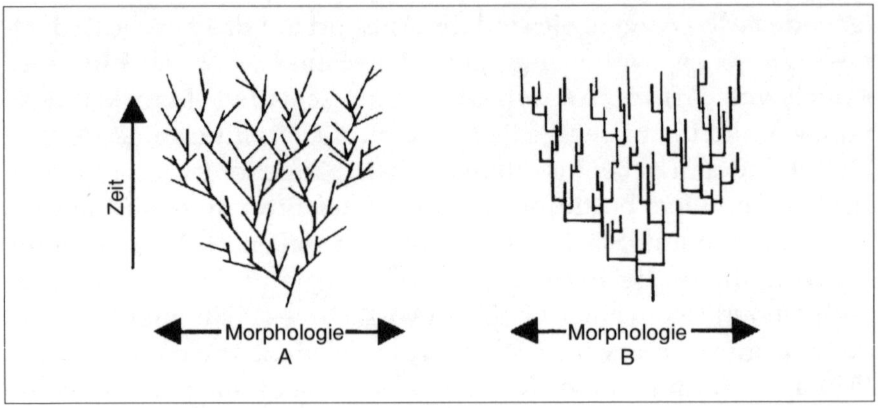

Abb. 2
Zwei Evolutionsdiagramme. In der Hypothese der graduellen Evolution (links) trennen sich die verschiedenen lebenden Arten, die als Zweige des Evolutionsbaums dargestellt sind, nach und nach vom Stamm, während die Trennung in der punktuellen Evolution abrupt stattfindet (nach H. Tintant).

renz tritt. In dieser «punktualistischen» Theorie ist Evolution eher das Ergebnis einer plötzlichen Neuerung statt langsamer Anpassung.

Der Punktualismus hat zu einer Revidierung des Begriffs der Arten geführt. Darwin glaubte, die Anerkennung der Arten als voneinander getrennte Einheiten sei eine Rückkehr zum fixistischen Denken. Für ihn waren Arten nichts anderes als Ansammlungen lebender Organismen, die sich zu einem bestimmten Zeitpunkt sehr ähnlich sind und sich untereinander fortpflanzen, und die sich außerdem über riesige Zeiträume (wie sie in geologischen Schichten repräsentiert werden) hinweg langsam verändern. Tatsächlich zeigen die Arten aber einen überraschenden Widerstand gegenüber Veränderungen. Einige Trilobitenfossilien weisen zum Beispiel über Millionen Jahre hinweg keinerlei Veränderung auf, bis dann plötzlich in einem Zeitraum von 5000 bis 50 000 Jahren auffällige Änderungen auftauchen, wie etwa die Verminderung der Linsenanzahl im Auge. Genetische Veränderungen akkumulieren ohne merklichen Effekt, bis sie eine bestimmte Schwelle erreichen, an der sich dann die Merkmale der Art dramatisch ändern.

In der Entwicklung der Kopffüßer (kleine Mollusken, auch Ammoniten) scheinen Gradualismus und Punktualismus kombiniert zu sein. Auf eine anfängliche Phase innovativer Evolution, in der sich spezifische Merkmale der Art herausbildeten, folgten lange Perioden adaptiver Evolution, in denen die Art allmählich auf Änderungen der Umgebung reagierte.

Eine weitere antidarwinistische Evolutionstheorie stammt von Kinji Imanishi. In Darwins Theorie spielt das Individuum eine sehr wichtige Rolle; natürliche Auslese bedeutet Konkurrenz zwischen den Individuen um die Produktion von mehr Nachkommen. In Imanishis Theorie herrscht Koexistenz, nicht Konkurrenz. Das Überleben einer Art hängt hier eher vom Zufall und nicht von der Selektion ab. Evolution ist keine Frage von einigen wenigen Individuen, sondern von ganzen Arten, die sich ändern, wenn die Zeit für Veränderungen gekommen ist. Somit ähnelt Imanishis Theorie der Theorie der Gruppenselektion.

Der zentrale Punkt in Imanishis Theorie ist die auf friedliche Weise erreichte Trennung der Lebensräume der Arten. Die Prinzipien von Kooperation und Harmonie in der lebendigen Welt und der Vorrang der Gruppe vor dem Individuum spiegeln die Philosophie der japanischen Gesellschaft wider, während die Ideen des Individualismus, des Wettbewerbs und der Auslese den westlichen Gesellschaften entsprechen. Imanishis Evolutionstheorie ist eine poetische. Doch leider hat sie keinen Platz in einer wissenschaftlichen Sicht der realen Welt, die ein Ort des Kampfes, des Wettbewerbs und des Streites ist.

Nichtsdestoweniger ist der Begriff der Evolution der gemeinsame Nenner aller dieser Theorien. Das fixistische Konzept der Arten steht vollkommen im Widerspruch zu den Tatsachen, die ich gerade erwähnt habe. Die Anhänger der Lehre von der Weltschöpfung (Kreationisten), die den Fixismus unterstützen, haben in jüngster Zeit mit dem Wunsch Schlagzeilen gemacht, daß an amerikanischen Schulen ihre Theorie neben der Evolutionstheorie unterrichtet werden soll. Sie behaupten, daß die Entstehung des Lebens auf der Erde nur durch einen Schöpfer möglich war. Ihre Argumente, die sich auf religiöse Dogmen und wörtlich genommene biblische Offenbarungen stützen, nützen häufig die Meinungsverschiedenheiten der Evolutionisten aus. Natürlich erklärt die Naturwissenschaft die Realität nur zum Teil, und offensichtlich existieren voneinander abweichende wissenschaftliche Theorien nebeneinander her. Doch nach unserem heutigen Wissensstand ist die Evolution weiterhin eine gesicherte Hypothese. Selbst im Bereich der Religion verliert die Evolutionstheorie nicht notwendigerweise ihre Gültigkeit. Ist nicht für Pierre Teilhard de Chardin, den jesuitischen Philosophen und Wissenschaftler, Gott der Konvergenzpunkt der Evolution?

Da die physikalischen Umweltbedingungen offenbar so wichtig sind für die Aufrechterhaltung und Entwicklung des Lebens, kann man sich fragen, was geschehen wäre, wenn sie ein wenig anders gewesen wären? Auch wenn die Antworten vielleicht an mittelalterliche Märchen von Ungeheuern erinnern, so ist diese Frage doch nicht völlig unbegründet. Vielleicht finden wir so die Antwort auf die Frage: «Wie sehen Außerirdische aus?»

Wäre die Erde kleiner, wäre auch ihre Gravitation geringer. Auf dem Mond wiegt alles nur ein Sechstel so viel wie auf der Erde. Bäume könnten 150 oder 200 Meter hoch werden. Um ihre Früchte essen zu können, müßten die meisten Tiere Hälse wie Giraffen oder Hinterbeine wie Känguruhs haben. Doch die Erde dürfte nicht sehr viel leichter sein. Hätte sie weniger als 70 Prozent ihrer tatsächlichen Masse, so könnte sie ihre Atmosphäre nicht halten. Wäre sie jedoch massereicher, würde die Gravitation die Tiere auf den Boden zwingen, so daß sie kriechen müßten. Um ihre Körper bewegen zu können, bräuchten sie ein großes Skelett, sehr starke Glieder, einen dicken Hals und ein leistungsfähiges Herz. Doch solche oberflächlichen Unterschiede sollten keine Lebensformen hervorbringen, die sich grundsätzlich von dem unterscheiden, was wir kennen. Wir können uns vorstellen, daß eine starke Gravitation die Aktivitäten von Lebensformen herabsetzt, besonders ihre Kreativität. Die Entwicklung von Intelligenz und Kultur würde sich verlangsamen. Doch vielleicht würde die zusätzliche Schwierigkeit, sich zu bewegen, die Anpassungsfähigkeit von Lebewesen und das gedankliche Reflexionsvermögen bei intelligenten Wesen verstärken.

Wir wollen etwas wagemutiger sein und uns für einen Moment vorstellen, die Erde hätte eine andere, von der Sonne unabhängige Umlaufbahn in der Galaxis. Unser Tageslicht würde von einem ständigen Glühen in der Atmosphäre herrühren und die für das Leben notwendige Wärme aus einer internen Quelle stammen. Es gäbe keinen Wechsel zwischen Tag und Nacht und keine jahreszeitlichen oder biologischen Rhythmen. Mehr oder weniger nahe Begegnungen mit anderen Himmelskörpern wären für menschliche Zeitbegriffe selten und hätten besondere physikalische Erscheinungen ohne jede Periodizität zur Folge.

Unter solchen Bedingungen gäbe es die meisten der regelmäßigen und periodischen Prozesse, die unser Leben bestimmen, nicht. Das Leben könnte sich wahrscheinlich an diesen Verlust gewöhnen und seinen eigenen Rhythmus schaffen. Die Folgen für die Entwicklung der Physik wären jedoch dramatisch. In der Tat entstand die Naturwissenschaft mit Sicherheit aus den Beobachtungen von Ereignissen, die sich periodisch wiederholten, wie die Mondphasen oder der Rhythmus der Jahreszeiten – wobei ihre Regelmäßigkeit auf das Vorhandensein von Gesetzen oder zugrundeliegenden erklärenden Mechanismen schließen ließ. Hätten wir in einem Universum, in dem keine Ordnung zu erkennen ist, daran gedacht, nach diesen Gesetzen zu suchen? Hätten wir die Physik entwickelt, die uns vielleicht eines Tages zu der Entdeckung führt, daß wir nicht allein im Universum sind?

Daher ist die periodische Bewegung der Erde um die Sonne von grundlegender Wichtigkeit – nicht nur für die Entwicklung des Lebens, sondern auch des Denkens. Sie ist einer der Ankerpunkte, an denen die Wissenschaftler ihre Beobachtungen und Experimente festmachen können, die zur Bestimmung allgemeiner Gesetze dienen.

Die universelle Natur der Evolution stellt einen starken, wenn nicht sogar überzeugenden Hinweis auf extraterrestrisches Leben dar. Es ist aber jetzt auch klar, daß Leben, wenn es anderswo existiert, sicherlich nicht die gleiche Form haben wird wie auf unserem Planeten. Selbst wenn Leben im ganzen Universum aus den gleichen Substanzen entstanden ist wie auf der Erde, selbst wenn es sich auf Planeten entwickelt hat, die unserem sehr ähnlich sind, so können doch die historischen Umstände nicht die gleichen gewesen sein. Meine Kollegen in der früheren Sowjetunion denken da jedoch ganz anders. Die Parallele zwischen der Evolution des Universums und des Lebens hat sie davon überzeugt, daß eines der

Grundgesetze der Physik – das Prinzip der Äquivalenz (oder Gleichförmigkeit)* – auch auf die lebende Materie angewandt werden kann. Gibt es eine Äquivalenz bei den Evolutionsgesetzen der lebenden und denkenden Materie im Kosmos, wird die Existenz von intelligenten außerirdischen Gesellschaften unvermeidlich.

Felix Tsitsin vom Sternberg-Institut in Moskau vertritt sogar das Konzept von der Konvergenz der Arten im Kosmos. Tatsächlich könnten wir erwarten, daß sich im interstellaren Raum, wo die physikalischen Bedingungen überall sehr ähnlich sind, alle Lebensformen in Richtung einer Konvergenz der morphologischen Merkmale entwickeln. Weiter könnten wir uns dann eine Gemeinschaft außerirdischer Gesellschaften vorstellen, die zwar einen unterschiedlichen Ursprung haben, aber durch einen gemeinsamen Prozeß gleichförmig gemacht wurden, ganz ähnlich, wie heutige menschliche Gesellschaften durch die westliche Zivilisation geformt werden. Diese Konvergenz würde zwischen Gesellschaften, die sich auf verschiedenen Pfaden entwickelten, Affinitäten schaffen und damit auch Gründe zur Kommunikation. Hier liegt ein weiterer Grund für uns zu versuchen, «dem Club beizutreten».

---

* Die physikalischen Gesetze sind überall im Universum die gleichen. Dieses Prinzip ermöglicht es uns, die meisten im Universum beobachteten Ereignisse zu erklären.

3
Evolution und Katastrophen

Es gibt den Zufall nur, weil menschliche Interessen mitbetroffen sind und weil die Dinge geschahen, als ob der Mensch mit in Betracht gezogen worden wäre.

Henri Bergson: *Die beiden Quellen der Moral und Religion*

Das Erscheinen des Menschen ist ein Markstein in der langsamen Entwicklung des Lebens. War dieses Ereignis unausweichlich, oder verdanken wir unsere Existenz einer Reihe von besonderen Umständen? Trifft das letztere zu, so sind wir wahrscheinlich die einzige intelligente Zivilisation im Universum. Jaques Monod ist dieser Meinung. In seinem Werk «Zufall und Notwendigkeit» schreibt er, daß «der Mensch letztendlich weiß, daß er allein ist in der gleichgültigen Unermeßlichkeit des Universums, aus dem er durch Zufall hervorgegangen ist». Es scheint heute klar, daß die Formen, die das Leben im Laufe seiner Evolution annimmt, und die Wege, die es begeht, hauptsächlich auf Zufälligkeiten beruhen, die außerhalb seiner Kontrolle liegen. Aber anstatt Monod sofort zuzustimmen, möchte ich zunächst die Katastrophen untersuchen, die diese Evolution kennzeichneten, und feststellen, ob sie eine bestimmende Rolle gespielt haben – ob sie wirklich den Verlauf des Lebens beeinflußt haben.

Gegen Ende des Mesozoikum beherrschten riesige Reptilien die

Tierwelt: Diplodocus, Brontosaurus, Tyrannosaurus, Iguanodon, Archeopteryx und so weiter. Diese generell als *Dinosaurier* bezeichneten Tiere verschwanden ziemlich plötzlich vor 65 Millionen Jahren, zu jener Zeit, die man heute als Grenze zwischen der Kreidezeit und dem Tertiär betrachtet. Mit ihnen verschwanden 75 bis 85 Prozent des Planktons und die Ammoniten, die sich davon ernährten, sowie verschiedene Meeres- und Flugreptilien. (Für das Folgende ist wichtig zu wissen, daß viele Arten von Landpflanzen, Süßwasserwirbeltieren, Schlangen, Säugetieren und marinen Wirbellosen jedoch kaum betroffen waren.)

Das Verschwinden dieser riesigen Tiere hinterließ eine Lücke in der Tierwelt. Diese ökologische Lücke nahmen langsam die Säugetiere ein. Eines von ihnen, *Homo sapiens*, entwickelte sich schließlich zum Beherrscher des Lebens auf der Erde. Doch wie würde die irdische Fauna heute aussehen, wenn die Dinosaurier nicht plötzlich verschwunden wären? Hätte sich der Mensch entwickeln können, oder wären die Dinosaurier immer noch Herrscher über alle anderen Tiere wie vor 135 Millionen Jahren? Um diese grundlegende Frage zu beantworten, müssen wir herausfinden, welche Ereignisse dieses plötzliche Aussterben verursacht haben könnten. Tatsächlich ist es sehr gut möglich, daß diese Begebenheiten erneut eintreten und wiederum zu einem Artensterben führen, von dem diesmal sogar der Mensch betroffen sein könnte. Wir müssen die Rolle des Zufalls in der Entwicklung des Lebens bestimmen, um sagen zu können, ob die Entstehung von Intelligenz unausweichlich oder zufällig war.

Zunächst hatte man angenommen, das Aussterben der Dinosaurier habe biologische Gründe gehabt. Die unproportionierte Größe ihrer riesigen Körper im Vergleich zu ihren winzigen Gehirnen könnte sie verletzlich gegenüber anderen Raubtieren gemacht haben. Vielleicht glichen sie aufgrund ihres Nervensystems eher Automaten, während die Säugetiere, die bereits ein minimales Bewußtsein entwickelten, sich flexibler ungünstigen Bedingungen anpassen konnten. Kleine Säugetiere könnten die Eier der Dinosaurier schneller gefressen haben, als diese sie legen konnten. Die Zerbrechlichkeit der Eierschale wurde ebenfalls als mögliche Ursache für ihr Aussterben genannt. Zu bedenken ist auch, daß Dinosaurier – wie alle Organismen, die in kleiner Zahl vorkommen – relativ anfällig gegenüber Veränderungen ihrer Umgebung waren.

Die Entdeckung von Anomalien in der Zusammensetzung der geologischen Schichten aus jener Periode brachte die Forscher jedoch auf andere Erklärungen. Im Jahre 1980 untersuchten Luis und Walter Alvarez und ihre Mitarbeiter an der Universität von Kalifornien in Berkeley die Häufigkeiten von Schwermetallen der Platingruppe in ihren Proben. Die gefundenen Mengen waren deutlich höher als die Durchschnittswerte auf der Erde, insbesondere im Falle von Iridium und Osmium. Da das Häufigkeitsverhältnis eher dem im interstellaren Medium glich, führten sie diese erhöhten Werte auf einen Meteoriten oder Asteroiden von etwa zehn Kilometern Durchmesser zurück, der auf der Erde aufgeschlagen sein mußte. Die Überhäufigkeit von Schwermetallen wurde durch andere Messungen bestätigt, die an etwa 60 Stellen in den Vereinigten Staaten, Italien, Dänemark, Frankreich, Neuseeland und China durchgeführt wurden. Die gesamte Erde scheint an der Grenze zwischen Kreidezeit und Tertiär von einer feinen, mehrere Millimeter dicken Staubschicht bedeckt gewesen zu sein.

Die Sedimente enthalten auch Hinweise darauf, daß zusätzliche Katastrophen, wie riesige Tsunamis* und weltweite Waldbrände, die von der ursprünglichen Katastrophe verursachten Umweltbelastungen noch verschlimmerten. In Sedimentproben aus dieser Periode, die an fünf Stellen in Europa und Neuseeland gewonnen wurden, fand man große Mengen Ruß und in Texas Hinweise auf einen riesigen Tsunami.

Ein solches katastrophales Ereignis müßte eine gewaltige, immer noch sichtbare Wunde auf der Erdoberfläche hinterlassen haben. Kraterexperten haben bisher drei mögliche Orte dafür ausgemacht. Der wahrscheinlichste ist ein 180 Kilometer großer Krater auf der Halbinsel Yucatan, in dessen Zentrum das Dorf Puerto Chicxulub liegt. Zwei weitere kleinere Krater – einer in der Nähe von Manson in Iowa und der andere im Gebiet von Popigai in Nord-Zentralsibirien – stammen aus der gleichen Zeit und könnten durch kleinere Bruchstücke des gleichen Asteroiden oder Kometen entstanden sein.

---

* Ein Tsunami ist eine Flutwelle, die in der Folge von Erdbeben auftritt.

Andere Erklärungen sind ebenfalls möglich. Eine Supernova – ein Stern, der am Ende seines Lebens explodiert – könnte der Ursprung dieser anormalen geologischen Ablagerungen gewesen sein. Doch dann müßte sie sich schon sehr nahe beim Sonnensystem befunden haben, was angesichts der geringen Sterndichte in der Nachbarschaft der Sonne unwahrscheinlich ist. Darüber hinaus hätte eine Supernova auch Plutonium erzeugt; eine Überhäufigkeit dieses Elements wurde jedoch nicht nachgewiesen.

Eine Periode mit einer außerordentlich starken vulkanischen Aktivität könnte ebenfalls eine an Schwermetallen reiche Staubschicht erzeugt haben, doch wahrscheinlich keine so gleichmäßig über die ganze Erde verteilte. Die Basaltböden des Deccan-Plateaus in Indien stammen aus dieser Periode, die etwa 500 000 Jahre andauerte. Während Zwischenperioden von 10 000 Jahren Länge, in denen eine noch intensivere Aktivität herrschte, wurden 1,7 Milliarden Tonnen Schwefelsäure und 27 Millionen Tonnen Salzsäure in die Atmosphäre abgegeben.* Die Folgen einer starken und lang andauernden vulkanischen Aktivität wären für das Leben auf der Erde katastrophal: Schwefelsäureregen, Verringerung der Alkalinität der Ozeane, eine Absenkung der globalen Temperatur um drei Grad und eine um sieben Prozent verminderte atmosphärische Ozonschicht, verursacht durch die Salzsäure.

Verknüpft mit einem allgemeinen Absinken der Meeresspiegel könnten diese Effekte ein massives und fortgesetztes Artensterben erklären. Daß bestimmte Arten überlebten, könnte verschiedene Gründe haben, wie zum Beispiel eine hohe Population, ein Leben bei Nacht oder unter der Erde, wodurch sie vor der Ultraviolettstrahlung der Sonne geschützt waren, oder eine größere Toleranz gegenüber Temperaturschwankungen.

Schließlich besteht auch noch die Möglichkeit, daß die Sonne auf ihrer Bahn durch die Galaxis einer interstellaren Staubwolke begegnet ist. Etwa alle 250 Millionen Jahre durchquert die Sonne einen an interstellarer Materie reichen Spiralarm der Galaxis. Eine solche Wolke zwischen der Sonne und der Erde würde das Sonnenlicht

---

* Zum Vergleich: 1976 wurden durch Industrie- und Hausbrand 120 Millionen Tonnen Schwefelsäure in die Atmosphäre emittiert.

absorbieren und hauptsächlich als Infrarotstrahlung wieder abstrahlen. Dadurch würde die Photosynthese auf der Erde dramatisch eingeschränkt, und jede Lebensform, die Sonnenlicht benötigt, wäre betroffen gewesen. Doch ein solches Ereignis hätte wahrscheinlich etwa 250 000 Jahre angedauert, wogegen die geologischen Schichten mit höheren Iridiumwerten einer maximalen Dauer von etwa 10 000 Jahren entsprechen.

Die Hypothese eines Meteoriteneinschlags fand in den vergangenen Jahren Unterstützung durch die Entdeckung von Mikrokristallen, die Zeichen einer von Schocks und sehr hohen Drucken herrührenden Metamorphose aufweisen. Diese Drucke müssen mindestens 100 000mal höher gewesen sein als der Druck auf der Erde. Solche Mikrokristalle wurden in Spanien, Dänemark, Neu-Mexiko, Neuseeland und Italien gefunden. Vulkanische Eruptionen könnten niemals solche extremen physikalischen Bedingungen erzeugen. Und sie könnten auch solch große Kristalle (0,3 Millimeter Durchmesser) nicht so hoch in die Atmosphäre schleudern, daß sie an derart weit auseinander liegenden Stellen gefunden werden können.

Der Meteorit könnte sogar größer gewesen sein als ursprünglich angenommen. Ozeanologen an der Universität von Rhode Island haben die Häufigkeit von Strontium im Meereswasser während der letzten 100 Millionen Jahre gemessen. Die gemessene Überhäufigkeit von Strontium an der Grenze zwischen Kreidezeit und Tertiär läßt sich nur durch einen äußerst heftigen Einschlag eines Meteoriten von zehn Kilometern Durchmesser und dem anschließenden Ausstoß der 10–100fachen Meteoritenmasse in die Atmosphäre oder aber durch einen Meteoriten von 100 Kilometern Durchmesser erklären.

Die jüngste Entdeckung von zwei extraterrestrischen Aminosäuren in Sedimenten aus der Grenzschicht zwischen Kreidezeit und Tertiär in Dänemark unterstützt ebenfalls die Hypothese eines Meteoriteneinschlags. Es gibt keinen Grund, eine Verunreinigung der Proben während der Analyse zu vermuten, da es sich hier um Aminosäuren handelt, die auf der Erde sehr ungewöhnlich sind. Doch wie haben die Aminosäuren den Aufschlag auf der Erde überlebt? Die einzige Erklärung ist, daß der Bolid sehr reich an organischem Material gewesen sein muß.

Doch es gibt auch Einwände gegen die Einschlagstheorie. Jüngere und gründlichere Messungen der Iridiumhäufigkeit an einer

Reihe von Stellen sind nicht besonders gut mit einem für geologische Maßstäbe sehr kurzen Ereignis vereinbar. Die Überhäufigkeit von Iridium erstreckt sich in Italien auf Schichten, die Ablagerungen aus einem Zeitraum von mehr als 100 000 Jahren darstellen, in Kanada dagegen nur aus etwas mehr als 6000 Jahren. In Schottland zeigen die Sedimente von 20 Millionen Jahren eine erhöhte Iridiumhäufigkeit, wobei es keinen besonderen Anstieg der Werte am Übergang zwischen Kreidezeit und Tertiär gibt. Ein 24 Meter langer Bohrkern aus dem Boden des Nordpazifik zeigt eine Überhäufigkeit an Iridium, die mit einem normalen Niederschlag von Staub und Meteoriten vereinbar ist. Diese Beobachtungen können besser durch eine intensive vulkanische Aktivität erklärt werden wie die auf dem oben erwähnten Deccan-Plateau. Doch vielleicht könnten wiederholte Einschläge eine Erklärung für eine längere Periode mit erhöhter Iridiumhäufigkeit sein. Ein letzter Kritikpunkt beruht auf der Tatsache, daß auf dem Mond, der ständig von Meteoriten bombardiert wird, die Überhäufigkeit des Iridium nicht mehr als vier Prozent beträgt.

Möglicherweise haben sowohl die Verfechter des Meteoriteneinschlags als auch die der intensiven Vulkantätigkeit recht, wenn nämlich das erstere das letztere ausgelöst hat. Tatsächlich könnte der Einschlag ein Loch von 20 bis 40 Kilometer Tiefe erzeugt haben – tief genug, um bis in den Erdmantel einzudringen und einen Lavafluß zu verursachen, der den Krater wieder verdeckte.

Eine große Menge von Staub und Ruß in der Erdatmosphäre – woher sie auch immer stammte – hätte erhebliche Folgen für das Klima und somit für das Leben auf der Erde. Sie würde das Sonnenlicht blockieren und damit die Temperatur auf der Erdoberfläche und in den verschiedenen Atmosphärenschichten erniedrigen. Dadurch würden sich wiederum die Zusammensetzung der Atmosphäre sowie das globale Klima deutlich verändern. Diese Vorhersagen stammen aus ausführlichen Untersuchungen über die möglichen langfristigen Folgen eines weltweiten Nuklearkriegs, bei dem ebenfalls große Mengen Staub und Ruß erzeugt würden.

Das große Artensterben an der Grenze zwischen Kreidezeit und Tertiär ist kein Einzelfall in der Geschichte unseres Planeten. In Wirklichkeit war die lebende Welt viele Male vom Aussterben zahlreicher Arten betroffen, eine Tatsache, die nach einer eingehenden Erklärung verlangt und eventuell auch einiges Licht auf die Ursachen des Ereignisses vor 65 Millionen Jahren wirft.

Die «normale» Aussterberate beträgt drei bis fünf Familien, also 180 bis 300 lebende Arten pro eine Million Jahre. In Zeiten des massiven Artensterbens steigt diese Rate so dramatisch an, daß es verwunderlich ist, daß überhaupt Arten überleben. Während des bedeutsamsten Artensterbens, das am Ende der Perm-Ära vor etwa 250 Millionen Jahren stattfand, verschwanden im Verlauf einiger Millionen Jahre 96 Prozent der wirbellosen Meerestierarten. Das zweitwichtigste und älteste Artensterben ereignete sich vor 440 Millionen Jahren. 1983 zeigten die Paläontologen David Raup und John Sepkoski von der Universität Chicago, daß es bei den verschiedenen Massensterben während der vergangenen 250 Millionen Jahre Hinweise auf eine Periodizität von 26 Millionen Jahren gibt. Von den zwölf Ereignissen, die sie jeweils als «massives Artensterben» klassifizierten, stehen fünf außer Frage. Bei jedem dieser fünf verschwanden bis zu 20 Familien.

Nach der Entdeckung der Iridium-Überhäufigkeit durch die beiden Alvarez schien diese Periodizität einen weiteren wichtigen Hinweis für das Verständnis derartiger Aussterbekatastrophen zu liefern. Astronomen, Geophysiker, Paläontologen und Biologen – alle suchten nach möglichen Erklärungen für die Periodizität. Die Zahl der Veröffentlichungen über Artensterben stieg von 40 oder 50 auf über 500 pro Jahr. Die verschiedenen Hypothesen sind in Tabelle 2 zusammengefaßt. (Gründe, die später verworfen wurden, sind mit einem Minuszeichen versehen.)

Tabelle 2:
Mögliche Gründe für periodisch stattfindende Aussterbewellen von Arten.

Astronomische Gründe	**Terrestrische Gründe**
Nemesis, Begleiter der Sonne	Veränderungen der Meereshöhen
Ein zehnter Planet	Veränderungen der globalen Temperatur
– Durchquerung der galaktischen Ebene	Periodische tektonische Aktivität
– Umkehrung des Erdmagnetfelds	Spezifische Periodizität der lebenden Welt

Wegen der großen Bedeutung, die die meisten Wissenschaftler dieser Periodizität zuschrieben, und wegen der Skepsis, die einige Geologen zeigten, erweiterten Raup und Sepkoski 1986 ihre Analyse mit neuem Datenmaterial. Diese zweite Studie bestätigte, daß die Wellen des massiven Aussterbens von Familien und insbesondere von Arten während der vergangenen 250 Millionen Jahre sich in der Tat im Abstand von jeweils 26 Millionen Jahren wiederholt haben.

Astronomen haben zur Erklärung dieser merkwürdigen Wiederholungen periodische astronomische Ereignisse angeführt, die indirekt ein Bombardement der Erde durch Asteroiden, Kometen, Meteoriten oder einen Fluß energiereicher Teilchen zur Folge haben.

So soll ein hypothetischer leuchtschwacher Stern namens *Nemesis* die Sonne mit einer Periode von 26 Millionen Jahren umkreisen. Auf seiner sehr langgestreckten Bahn kreuze der Stern periodisch die «Oortsche Wolke», eine große Ansammlung von Kometen im Abstand von 55 000 Astronomischen Einheiten* von der Sonne. Durch diese Störung in der Wolke würden etwa eine Milliarde Kometen in das Sonnensystem umgelenkt werden, wobei die Rate rund 66 Kometen pro Jahr betrüge. Über einen Zeitraum von ungefähr einer Million Jahren könnten 20 oder 30 von ihnen mit der Erde kollidieren. Leider wäre die Bahn von Nemesis sehr instabil, so daß der Stern sie in weniger als einer Milliarde Jahren verlassen könnte. Er könnte sogar in das Sonnensystem eindringen und hier schwere Störungen verursachen (zum Beispiel Jupiter aus dem Sonnensystem hinausschleudern), wenn seine Masse größer als 0,05 Sonnenmassen wäre. Trotzdem hat eine Gruppe von Astronomen in Kalifornien damit begonnen, unter 5000 möglichen roten Zwergsternen nach Nemesis zu suchen, indem sie ihre Eigenbewegungen auf photographischen Aufnahmen vermessen, die im Abstand von drei bis sechs Monaten gemacht werden.

Die periodischen Kometenschwärme könnten auch von einem hypothetischen zehnten Planeten in unserem Sonnensystem verur-

---

* Eine Astronomische Einheit ist die Entfernung zwischen Erde und Sonne, 149,6 Millionen Kilometer. Pluto, der äußerste Planet, hat einen Abstand von etwa 40 Astronomischen Einheiten zur Sonne.

sacht werden, der passenderweise Planet X genannt wird und sich in einer mittleren Entfernung von 50 bis 100 Astronomischen Einheiten von der Sonne befinden soll. Wenn seine Bahn leicht gestreckt ist, wird der Planet periodisch den Rand einer Kometenscheibe streifen, deren Existenz wir ebenfalls voraussetzen müssen, und damit ein Bombardement von Kometen bewirken. Dieser zehnte Planet würde auch die Störungen erklären, die man bei den Bewegungen der äußeren Planeten beobachtet und die wegen seiner zu geringen Masse nicht auf Pluto zurückgeführt werden können. Die Suche nach weiteren Planeten in unserem Sonnensystem jenseits des Pluto steht auf dem Programm des *Hubble*-Weltraumteleskops. Ein solcher Planet könnte auch vom *IRAS*-Satelliten (s.u.) im Infrarotbereich entdeckt werden.

Die Sonne oszilliert periodisch um die galaktische Ebene und kreuzt sie etwa alle 30 oder 33 Millionen Jahre. Diese Periodizität läßt auf eine dritte mögliche Ursache für die Aussterbekatastrophen schließen: starke Strahlung kosmischer Teilchen und Röntgenstrahlung, die auf die galaktische Ebene begrenzt sind. Hier würde die Sonne auch auf sehr viel größere Mengen von interstellarer Materie treffen. Riesige Molekülwolken könnten die Oortsche Wolke stören und indirekt zu einem Kometenschauer führen. Diese Oszillation besitzt zwar eine sehr regelmäßige Periode, für Begegnungen mit interstellaren Wolken gilt dies jedoch nicht, da diese über eine bestimmte Dicke ungleichmäßig in der galaktischen Ebene verteilt sind. Außerdem befindet sich die Sonne zur Zeit fast mitten in dieser Ebene, während wir bezüglich des Artensterbens etwa gerade zwischen zwei solchen Episoden liegen.

Die letzte von Raup vorgeschlagene astronomische Erklärung beruht auf einer Umkehrung des Erdmagnetfelds, die etwa alle 30 Millionen Jahre stattfindet. Dabei könnten uns all die energiereichen Teilchen treffen, von denen wir normalerweise durch das Magnetfeld abgeschirmt sind. Doch bei einer genaueren statistischen Untersuchung der Daten der Magnetfeldumkehrung konnte die vermutete Periodizität nicht bestätigt werden – es zeigte sich eher, wie schwierig es ist, aus unsicheren Daten eine Periodizität herzuleiten.

Die Astronomen sind zwar sehr bemüht, astronomische Erklärungen für die Periodizität der Wellen massiven Artensterbens zu geben, doch möglicherweise finden sich auch auf der Erde plausible Gründe für diese Ereignisse. Geologen und Biologen haben ihre eigenen Erklärungsvorschläge. Terrestrische Phänomene, wie die periodischen Schwankungen der Meereshöhen, klimatische Veränderungen (insbesondere der globalen Temperatur auf der Erdoberfläche) oder Änderungen in der Erdkruste (tektonische Bewegungen), können ebenfalls zum Artensterben beitragen.

Langsame Veränderungen in der Atmosphäre und den Ozeanen können auch zu abrupten Klimaänderungen führen.* Sowohl in geologischen Zeugnissen aus dem Quartär als auch in theoretischen, mit Computern berechneten Klimamodellen finden sich einige gute Beispiele für schnelle Klimawechsel, die gewöhnlich auch Vereisung mit sich bringen. Der Übergang von jahreszeitlich bedingten eisfreien Zuständen zu einer dauerhaften Schneebedeckung wird zum Beispiel durch eine kleine Veränderung des Kohlendioxidgehalts ausgelöst. Das massive Artensterben an der Grenze zwischen Kreidezeit und Tertiär wurde wahrscheinlich nicht durch derartige Klimaänderungen verursacht, sie könnten jedoch eine mögliche Erklärung für andere Aussterbewellen sein.

Zweimal trat ein massives Artensterben am Ende einer Stabilitätsperiode des Erdmagnetfelds und damit auch des Erdkerns auf.** Einer solchen Stabilität müssen Bewegungen der Kruste und starke vulkanische Aktivität folgen. Doch im Prinzip gibt es keinen Grund dafür, daß solche Ereignisse periodisch sein sollen, es sei denn, sie wären eine weitere Folge der von den Astronomen vorgeschlagenen Kometen- oder Meteoritenschwärme.

Die Analysen großer Krater auf der Erde scheinen diese Behauptungen der Astronomen zu unterstützen. Man kennt etwa 100 Krater, deren Alter auf bis zu 660 Millionen Jahre geschätzt wird. Statistische Untersuchungen von 32 Kratern mit mehr als zehn Kilometern Durchmesser, die sicher jünger als 365 Millionen Jahre sind, zeigten in ihren Entstehungsdaten eine Periodizität von 32 Millionen Jahren beziehungsweise von 28 Millionen Jahren, wenn

---

* In geologischen Maßstäben bedeutet «abrupt» etwa 10 000 Jahre.

** Die Umkehrung des Erdmagnetfelds wird durch Bewegungen im Erdkern verursacht.

man die drei jüngsten ausschließt.* Was auch immer der Grund für dieses Bombardement gewesen sein mag, es scheint mit der annähernd richtigen Periodizität für die Wellen von gehäuftem Artensterben stattgefunden zu haben. Doch das meteoritische Material, das bei acht Kratern gefunden wurde, läßt eher auf große Meteoriten und Asteroiden als auf Kometen schließen und somit Theorien von Kometenbombardements zweifelhaft erscheinen.

Auch hier könnte wieder eine Kombination mehrerer Effekte die richtige Erklärung sein, da es auch eine Periodizität bei den großen vulkanischen Basalteruptionen in den vergangenen 250 Millionen Jahren – phasengleich mit dem gehäuften Aussterben von Arten – zu geben scheint. Der Auslösemechanismus dieser Ergüsse ist nicht bekannt, doch es könnte ein periodischer Schauer extraterrestrischer Körper sein. Er würde gleichzeitig die periodischen Kraterbildungen, Lavaergüsse und die Aussterbekatastrophen erklären.

In allen Fällen hängt die abgeleitete Periodizität kritisch von der von den Geologen festgesetzten Zeitskala ab. Daten, die die letzten 100 Millionen Jahre betreffen, werden allgemein für glaubwürdig gehalten, während frühere Daten eine Abweichung von bis zu fünf Millionen Jahre haben können. Es ist daher nicht überraschend, daß es drei konkurrierende Zeitskalen zur Datierung geologischer Schichten gibt. Innerhalb einer gegebenen geologischen Zeitskala kann das Alter verschiedener Sedimente auch nur wieder auf eine halbe Million Jahre genau abgeschätzt werden, so daß wir nicht sicher sein können, ob die an verschiedenen geologischen Fundorten nachgewiesenen Episoden gehäuften Artensterbens tatsächlich gleichzeitig stattgefunden haben.

Die Art und Weise der Identifizierung eines massiven Artensterbens – durch Analyse der Populationen in aufeinanderfolgenden geologischen Stufen – kann ebenfalls die gemessene Periodizität beeinflussen. So kann man mit dieser Methode Episoden massiven Artensterbens, die in zwei unmittelbar aufeinanderfolgenden Epochen stattfanden, nicht nachweisen. Dies begünstigt eine künstliche Periodizität. Wenn andererseits Aussterbewellen in die Analyse mit

* Einer von ihnen, der Rochechouart-Krater in Frankreich mit 23 Kilometern Durchmesser, wird auf ein Alter von 160 000 Jahren geschätzt.

einbezogen werden, deren Bedeutung überschätzt wird, erhält man eher eine zufällige Verteilung der Aussterbekatastrophen.

Die Astronomen waren eifrig bemüht, astronomische Ursachen für ein Phänomen zu finden, dessen Periodizität nicht sicher feststeht. Den Paläontologen muß mehr Zeit eingeräumt werden, um genauere Daten über das Ausmaß und die Zeiten des Artensterbens zu gewinnen. Die Analyse des Iridiumgehalts in Sedimenten aus den Zeiten des Artensterbens sollte die Hypothese vom Massensterben durch einen Einschlag bekräftigen. Wir wissen bereits, daß bei drei dieser Perioden der Iridiumgehalt abnorm hoch ist, während bei zwei von ihnen nur an einer einzigen Stelle eine Überhäufigkeit nachgewiesen wurde.

Die Koinzidenz zwischen der Periodizität bestimmter astronomischer Erscheinungen, Einschlägen und Artensterben läßt einen kausalen Zusammenhang vermuten, beweist aber gar nichts. Einige Biologen sind der Meinung, daß Meteoriteneinschläge viel katastrophalere Auswirkungen auf die lebende Welt gehabt hätten. Der Schaden, der in tropischen Zonen immer größer ist, wäre vergleichbar mit dem, der von El Niño* verursacht wird.

Wenn astronomische oder terrestrische Ereignisse tatsächlich zu einer Periodizität in der Evolution des Lebens führen, so hat dies auf begrifflicher Ebene wichtige Konsequenzen, die näher untersucht werden sollten. Anstelle einer linearen und irreversiblen Evolution hin zu immer komplexeren Organismen können wir uns eine zyklische vorstellen, in der periodisch auftretende Katastrophen immer wieder einen Rückschritt in der lebenden Welt verursachen. In einem solchen Falle würde jeder Neubeginn entsprechend den Umständen eine Vielzahl neuer Arten hervorbringen. Auch zur Interpretation der Geschichte wurde in der Vergangenheit eine zyklische Entwicklung herangezogen – vielleicht in Analogie zum Rhythmus unseres Lebens. Ein solches Szenarium stimmt

---

* El Niño ist eine meteorologische Erscheinung, die mit Veränderungen in ozeanischen und atmosphärischen Strömungen verknüpft ist, die sowohl Nord- als auch Südamerika betreffen. Abnorm warme Ozeanströmungen und starke Regenfälle in tropischen Zonen haben verheerende ökologische Auswirkungen. Der bislang stärkste El Niño in diesem Jahrhundert war 1982/83.

allerdings nicht mit der irreversiblen Evolution überein, die man allgemein im Universum und insbesondere auf unserem Planeten findet.

Ein massives Artensterben kann jedoch auch stimulierend auf die Evolution des Lebens wirken, indem es Habitate für die Entwicklung neuer Arten freimacht und so zu einer Vielfalt in der lebenden Welt führt. Wir heute Lebenden können allerdings auf jeden Fall beruhigt sein; falls die Aussterbewellen wirklich periodisch auftreten, so hat die letzte nach allen drei geologischen Zeitskalen vor elf Millionen Jahren stattgefunden, und der nächste Termin wäre erst wieder in 15 Millionen Jahren fällig.

Terrestrische und extraterrestrische Katastrophen stellen einen wesentlichen Bestandteil der Erdgeschichte dar. Anhand der Diskussion um die Episoden massiven Artensterbens in der lebenden Welt habe ich Katastrophen beschworen, die möglicherweise in regelmäßigen Abständen die Evolution der Arten gestört haben. Wenn einige von ihnen auch unwahrscheinlich sein mögen, so zeigen sie doch, wie zerbrechlich das Leben ist.

Der Vollständigkeit halber möchte ich noch einige weitere periodische Ereignisse im Sonnensystem erwähnen, die unser Klima beeinflussen und sich unter bestimmten Umständen katastrophal auswirken können. Der elfjährige Sonnenaktivitätszyklus, in dessen Verlauf zunächst Sonnenflecken vermehrt auftauchen und dann wieder verschwinden, hat bekanntlich Auswirkungen auf den Funkverkehr, aber auch auf das Klima. Die kleine Eiszeit im 17. Jahrhundert fällt mit dem sogenannten Maunder-Minimum zusammen, einer Periode mit besonders schwacher Sonnenaktivität. Der Anstieg der mittleren Temperaturen in dem Zeitraum vom 11. bis zur Mitte des 13. Jahrhunderts entspricht einer Periode verstärkter Sonnenaktivität, in der Sonnenflecken mit bloßem Auge zu sehen waren. Wir können uns leicht vorstellen, daß größere Veränderungen in der Sonnenaktivität katastrophale Folgen für das Leben auf der Erde haben könnten.

Außerdem unterliegt die Bewegung der Erde um die Sonne kleinen periodischen Veränderungen, die – wenn sie sich verstärkten – ebenfalls dramatische Auswirkungen haben könnten. Die Rotationsachse der Erde beschreibt einen Kegel um die Senkrechte auf ihrer Bahnebene, wobei die Periode rund 26 000 Jahre beträgt.

Diese Bewegung nennt man *Präzession* der Rotationsachse. Die Schiefe der Ekliptik variiert ebenfalls periodisch, insgesamt mit einer Periode von 42 000 Jahren. Und schließlich ist die Erdbahn um die Sonne kein Kreis, sondern eine Ellipse, deren Exzentrizität mit einer Periode von 102 000 Jahren variiert.

Diese periodischen Variationen sind für die aufeinanderfolgenden Eiszeiten der letzten 500 000 Jahre verantwortlich. Sie erlauben uns die Vorhersage einer neuen Eiszeit auf der Nordhalbkugel in einigen tausend Jahren, wenn der Mensch nicht eingreift. Diese Störungen sind sehr schwach, und unser Mond hat dabei eine eindeutig stabilisierende Wirkung. Es ist sogar möglich, daß diese Störungen eine vorteilhafte Wirkung auf die Evolution des Lebens haben, da es sich so an sich ständig ändernde Bedingungen anpassen muß, während es in einer sehr stabilen Umgebung zu einer Stagnation der biologischen Entwicklung kommen könnte.

Andere, nichtperiodische Ereignisse können ebenfalls die Evolution des Lebens beeinträchtigen. Das Leben auf der Erde hängt in kritischer Weise von der Sonne ab. Doch die Sonne ist nicht unsterblich. In etwa fünf Milliarden Jahren wird das Wasserstoffbrennen beendet sein, und die darauffolgende kurze Kontraktion wird die Phase des Heliumbrennens starten. Dadurch werden sich die äußeren Schichten der Sonne ausdehnen, so daß sie bis über die Erdbahn hinausreichen. Bis dahin werden wir wahrscheinlich einen technologischen Stand erreicht haben, der es uns ermöglicht, auf einen Planeten mit milderen Umweltbedingungen auszuwandern. Auf jeden Fall wird dies das Ende des Lebens auf der Erde sein.

Massereichere Sterne erreichen dieses Stadium der Sternentwicklung, in dem der Stern ein Roter Riese wird, sehr viel schneller, da sie sich rascher entwickeln. Leben um massereiche Sterne würde also sehr viel früher in Gefahr geraten, vielleicht noch ehe es die Möglichkeiten besitzt, aus seiner angestammten Heimat zu emigrieren.

Würde ein Stern nahe der Sonne (wie zum Beispiel Sirius, der nur acht Lichtjahre entfernt ist) zu einem Roten Riesen mit einer 1000mal größeren Helligkeit als die Sonne, so wäre der zusätzliche Strahlungseinfall auf der Erdoberfläche noch vernachlässigbar. Wenn Sirius jedoch als Supernova explodieren würde, wären die Folgen für das Leben auf der Erde katastrophal. Etwa einer von 100

Sternen beendet sein Leben auf diese spektakuläre Weise, wobei er etwa zwei Wochen lang eine milliardenmal größere Energie abstrahlt als die Sonne. Die expandierende Hülle aus den Resten der äußeren Sternschichten bildet eine Wolke aus heißem Gas und energiereichen Teilchen, die Tausende von Jahren Radio- und Röntgenstrahlung aussendet.

Wie groß ist die Wahrscheinlichkeit einer solchen Katastrophe? Die Häufigkeit von Supernovaexplosionen in einem Spiralarm unserer Galaxis in weniger als 30 Lichtjahren Entfernung von der Sonne beträgt etwa eins pro 100 Millionen Jahre. Doch dies ist ein statistischer Schätzwert. Ein solches Ereignis könnte – auch wenn es selten ist – jederzeit eintreten. Der erzeugte Fluß kosmischer Strahlung würde die Erde in 100 bis 1000 Jahren erreichen und wäre 1000mal stärker als der mittlere Fluß, der auf die Oberfläche unseres Planeten auftrifft. Eine solche Strahlendosis würde die Transparenz der Atmosphäre im sichtbaren Bereich vermindern und im Ultravioletten erhöhen. Die Konsequenzen für das Leben wären verheerend: eine allgemeine Abkühlung um drei Grad und die Zerstörung lebender Zellen durch Ultraviolett- und Röntgenstrahlung (die langfristig tödlich sind).

Der Vorbeiflug eines Sterns oder eines großen Asteroiden in der Nachbarschaft der Erde könnte ebenfalls katastrophale Folgen haben: Er könnte zum Beispiel die Erde aus dem Sonnensystem hinausschleudern. Im Sonnensystem gibt es etwa 1000 Asteroiden mit mehr als einem Kilometer Durchmesser, die die Erdbahn kreuzen. Tabelle 3 zeigt die wahrscheinliche Häufigkeit von Kollisionen. Kleinere Asteroiden zwischen 50 und 100 Metern Durchmesser treffen wahrscheinlich alle 200 bis 300 Jahre einmal die Erde. Im Januar 1991 war es beinahe soweit, als ein 10 Meter großer Asteroid in nur 170 000 Kilometern Abstand die Erde passierte – nur zwölf Stunden, nachdem er am Teleskop entdeckt worden war. Die letzte große Kollision, von der wir Kenntnis haben, geschah am 30. Juni 1908 in Tunguska in Sibirien. Der Komet oder Asteroid war nicht größer als 50 Meter, doch er verwüstete ein Gebiet von 1600 Quadratkilometern. Die vom Einschlag erzeugte Schallwelle war noch in 800 Kilometern Entfernung zu hören.

Tabelle 3:
Kollisionswahrscheinlichkeiten zwischen der Erde und einem Meteoriten (nach Öpik, 1973).

Durchmesser des Meteoriten (km)	Zeit zwischen zwei Kollisionen (Millionen Jahre)	Zerstörtes Gebiet (km^2)
2,1	13	320
4,2	62	840
8,5	260	2200
17,0	1100	5000
34,0	4500	11000

Kleine Meteoriten fallen sehr häufig auf die Erde. In einer sternklaren Nacht müssen wir nicht lange warten, um eine Sternschnuppe zu beobachten. Doch diese Meteoriten stellen keine Gefahr für das Leben dar, nicht einmal für das Leben einzelner Personen. Soweit bekannt, wurde nur ein einziges Mal jemand durch einen Meteoriten verletzt, am 30. November 1954 in Alabama. In Nordamerika verursachten sieben der 16 Meteoriten, die in den letzten 20 Jahren gefunden wurden, Schäden an Gebäuden, gewöhnlich am Dach. Ein Geophysikerteam in Ottawa berechnete die jährliche Häufigkeit von Meteoritenschauern. Sie nimmt für große Meteoriten exponentiell ab. Die Zahl der Meteoriten mit einem Gewicht von einem Kilogramm oder mehr, die auf die gesamte kontinentale Oberfläche der Erde fallen, wurde auf 1200 pro Jahr geschätzt. Nach diesen Angaben besteht die Wahrscheinlichkeit, daß einmal in neun Jahren eine Person oder 16 Gebäude pro Jahr auf der Erde von einem Meteoriten mit einem Gewicht von einigen wenigen Gramm oder mehr getroffen werden.

Ich habe die astronomischen Erscheinungen – einige wiederkehrende, einige zufällige – aufgezählt, die stets katastrophale Auswirkungen auf die lebende Welt haben würden. Solche Ereignisse haben möglicherweise den Zeitpunkt des Erscheinens des Menschen beeinflußt. Vielleicht beeinflußten sie sogar die Entwicklung zugunsten der Säugetiere, genausogut wie sie Beuteltiere oder Insekten begünstigt haben könnten. Das Erscheinen des Menschen könnte das Ergebnis eines Zufalls sein. Doch ich bin überzeugt, daß früher oder später eine Art die anderen beherrscht hätte – nicht unbedingt durch physische Gewalt, aber vielleicht durch die größere Komplexität ihrer Aktivitäten, die sich aus ihrer überlegeneren Intelligenz ergibt.

Diese Überzeugung ergibt sich aus der Geschichte des Universums. In der Tat wird eine Parallele offensichtlich, wenn wir die Geschichte unseres Planeten in einen erweiterten Zusammenhang stellen. Evolution zu einer immer komplexeren Organisation hin ist ein universelles Phänomen. Wenn die Evolution des Lebens auf der Erde die des Universums widerspiegelt, muß sie trotz irgendwelcher historischer Zufälligkeiten, die den Verlauf dieser Evolution möglicherweise verändern, unausweichlich zu immer komplexeren und intelligenteren Organismen führen.

4
Liegt unsere Zukunft im Weltall?

In Manchester ist die Luft so verschmutzt, daß man morgens aufwacht und die Vögel husten hört.

Anonymus in *Le Monde*, 6. August 1982

In den vorausgehenden Kapiteln habe ich kurz den Ursprung und die Entwicklung des Lebens auf der Erde diskutiert. Auch wenn diese Darstellung keine endgültige Antwort auf unsere Fragen gibt, führt sie uns doch logisch an die Schwelle eines unserer größten Probleme: die Zukunft unserer Zivilisation.

An der Front des Centre Beaubourg in Paris ist eine Uhr angebracht, die rückwärts läuft und die Zeit angibt, die bis zum Beginn des dritten Jahrtausends noch fehlt. Diese kommenden Jahre werden entscheidend sein für die Menschheit. Beim Heraufdämmern des 21. Jahrhunderts scheint ein Gefühl von Notstand, Verwirrung und die Drohung einer brutalen Massenvernichtung vorzuherrschen. Die dahintickenden Sekunden erinnern uns daran, daß dringend Lösungen gefunden werden müssen.

Das Problem ist leicht zu formulieren: Kann eine Zivilisation wie die unsrige hoffen, lange Zeit zu bestehen, oder ist sie gerade aufgrund ihres Charakters dazu verdammt, nach ein paar Jahrhunderten zu verschwinden? Diese Frage betrifft nicht nur unseren bedrohten Planeten; sie gilt für jede Lebensform, die sich auf ähnliche Weise entwickelt haben mag. Wenn die Lebensspanne einer technologischen Zivilisation strukturell bedingt kurz ist, kann man sich nur schwer ein reich bevölkertes Universum vorstellen. Wenn jede Entstehung und Entwicklung von Leben nach einer kürzeren oder längeren Periode der Anpassung zu Widersprüchen und Zerstörung führen muß, dann werden Zivilisationen im Weltall aufeinander folgen wie Sternschnuppen am Himmel und nur schwache Spuren hinterlassen.

Es gibt viele Probleme, die zu unheilvollen und unüberwindlichen Krisen führen können. Ich möchte hier diejenigen aufführen, die Astronomen und Geophysiker ihren Kenntnissen entsprechend analysieren und abschätzen können, um ihre Mitbürger pflichtgemäß darüber zu informieren.

Eine der Hauptgefahren für die Menschheit besteht noch immer in einem Nuklearkrieg, wenn sie auch durch die veränderte weltpolitische Lage ein wenig rückläufig geworden ist. Seine unmittelbaren Auswirkungen wären verheerend, doch jene Lebewesen, die den Atomschlag und die Radioaktivität überlebten, hätten dann einen «nuklearen Winter» zu ertragen. Die Auswirkungen eines solchen Winters sind seit Anfang der achtziger Jahre oft (und heiß!) von den Wissenschaftlern diskutiert worden.

Carl Sagan gehört zu den Verfassern eines 1983 veröffentlichten globalen Klimamodells, das ein packendes Bild von der Situation nach einem nuklearen Krieg zeichnet. Die Hauptakteure darin sind Hunderte Millionen Tonnen von Staub, Rauch und Ruß aus den Bränden, die durch die Explosionen verursacht würden. Diese Partikel- und Rußwolken würden mit warmen Luftströmungen emporsteigen und wegen ihres geringen Gewichts die gesamte Erde dauerhaft umhüllen. Sie würden das Sonnenlicht um mindestens 50 Prozent vermindern und dadurch Kälte und Dunkelheit herbeiführen. Die Temperaturen würden ein Jahr lang nicht über –15 Grad Celsius ansteigen.* Außerdem würden die Hitze der Explosionen und das durch die Brände erzeugte Stickstoffoxid die stratosphärische Ozonschicht zerstören, die uns vor der Ultraviolettstrahlung der Sonne schützt.**

---

* Im Vergleich dazu beeinträchtigen die heute jährlich emittierten 200 Millionen Tonnen Rauch die Atmosphäre nur wenig.

** Die Stratosphäre ist die zwischen zehn und 50 Kilometern Höhe gelegene Atmosphärenschicht. Zwischen dem Erdboden und der Stratosphäre liegt die Troposphäre.

Die Folgen eines solchen nuklearen Winters wären für die Menschen katastrophal: die Ernte wäre zerstört, in chemischen Bränden würden giftige Gase, die z.B. Dioxin enthalten, erzeugt, und man wäre der schädlichen Ultraviolettstrahlung stärker ausgesetzt. Diese Auswirkungen würden noch erschwert durch die sozialen Folgen des Kriegs und der Zerstörung. Durch den Zusammenbruch der sozialen Strukturen und fundamentaler sozialer Dienste sowie die Unterbrechung des internationalen Handels (von Lebensmitteln, Energie, Medizin usw.) geriete ein Nuklearkrieg zu einer großen Katastrophe globalen Ausmaßes.

Seit 1983 wurden durch verfeinerte Modelle diesem apokalyptischen Bild zusätzliche Details und Abstufungen hinzugefügt. Sie bestätigen, daß Staub- und Rußwolken die Erde in weniger als zwei Wochen bedecken würden; sie lassen jedoch vermuten, daß der nukleare Winter wegen der schwächeren Sonneneinstrahlung im Winter auf der Nordhalbkugel im Januar weniger schwerwiegend wäre als im Sommer. In diesen Modellen wurde von einer Explosivkraft von 5000 Megatonnen ausgegangen – etwa die Hälfte des heutigen nuklearen Arsenals. Tatsächlich hängen die Vorhersagen dieser Modelle jedoch nur wenig von der Größe der Explosivkraft ab, vorausgesetzt, sie überschreitet eine bestimmte Grenze. Solche Klimamodelle haben allerdings die gleichen Mängel wie Wettervorhersagen – sie können sehr schnell von der Realität abweichen. Zum Beispiel könnten Regenfälle die Atmosphäre sehr wirkungsvoll reinigen und den Staub beseitigen.

Eine negative Folge unserer ungehemmten technologischen Entwicklung ist auch die Luftverschmutzung, für die dringend eine Lösung gefunden werden muß. Aus Unwissenheit oder Gleichgültigkeit verändert der Mensch irreversibel die lebenswichtigen Eigenschaften der Atmosphäre. Die Luftverschmutzung hat in jüngster Zeit zu zwei Veränderungen geführt, die dramatische Folgen für das Leben haben werden: globale Erwärmung und ein Anstieg der Ultraviolettstrahlung der Sonne. Beide Veränderungen beruhen auf der Freisetzung von Gasen, die vom Menschen erzeugt werden.

Einer von den Faktoren, die für die globale Erwärmung verantwortlich sind, ist das durch die Verbrennung fossiler Brennstoffe emittierte Kohlendioxid. Zusammen mit Methan und Ozon bildet

CO_2 einen Wärmeschild in der Troposphäre (in etwa zehn Kilometern Höhe), der die von der Erdoberfläche zurückgestrahlte thermische Strahlung absorbiert, so daß in der Atmosphäre eine recht milde Temperatur vorherrscht. Ein gewisser Anteil dieser Gase in der oberen Atmosphäre ist also für das Leben unentbehrlich, da ohne diesen natürlichen Treibhauseffekt die Temperatur dauerhaft bei –20 Grad Celsius liegen würde. Doch menschliche Aktivitäten führen zu einem ständigen Anwachsen dieser Gase in der Atmosphäre. Vor allem die Verbrennung fossiler Brennstoffe in Industrie und Haushalten sowie Autoabgase sind dafür verantwortlich, emittieren sie doch Kohlenmonoxid und Kohlendioxid in großen Mengen. In den vergangenen 200 Jahren ist der Kohlendioxidgehalt in der unteren Atmosphäre um 25 Prozent angestiegen. Wöchentliche Messungen, die seit sechs bis acht Jahren an sieben Stellen rund um den Globus (am Äquator, in den Tropen, in gemäßigten Breiten und an den Polen) durchgeführt werden, zeigen, daß der Kohlenmonoxidgehalt im Mittel um 0,18 bis 1,4 Prozent jährlich ansteigt.

Auch der Ozongehalt der Troposphäre steigt an, jedoch aus anderen Gründen. Industriell erzeugte Stickoxide verbinden sich mit atmosphärischem Sauerstoff, wobei Ozon frei wird. Zwei deutsche Chemiker stießen vor einiger Zeit auf einen statistischen Bericht der Stadt Paris, in dem Häufigkeitsmessungen des Ozons veröffentlicht sind, die das Observatoire de Montsouris von 1876 bis 1910 durchgeführt hat. Im Vergleich zu den heutigen Werten zeigen diese Messungen, daß sich der Gehalt an Ozon in der unteren Atmosphäre in 100 Jahren mehr als verdoppelt hat. Dies hat zur Folge, daß der Ozongehalt unserer Atemluft insbesondere an heißen Sommertagen oft gesundheitsgefährdende Ausmaße erreicht.

Darüber hinaus tragen auch halogenierte Kohlenwasserstoffe oder FCKW* wesentlich zum Treibhauseffekt bei, obwohl sie nur in extrem kleinen Mengen (1:1 000 000 000) in der Troposphäre vorhanden sind. Sie können nachweislich 10 000mal mehr Wärme absorbieren als Kohlendioxid. Schon 1981 wurde die Menge an FCKW in der Atmosphäre auf über zwölf Millionen Tonnen ge-

* Diese häufig auch als Freone bezeichneten Gase werden als Treibgas, als Kühlmittel in Kühlschränken, als Reinigungsmittel, zum Aufschäumen von Kunststoffen usw. verwandt.

schätzt. Selbst wenn man ihre Produktion heute einstellen würde, würde ihre Konzentration noch 100 Jahre weiter ansteigen. FCKW brauchen 15 bis 20 Jahre, um die obere Atmosphäre zu erreichen, wo ihre Lebensdauer 60 bis 100 Jahre beträgt. Da die FCKW wasserunlöslich sind, kann auch Regen ihr langsames Aufsteigen nicht verhindern.

Bei der heutigen Luftverschmutzungsrate könnte die mittlere Temperatur der Atmosphäre bis zum Jahre 2050 um mindestens ein oder vielleicht sogar um fünf Grad Celsius ansteigen. Aufzeichnungen auf dem Festland deuten darauf hin, daß sie bereits in den vergangenen 100 Jahren um 0,5 Grad Celsius angestiegen ist.* Die Folgen eines weiteren Anstiegs wären für das menschliche Leben katastrophal: Wüstenbildung in gemäßigten Zonen, Verschiebung der Landwirtschaft nach Nordkanada und Sibirien, Anstieg des Meeresspiegels um ein bis fünf Meter, Überflutung von Küstenregionen, Versalzung von Trinkwasserquellen, Völkerwanderungen.

Die Erdgeschichte bestätigt die möglichen Auswirkungen von atmosphärischem Kohlendioxid auf das Klima. Vor einiger Zeit entdeckten Geophysiker, daß es am Ende der letzten Eiszeit vor 10 000 Jahren einen Anstieg des Kohlendioxidgehalts in der Atmosphäre um 40 bis 50 Prozent gegeben hat. Sie konnten jedoch nicht feststellen, ob ein ursächlicher Zusammenhang zwischen diesem Anstieg und der Erwärmung bestand. Ein 2085 Meter langer Eisbohrkern, den ein französisch-sowjetisches Team aus der antarktischen Eiskappe bohrte, machte jeglichem Zweifel jedoch ein Ende. Die Analyse dieses Kerns im Jahre 1987 zeigte, daß der Kohlendioxidgehalt und das Klima in den vergangenen 160 000 Jahren eng miteinander verknüpft waren. Der Kohlendioxidgehalt war während der Eiszeiten niedrig und dazwischen hoch. Ebenso zeigte sich der Einfluß des Sonnenlichts, dessen Einfall entsprechend den wohlbekannten periodischen Schwankungen der Erdbahn von 100 000, 40 000 und 20 000 Jahren variiert. Somit haben wir den endgültigen Beweis, daß ein deutlicher Anstieg des Kohlendioxid-

* Dieses Ergebnis ist jedoch umstritten, da für den Nachweis einer realen globalen Erwärmung in den letzten 100 Jahren auch Daten über die Ozeantemperaturen notwendig wären.

gehalts in der Atmosphäre wesentliche Auswirkungen auf das Klima hat.

Eine weitere wichtige Auswirkung der atmosphärischen Verschmutzung betrifft die Ozonschicht innerhalb der Stratosphäre. In jedem Frühjahr verdünnt sich diese Ozonschicht über der Antarktis auf dramatische Weise. Diese Tatsache verkündete erstmals 1987 ein Forscherteam des British Antarctic Survey einer erstaunten Welt. Die Ozonschicht ist so zart und dünn, daß sie bei den Temperatur- und Druckwerten, wie sie auf Meereshöhe herrschen, nur drei Millimeter dick wäre. Im Oktober 1987 entsprach ihre Dicke über der Antarktis nur 1,3 Millimeter auf Meereshöhe. Ist dies eine vorübergehende, örtlich begrenzte Anomalie der Wetterbedingungen – spezifisch für die Antarktis –, oder ist dies das erste Anzeichen einer irreversiblen Zerstörung der stratosphärischen Ozonschicht? Wir haben in den vergangenen Jahren lernen müssen, daß tatsächlich eine Zerstörung der Ozonschicht vorliegt, die immer dramatischere Ausmaße erreicht. Diese Ozonschicht schützt uns, indem sie 99 Prozent der Ultraviolettstrahlung der Sonne absorbiert. Ihre Verminderung oder – noch schlimmer – ihr Verschwinden ist eine Katastrophe für das Leben auf der Erde, da der oben erwähnte Anstieg des Ozons in der Troposphäre viel zu gering ist, um diesen Verlust auszugleichen. Grauer Star und Hautkrebs könnten vermehrt auftreten, Plankton und viele Krebstiere in den Ozeanen könnten vernichtet werden, und die landwirtschaftliche Produktion könnte zurückgehen. Neueste Untersuchungen aus Australien und Neuseeland deuten tatsächlich darauf hin, daß in beiden Ländern die Hautkrebserkrankungen rapide ansteigen.

Wegen der Dringlichkeit und dem Ernst der Lage stellte die NASA bereits im Herbst 1987 zehn Millionen Dollar für die Untersuchung dieses Problems zur Verfügung. 150 Forscher aus 19 Organisationen nahmen an dem Programm teil; zwei speziell ausgerüstete Flugzeuge – eine DC8 und eine umgebaute U2 – flogen sechs Wochen lang über die Antarktis, um die chemische Zusammensetzung der oberen Atmosphäre zu messen. Die Kampagne konzentrierte sich auf zwei mögliche Ursachen für das Phänomen: Winde (die das Ozon verteilen könnten) und FCKW (die es zerstören). Die Ergebnisse zeigten, daß Windverhältnisse tatsächlich zu der Zerstörung beitragen. Man fand aber auch ungewöhnliche Konzentrationen von Chlorverbindungen, die auf künstliche Ursachen schließen ließen.

Seit 1974 ist bekannt, daß FCKW die Ozonschicht angreifen können. Die starke Ultraviolettstrahlung der Sonne bricht die chemisch trägen FCKW-Moleküle in einfachere, aber sehr aktive Komplexe auf. Ein einziges Molekül eines solchen Komplexes kann 100 000 Ozonmoleküle zerstören, wenn nicht andere Reaktionen dazwischentreten. Schätzungen zufolge könnte selbst die sofortige vollständige Einstellung der Produktion von FCKW nicht verhindern, daß die Ozonschicht über die nächsten 50 Jahre um fünf bis zehn Prozent reduziert wird. Am 16. September 1987 wurde in Montreal ein internationales Abkommen unterzeichnet, das die Beschränkung der Produktion von FCKW-Stoffen vorsah, doch noch immer haben sich nicht alle Länder zur völligen Einstellung der Produktion verpflichtet. Immerhin gibt es seit November 1992 einen Beschluß der Unterzeichnerstaaten von Montreal, der einen Ausstieg aus der FCKW-Produktion (nicht aber aus der Produktion teilhalogenierter FCKW-Stoffe) bis 1996 vorsieht.

Aber kann das Ozonloch über der Antarktis nicht einfach nur eine lokale Erscheinung sein, die auf der Tatsache beruht, daß die Atmosphäre dort weniger Wasserstoff und Stickstoff als anderswo enthält – entweder aufgrund sehr spezieller Wetterbedingungen oder aufgrund von Winden, die ozonarme Wolken aus der Troposphäre in die Stratosphäre transportieren? Oder könnte sich, wie ein Astronom von der Universität von Kentucky meint, der Ozongehalt in der Stratosphäre entsprechend dem Aktivitätszyklus der Sonne verändern, der gerade ein Minimum durchlaufen hat? Ganz auszuschließen sind auch diese Annahmen nicht. Mit Sicherheit brauchen wir längerfristige Daten, um jahreszeitliche oder kurzfristige Effekte von den tiefergehenden Auswirkungen trennen zu können.

Messungen des Satelliten *Nimbus 7*, die dieser auf seiner polaren Umlaufbahn von 1978 bis 1986 durchführte, verstärkten unsere Befürchtungen. Dieser Untersuchung zufolge gibt es auch über dem Nordpol ein Ozonloch, obgleich es kleiner ist als das über der Antarktis. Seit 1983 sind starke Verminderungen des Ozons nicht länger auf hohe geographische Breiten beschränkt, sondern auch entlang des Äquators anzutreffen, wo in der Stratosphäre die niedrigsten Temperaturen außerhalb der Pole herrschen. Sind alle diese in der

Stratosphäre entdeckten Veränderungen zyklisch, oder sind sie irreversibel? Bisher haben wir keinen ausreichenden Überblick über den Vorgang, um seine Bedeutung richtig einzuschätzen. Deshalb muß er immer wieder untersucht werden. Genau das haben die meisten Geophysiker, die weltweit an stratosphärischen Studien beteiligt sind, in den letzten Jahren getan. So fand im Winter 91/92 eine europäische Forschungskampagne statt – diesmal über dem Nordpol –, an der zahlreiche europäische Teams beteiligt waren. Auf Grönland und Island, in Norwegen, Schweden, Finnland und der UdSSR sowie in mitteleuropäischen Ländern wurden Messungen an zahlreichen Bodenstationen vorgenommen. Forschungsflugzeuge untersuchten die großräumige Verteilung von Spurengasen; Forschungsballone und Raketen stiegen in die Stratosphäre auf, um innerhalb der Ozonschicht selbst Messungen vorzunehmen und eine große Anzahl kleineren Ozonsonden untersuchten die Verteilung des Ozons. Dabei stellte man eine erschreckend hohe Konzentration von Chlormonoxid fest, das unter bestimmten meteorologischen Bedingungen große Mengen Ozon zerstören kann.

Inzwischen gibt es auch Vorschläge von Wissenschaftlern, wie die gegenwärtigen Probleme des Ozonabbaus und Treibhauseffekts mit technologischen Mitteln gelöst werden könnten, zum Beispiel indem man

- eine 747er Flotte kreuz und quer fliegen läßt, die Staub in die Stratosphäre entläßt;
- mit Schiffsgeschützen Staub in die Stratosphäre schießt;
- Milliarden aluminiumbeschichtete, wasserstoffgefüllte Ballons in die Stratosphäre aufsteigen läßt, die das Sonnenlicht reflektieren;
- 50 000 Spiegel von je 80 Quadratkilometern Fläche in die Umlaufbahn entsendet, um Sonnenlicht zu reflektieren oder
- Infrarot-Laser auf Bergen installiert, um die FCKW zu zerstören, ehe sie die Stratosphäre erreichen.

Solche geo-technischen Eingriffe könnten jedoch unerwartete Nebeneffekte haben, wie zum Beispiel eine übermäßige Blockierung der Sonnenstrahlung, die eine Eiszeit auslösen könnte.

Paradoxerweise könnten einige industrielle Schadstoffe, wie Stickstoffoxid und Schwefeldioxid, die eher für ihre negativen Effekte (saurer Regen) bekannt sind, den Ozonabbau positiv beeinflussen. Sie erzeugen Aerosole, die die Transparenz der

Atmosphäre verringern und damit auch die solare UV-Strahlung, die den Boden erreicht.

Doch auch andere Krisenszenarios für unseren Planeten sind leicht vorstellbar. Bevölkerungsexplosion und Unterentwicklung in der dritten Welt könnten in der Zukunft heute noch nicht abschätzbare Folgen haben. Außerdem stehen wir gerade erst am Beginn einer Konfrontation mit den potentiellen Gefahren der Gentechnik, die es uns ermöglicht, durch Veränderung der Gene auf mikroskopischer Ebene neue Bakterien zu erschaffen. Einige dieser Bakterien sind nützlich für die Menschheit, wie zum Beispiel diejenigen, die Kohlenwasserstoffe umwandeln oder künstliche Hormone produzieren können. Es ist jedoch auch denkbar, daß solche Manipulationen für teuflische Zwecke genutzt werden, wie zum Beispiel für bakteriologische Waffen.

Dies waren einige Beispiele für innere Krisen, die unsere Zivilisation bedrohen. Es wird wahrscheinlich noch andere geben, die wir noch nicht vorhersehen können. Sie alle sind akuter als die astrophysikalischen Katastrophen, die im vorigen Kapitel besprochen wurden. Paradoxerweise beruhen sie auf eben dieser Entwicklung unserer Intelligenz, auf dem raschen Fortschritt unserer Wissenschaft und ihrer technologischen Anwendungen. Wir verändern unsere Umwelt immer tiefgreifender, und wir werden ständig mit den unvorhersehbaren Folgen dieser Änderungen konfrontiert – sowohl den ökologischen als auch den sozialen. Diese Krisen sind so eng mit eben diesem Prozeß der Weiterentwicklung unserer Gesellschaft verknüpft, daß man sie wohl als universell genug ansehen darf, um sie auf jede Zivilisation anwenden zu können, die ein ähnliches technologisches Niveau besitzt wie wir.

Obwohl die Probleme relativ leicht zu erkennen sind, ist es schwer, Lösungen zu finden. Vielleicht liegt der Lösungsweg darin, sich der Realität der Gefahr bewußt zu werden. Es ist durchaus möglich, daß solche Krisen die normalen Folgen einer zu schnellen gesellschaftlichen Entwicklung sind – eine Art Kinderkrankheit. Hat man erst eine Heilbehandlung dafür gefunden, könnte die Lebenserwartung unserer Zivilisation sehr hoch sein – möglicherweise einige Millionen Jahre. Vielleicht gibt es ja viele Zivilisationen, die sich – nach Überwindung solcher Wachstumsschmerzen – einer harmonischen Entwicklung erfreuen, untereinander kommunizieren und sogar darauf warten, daß wir uns ihnen anschließen.

Nehmen wir einmal den äußerst optimistischen Standpunkt ein, daß all die Krisen, die ich genannt habe, eines Tages überwunden sein werden – wie können wir uns dann die Zukunft unserer Zivilisation vorstellen? Genauer gesagt, liegt unsere Zukunft im Weltraum?

Die Eroberung des Weltraums ist der logische Höhepunkt allen Fortschritts in diesem Jahrhundert. Die Stabilität der westlichen Gesellschaft beruht größtenteils auf diesem ununterbrochenen Fortschritt und auf dem Vertrauen in eine bessere Zukunft. Auch wenn die Weltraumfahrt nicht alle unsere Probleme löst, so wird sie doch notwendig sein, da unsere Bedürfnisse bald die Bodenschätze und Energievorräte der Erde übersteigen und unsere Aktivitäten unsere empfindliche Umwelt unterminieren werden.

Das *Apollo*-Programm mit seinen Missionen zwischen Juli 1969 und Dezember 1972 war der erste wichtige Schritt bei der bemannten Erforschung des Sonnensystems. Im Laufe dieses Programms, das seinerzeit 25 Milliarden Dollar kostete, wurden 18 Männer zum Mond gesandt, von denen zwölf tatsächlich den Mond betraten. Die Anzahl der erfolgreichen Missionen – sechs von sieben – zeigt, daß die NASA in der Tat die Technologie bemannter interplanetarer Flüge im Griff hatte. Der vorzeitige Abbruch dieses ehrgeizigen Programms hatte finanzielle und keine technischen Gründe.

Die Weltraumagentur der ehemaligen Sowjetunion, Interkosmos, besitzt große Kenntnisse im Hinblick auf die Vorbereitung zukünftiger bemannter interplanetarer Flüge und somit einen deutlichen Vorsprung gegenüber der NASA. 1987 wurden zum Beispiel 96 der 111 weltweit durchgeführten erfolgreichen Weltraumstarts von der Sowjetunion unternommen.* Ende der siebziger Jahre begannen sowjetische Astronauten, in ihren Raumstationen der zweiten Generation einen Rekord nach dem anderen im Dauerweltraumflug zu brechen. Die erste Mannschaft der Raumstation *Saljut 6* blieb 96 Tage in der Umlaufbahn. Mit der 1982 gestarteten Raumstation *Saljut 7* wurden die Aufenthalte im Weltraum immer

* Acht wurden von den Vereinigten Staaten, drei von Japan, zwei von Europa und zwei von China durchgeführt.

länger. Der momentane Rekord wird von Wladimir Titow und Musa Manarow mit über einem Jahr an Bord der Raumstation *Mir* gehalten. Diese neue Station, die im Februar 1986 gestartet wurde, war ein Gerät der dritten Generation. Sie war nicht nur bequemer für die Astronauten, sondern auch technisch besser ausgerüstet und sollte eine Bestätigung für die Absicht der Sowjetunion sein, ihre Anstrengungen im Weltraum weiter fortzusetzen. Das Ziel war eine bemannte Mission zum Mars etwa im Jahr 2020. Allerdings ist durch die politischen Veränderungen, die das Ende der Sowjetunion 1991 bedeuteten, dieser Zeitplan sehr ungewiß geworden, denn es ist nicht klar, ob die Nachfolgestaaten die alten Pläne weiterverfolgen werden.

Nach einer längeren Krise aufgrund mangelnder politischer und öffentlicher Unterstützung scheint die NASA sich nun wieder zu erholen. Sie hat die Einrichtung eines Forschungs- und Trainingsprogramms zum Thema «Leben im Weltraum» angekündigt und sucht seit Februar 1990 um Vorschläge von Wissenschaftlern nach. Die Hauptziele des Programms sind die Sicherung von Gesundheit, Wohlbefinden und Leistungsfähigkeit von Menschen im Weltraum und das Verständnis der Rolle der Gravitation in lebenden Systemen. Es zielt also darauf ab, Menschen über die niedrigen Erdumlaufbahnen hinauszutragen, wobei man mit der Raumstation *Freedom* beginnen wird, die voraussichtlich zwischen 1995 und 1999 im Weltraum montiert werden soll. Weitere Ziele dieses Programms sind die Erweiterung unseres Wissens über den Ursprung, die Evolution und die Verbreitung von Leben im Universum und eine verstärkte Anwendung dieser Forschung zur Verbesserung der Lebensqualität auf der Erde.

Um zum Mond zu gelangen, braucht man im Mittel fünf Tage. Die *Apollo*-Missionen dauerten daher gewöhnlich etwa zwölf Tage. Um den Mars zu erreichen, braucht man sechs bis acht Monate. Die Entsendung von Astronauten dorthin wirft also größere biologische und medizinische Probleme auf als technologische.

Die Sowjets haben große Erfahrung in der Weltraum-Agrikultur gesammelt. Russische Wissenschaftler haben herausgefunden, wie man Pflanzen im Weltraum zieht, die fruchtbare Samen bilden. Diese Pflanzen können die Luft an Bord eines Raumschiffs reinigen, indem sie Kohlendioxid absorbieren, und zur Ernährung der Astronauten beitragen.

Die Sowjets haben auch erforscht, wie der menschliche Organismus auf einen längeren Aufenthalt im Weltraum reagiert – insbesondere auf die Schwerelosigkeit. Eine dieser Reaktionen ist eine irreversible Entkalkung der Knochen – als sei ein Skelett bei fehlender Schwere nutzlos. Wäre demnach ein Krake mit seiner Morphologie am besten an die Weltraumumgebung angepaßt? Doch eine feste innere Struktur ist nötig, damit die Muskeln Bewegung erzeugen können. Zu den weiteren Problemen, die durch die Schwerelosigkeit verursacht werden, gehört die Raumkrankheit. Etwa 70 Prozent der Astronauten werden davon betroffen. Das erste Symptom dieser Krankheit ist eine andauernde Übelkeit, da der Mechanismus des Innenohrs, der zur Orientierung des Körpers dient, seine Funktion einstellt. Schließlich verändert sich die Flüssigkeitsverteilung im Körper – das Blut konzentriert sich im Kopf und vergrößert sein Volumen. Doch der Körper paßt sich nach und nach der Schwerelosigkeit an. Bei der Rückkehr zur Erde sind Astronauten deshalb gewöhnlich nicht in der Lage, ihre Sitze selbständig zu verlassen und brauchen mehrere Tage, um sich wieder an die Schwerkraft der Erde zu gewöhnen.*

Relativ gesehen würde eine bemannte Mission zum Mars weniger kosten als das *Apollo*-Programm. 1984 wurden ihre Kosten auf 34 Milliarden Dollar geschätzt (die Hälfte, um zum Marsmond Phobos zu gelangen, die andere Hälfte für die Landung auf dem Mars). Eine solche Mission sollte jedoch nicht nur in einem kurzen Aufenthalt bestehen, um eine Flagge zu errichten und einige Gesteinsproben einzusammeln. Sie würde sich wirtschaftlich und wissenschaftlich sehr viel mehr rentieren, wenn man sie als Teil eines umfangreichen Programms zur Erforschung des Sonnensystems planen würde, wobei Phobos als Ausgangspunkt für Missionen zu den Asteroiden dienen könnte.

Ein Zwischenstopp auf Phobos (oder auf Deimos, dem zweiten Marsmond) könnte zum Auftanken genutzt werden. Diese kühne

* Um den Wiederanpassungsprozeß zu beschleunigen, verbringen sie täglich eine halbe Stunde in einem Tank, der im unteren Teil ihres Körpers einen Unterdruck erzeugt, so daß das Blut dorthin zurückströmt.

Idee, durch die man Gewicht beim Start auf der Erde einsparen könnte, hat sowohl bei der NASA als auch bei Interkosmos ihre Befürworter. Auf Phobos ist wahrscheinlich Wasser vorhanden. Spaltet man dieses Wasser mit Hilfe von Elektrolyse in Sauerstoff und Wasserstoff auf, so erhält man eine explosive Mischung, die als Raketentreibstoff dienen kann. Da Phobos nur ein Tausendstel der Erdgravitation besitzt, hätte ein Raumschiff keinerlei Probleme, von dort wieder zu starten.

Alle bereits im Weltraum durchgeführten Aktionen sowie die schon recht weit entwickelten Projekte lassen erkennen, daß sich der Mensch darauf vorbereitet, den Weltraum zu erobern. Doch ehe wir die noch futuristischeren Pläne für Weltraum-Kolonien diskutieren, müssen wir die Grenzen unserer gegenwärtigen Möglichkeiten in der Raumfahrt ausloten. Die Unfälle im Krisenjahr 1986 haben gezeigt, vor welch großen Problemen die Weltraumfahrt noch immer steht. Folgende Katastrophen suchten allein in diesem Jahr die Weltraumfahrt heim: Am 28. Januar explodierte 72 Sekunden nach dem Start die Raumfähre *Challenger*. Am 18. April explodierte eine Titan-34D-Rakete acht Sekunden nach dem Start auf der Vandenburg Air Base, wobei sie die Abschußrampe zerstörte. Am 3. Mai startete eine Delta-Rakete von Cape Kennedy – 71 Sekunden später versagte einer der Motoren, und die Rakete wurde zerstört. Am 30. Mai startete eine Ariane-Rakete von Kourou – vier Minuten und 36 Sekunden später zündete die dritte Raketenstufe nicht, und die Rakete fiel in den Ozean. Diese Pechsträhne ist jedoch nicht verwunderlich. Das Wettkampfklima und die Eile, die damals in den verschiedenen Weltraumagenturen herrschten, hatten dazu geführt, daß die Vorschrift «Start nur bei größtmöglicher Sicherheit» allmählich in ein risikoreicheres «Start um jeden Preis» umgewandelt worden war.

Dieser üble Zustand verdeutlicht die immer größer werdende Kluft zwischen den Bedürfnissen des Militärs und der Industrie einerseits und den langfristigen Ambitionen der NASA andererseits. Die NASA möchte die menschliche Präsenz im Weltraum aufrechterhalten und weiter ausbauen. Das gleiche haben die Europäer mit ihrem *Hermes*-Programm vor, ebenso wie die ehemalige Sowjetunion, die gleichfalls einen Prototyp einer Raumfähre sowie ein kleines Raumflugzeug gebaut hat. Bei dieser Strategie wird jedoch langfristig auf die Optimierung von Weltraumtechniken verzichtet, die das Militär und die Industrie heute benötigen würden und für die keine Menschen im Weltraum nötig sind. Der Fehler war, Menschen als Bedienungspersonal in zwei Funktionen einzusetzen, die automatisiert werden könnten: bei der Entsendung schwerer Fracht in die Umlaufbahn und bei ihrer Bergung. Die Gegenwart von Menschen an Bord erfordert höchste Sicherheitsvorkehrungen, deren Kosten durch Wiederverwertung des Fahrzeugs und der Fracht ausgeglichen werden sollen.

Die verschiedenen Weltraumagenturen unterhalten kurzfristige Projekte zur Errichtung dauerhaft bemannter Raumstationen in der Erdumlaufbahn. Bei einigen existieren jedoch auch Pläne für die Kolonisation des Weltraums im größeren Stil in der ferneren Zukunft. Irdisches Leben erfordert sehr spezielle physikalische und klimatische Bedingungen, die auf den anderen Planeten des Sonnensystems wahrscheinlich nicht angetroffen werden, so daß sich die Menschheit wohl zunächst eine passende Umgebung dort schaffen muß, wenn sie einen anderen Planeten kolonisieren will.

Mars ist a priori ein interessanter Planet zur Besiedelung, da die Tageslänge dort fast die gleiche ist wie auf der Erde. Das Problem besteht darin, daß die mittlere Temperatur mit –60 Grad Celsius sehr gering ist und es keinen Sauerstoff in der Atmosphäre gibt.

Wissenschaftler der NASA haben ernsthaft Überlegungen angestellt, welche Möglichkeiten es gibt, die Mars-Umwelt so zu modifizieren, daß Menschen dort leben könnten. Der erste Schritt eines solchen «geo-technischen» Projekts wäre die Erhöhung der Atmosphärentemperatur um 20 Grad durch einen Treibhauseffekt, indem man FCKW (oder andere Treibhausgase) erzeugt und in die Atmosphäre entläßt. Durch diese Erwärmung würde das im Boden und in den Polkappen gebundene Kohlendioxid frei und der Atmosphärendruck ansteigen. Nach 100 bis 10 000 Jahren würde sich eine für Pflanzen geeignete Atmosphäre gebildet haben. Nach mindestens weiteren 100 000 Jahren hätten diese Pflanzen die Atmosphäre dann ausreichend mit Sauerstoff angereichert. Doch damit sie atembar wird, müßte ein Puffergas wie Stickstoff vorhanden sein. Wir wissen jedoch nicht, ob es genug davon im Marsboden gibt. Deshalb ist es nicht sehr wahrscheinlich, daß wir irgendwann einmal den Mars kolonisieren, auch nicht in ferner Zukunft. Diese Studie zeigt aber zumindest, daß trotz der großen Entfernung zur Sonne Leben auf dem Mars möglich wäre, wenn nur die Zusammensetzung seiner Atmosphäre geändert würde.

Von daher erscheint es einfacher, Kolonien im interplanetaren Raum sozusagen «aus dem Nichts» zu errichten, als die Umgebung eines anderen Planeten den menschlichen Bedürfnissen anzupassen. Künstliche Kolonien im Weltraum müssen die spezifischen Merkmale der irdischen Umgebung aufweisen, insbesondere die Schwerkraft. Aus diesem Grunde müssen sie rotieren. Die NASA hatte zunächst radförmige Stationen in Betracht gezogen, doch dann beschlossen, daß Zylinderpaare billiger herzustellen und leichter vor kosmischen Wolken und Ultraviolettstrahlung zu schützen sind. Ein Zylinder von etwa zehn Kilometern Länge muß sehr schnell rotieren, um die Schwerkraft der Erde zu simulieren – einmal in wenigen Minuten. Diese Rotation ist jedoch zu schnell, um den Wechsel zwischen Tag und Nacht zu erzeugen.

Die Pläne von Gerard O'Neill von der Princeton Universität für eine zylindrische Kolonie sehen vor, daß natürliches Sonnenlicht mit Hilfe von drei Aluminiumspiegeln durch drei durchsichtige Wände entlang dem Zylinder in sein Inneres gelenkt wird. Der Wechsel zwischen Tag und Nacht und den Jahreszeiten wird durch Bewegen der Spiegel erreicht, die nachts über die «Fenster» gedeckt werden. Beide Zylinder können sich in entgegengesetzter Phase befinden – wie die beiden Hemisphären der Erde, bei denen auf der einen Sommer und auf der anderen Winter ist. Die Tageslänge bestimmt die mittlere Temperatur und die Jahreszeit. Dabei müssen Schwankungen von etwa einem Grad Celsius mit einberechnet werden. Eines der Enden der Zylinder ist immer der Sonne zugewandt, damit ein Sonnenreaktor die nötige Energie – 120 Kilowatt pro Einwohner – liefern kann. Die beiden Zylinder sind 90 Kilometer voneinander entfernt, wobei jeder im Abstand von 35 Kilometern von einem Ring aus 72 kleinen Agrikulturbereichen umgeben ist. In diesen Bereichen ist die Atmosphäre steril, so daß keine Insektizide nötig sind. In jedem Bereich ist das Klima einer bestimmten Kulturart angepaßt. Industrielle Prozesse werden ebenfalls in Bereiche außerhalb der beiden Zylinder verlagert, wo Schwerelosigkeit herrscht.

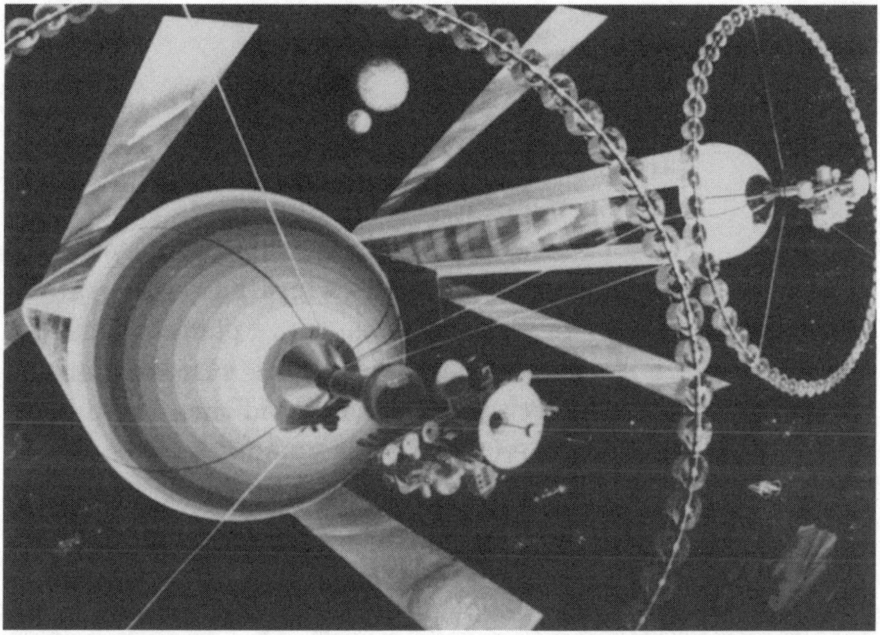

Abb. 3
Entwurf paarweise angeordneter zylindrischer Kolonien. Die riesigen, wie Blütenblätter geformten Klappen sammeln das Sonnenlicht, das dann durch transparente Wände hindurch in die Zylinder reflektiert wird. In periodischen Abständen schließen sich die Klappen über dem Zylinderkörper, um nächtliche Dunkelheit zu simulieren (Quelle: NASA).

Die Verlagerung irdischer Industrieprozesse auf Satelliten rings um diese Kolonien hätte eindeutige Vorteile. Erstens bliebe die irdische Umwelt größtenteils von industrieller Verschmutzung verschont. Der Sonnenwind würde industriellen Abfall in den interstellaren Raum hinausbefördern. Außerdem bieten die verminderte Gravitation und das Vakuum reelle Vorteile, wie jüngste Experimente an Bord der Raumfähre gezeigt haben. Profitieren würden hauptsächlich Industriezweige wie die Metallurgie (perfekte Legierungen), die Herstellung ultra-reiner Gläser für Laser und Kristalle für die Elektronik sowie biologische Herstellungsverfahren (Seren und Impfstoffe).

Tabelle 4:
Eigenschaften zylindrischer Kolonien.

Länge (km)	Radius (m)	Rotationsperiode (sec)	Bevölkerungszahl zweier Zylinder
1,0	100	21	10000
3,2	320	36	150000
10,0	1000	63	1000000
32,0	3200	114	10000000

Energieerzeugung im Weltraum wäre wegen der begrenzten Energiereserven auf der Erde von großem Vorteil. Darüber hinaus würde sie die interplanetare Kolonisation erheblich erleichtern. Die Sonne ist die Energiequelle der Zukunft. Beim Auftreffen auf der

Abb. 4
Das Innere eines Zylinders für 10000 Bewohner. Der Lebensraum von morgen ist inspiriert durch irdische Vorbilder von heute; in städtischen Gebieten werden Wasserläufe geschaffen, und Grünzonen dienen sowohl ökologischen als auch ästhetischen Zwecken. Landwirtschaft wird in Satelliten an den Enden der Zylinder betrieben (Quelle: NASA).

Erde ist die Sonnenenergie bereits abgeschwächt. Sie beträgt 12 200 Kilowattstunden pro Quadratmeter und Jahr. Ein Sonnenkraftwerk benötigt eine Fläche von 820 Quadratkilometern – das entspricht einem Kreis von 16 Kilometern Radius –, um bei einem Wirkungsgrad von zehn Prozent eine Billion Kilowattstunden pro Jahr zu erzeugen. Der Merkurboden könnte das Material für riesige Kraftwerke liefern, die die Sonne umkreisen und Sonnenenergie mit Hilfe riesiger Reflektoren zur Erde und zu ihren Kolonien senden.

Für den Bau der kleinsten Kolonie in Tabelle 4 wären etwa 500 000 Tonnen Material nötig, das zu 98 Prozent aus dem Mondboden gewonnen werden könnte. Die Zusammensetzung des Mondbodens ist seit den *Apollo*-Missionen bekannt. Er besteht zu zwölf Prozent aus Aluminium, zu 15 Prozent aus Eisen, zu 40 Prozent aus Oxiden und Spuren von Titan. Der Sauerstoff für die 50 000 Tonnen Wasser, die die Kolonie benötigte, könnte aus den Oxiden gewonnen werden. Die 5,5 Tonnen flüssiger Wasserstoff müßten von der Erde herbeigeschafft werden. Erze würden in den Kolonien selbst abgebaut werden. Dazu würde man Mondgestein in Paketen zu je 20 Kilogramm mit Hilfe eines magnetischen Katapults oder eines vier Kilometer langen Linearbeschleunigers in die Kolonie schicken. Da der Mond kleiner ist als die Erde, beträgt die Geschwindigkeit, die nötig ist, um den Mond zu verlassen, nur 2,4 Kilometer pro Sekunde – im Gegensatz zu elf Kilometern pro Sekunde auf der Erde. Die erforderliche Energie beträgt also nur fünf Prozent der auf der Erde notwendigen Energie. Später könnten vielleicht auf den Asteroiden Rohstoffe abgebaut werden – insbesondere diejenigen, die auf dem Mond selten sind, wie Kohlenstoff und Metalle der Platingruppe.

Meteoriten stellen keine große Gefahr für Weltraumkolonien dar. In der Nähe der Erde stammen die meisten Meteoriten von Kometen und bestehen somit wahrscheinlich aus Staub und Eis und nicht aus Gesteinstrümmern von Asteroiden. Einmal in drei Jahren ist mit einem Zusammenprall mit einem Meteoriten von 100 Gramm Gewicht zu rechnen. Bei einem großen Meteoriten von einer Tonne beträgt die Wahrscheinlichkeit eines Zusammenstoßes eins pro eine Million Jahre. Auf der anderen Seite sind die Auswirkungen von Mikrowellenstrahlung auf die Atmosphäre einer Kolonie und ihre ökologischen Folgen nicht bekannt und müssen noch untersucht werden.

Abb. 5
Eine Sonnenfinsternis im Inneren einer Kolonie. Der Erdschatten bewegt sich im Tal entlang – im Hintergrund sind die Lichter einer Stadt zu erkennen (Quelle: NASA).

Für die ersten Weltraumkolonien wird ein Standort in der Nähe des Gleichgewichtspunkts L5 des Erde-Mond-Systems* in Betracht gezogen, der von Erde und Mond jeweils etwa 400 000 Kilometer entfernt ist. Eine quasi-elliptische Umlaufbahn etwa 80 000 Kilometer um L5 wäre stabil.

In den hier skizzierten künstlichen Kolonien wäre die Gesellschaft auf kleine autonome Einheiten von der Größe einer Stadt reduziert. Vielleicht ist dies sogar die ideale Größe, wenn man bedenkt, wie kreativ Stadtstaaten wie Athen im fünften Jahrhundert v. Chr., Florenz und Venedig im 14. und 15. Jahrhundert und etwas später die Hanse-Städte waren.

Ich möchte damit nicht behaupten, daß solche Weltraumkolonien alle Krisen, die unsere Zivilisation bedrohen, endgültig lösen – mit Ausnahme vielleicht der Umweltverschmutzung. Doch durch die Vergrößerung des Lebensraums für jeden einzelnen würden sie vorübergehend die Überbevölkerung und die daraus entstehenden sozialen Spannungen lindern. Für alle anderen Probleme unserer Zivilisation müssen Lösungen gefunden werden, die nicht auf technologischem Fortschritt, sondern auf einem wachsenden sozialen Bewußtsein sowie Verantwortung und Erziehung beruhen.

Wenn uns bereits künstliche Kolonien im interplanetaren Raum wie Science-fiction anmuten, um wieviel utopischer muß uns dann die Kolonisation der Galaxis erscheinen! Doch diesen Gedanken sollten wir wegen seiner möglichen Verallgemeinerung näher untersuchen. Wenn es möglich wäre, in einigen hundert oder einigen tausend Jahren unseren Lebensraum weit über das Sonnensystem hinaus auszudehnen und dann einen größeren Teil der Galaxis zu beherrschen, dann könnten andere intelligente Gesellschaften – wenn sie existieren – dies bereits getan haben.

Jeder Gedanke, daß wir die astronomischen Entfernungen, die uns von den Sternen trennen, mit unseren heutigen Transportmitteln überwinden könnten, ist schlicht lächerlich. Um die Dauer von

---

* Im Gravitationsfeld zweier einander umkreisender Körper gibt es fünf Punkte – die sogenannten Lagrangeschen Punkte –, an denen sich die Gravitationskräfte der beiden Körper gegenseitig aufheben. Ein Satellit muß keinerlei Energie aufwenden, um sich unbegrenzt an einem dieser Punkte aufzuhalten.

Weltraumreisen auf ein menschliches Maß herabzusetzen, sind relativistische* Geschwindigkeiten unerläßlich – und dies ist heute noch völlig unvorstellbar. Ein hypothetisches, mit Lichtgeschwindigkeit fliegendes Raumschiff würde 100 000 Jahre brauchen, um die Galaxis zu durchqueren. Doch wir dürfen nicht vergessen, daß die Messung der Zeit etwas Relatives ist. Diese 100 000 Jahre würde eine Uhr messen, die sich auf der Erde in Ruhe befindet. Für Astronauten an Bord eines Raumschiffs würde unter optimalen Bedingungen die Reise jedoch weniger als ein Menschenalter dauern, wie man aus Tabelle 5 ersehen kann. Optimale Bedingungen heißt, daß bis zur Mitte der Reise eine konstante Beschleunigung von einem *g* stattfindet und ab da eine gleich starke konstante Abbremsung bis zu ihrem Ende. Ein *g* ist die Beschleunigung (d.h. die Gravitation) an der Erdoberfläche. Tabelle 5 zeigt auch, daß die Menge des benötigten Treibstoffs bei Reisen, die auf diese Weise beschleunigt werden, unrealistisch groß wird, wenn die Flugzeit fünf Jahre übersteigt (gemessen in der Rakete).

Tabelle 5:
Relative Dauer interstellarer Reisen für ein Raumfahrzeug, das bis zur Hälfte des Wegs mit 1 *g* beschleunigt und den restlichen Weg mit dem gleichen Wert abgebremst wird.

Dauer der Reise (Jahre)		Erreichte Entfernung (Lichtjahre)	Verhältnis der Treibstoff- zur Raketenmasse
an Bord	auf der Erde		
1	1,0	0,264	2,81
2	2,4	1,13	7,89
5	12,7	10,94	174,7
10	169,2	167,3	30500
15	2236	2234	5,3 Millionen
20	29559	29557	936 Millionen
25	390709	390707	163 Milliarden
30	5164315	5164313	28 Billionen

* Der Ausdruck *relativistisch* bedeutet, daß die Situation nicht durch Newtonsche Mechanik, sondern durch Einsteins Relativitätstheorie zu beschreiben ist – entweder weil die entsprechenden Massen so groß sind oder weil die Geschwindigkeiten sich der Lichtgeschwindigkeit annähern (was hier der Fall ist).

Das technische Problem ist einfach zu formulieren: Um 99,9 Prozent der Lichtgeschwindigkeit zu erreichen, benötigt das Raumschiff das 2000fache seiner Masse an Treibstoff – eine vollständige und hundertprozentig ausgenutzte Umwandlung von Masse in Energie vorausgesetzt.

Eine geschickte Lösung wäre, interstellare Materie in einer Art von nuklearem Motor als Energiequelle und Trägergas zu verwenden. In diesem Falle müßte man durch Gebiete fliegen, in denen das interstellare Medium dicht genug ist. Das Problem besteht darin, das interstellare Medium zum Motor zu leiten und gleichzeitig das Schiff und die Passagiere vor dem induzierten Fluß kosmischer Strahlung zu schützen. Doch dies ist nicht die einzige große Schwierigkeit. Man muß auch einen Weg finden, die anderen Gefahren des interstellaren Raums abzuwehren – Zusammenstöße mit Meteoriten, Schwarze Löcher usw.

In Anbetracht der Geschwindigkeit der technologischen Entwicklung ist es durchaus möglich, daß diese Probleme in einigen hundert Jahren gelöst sein werden. Wir brauchen nur den raschen Fortschritt zu betrachten, den die Luftfahrt seit Beginn des 20. Jahrhunderts gemacht hat, um davon überzeugt zu sein. Die gegenwärtig enorm hohen Kosten der bemannten Raumfahrt können nur gesenkt werden, wenn die Zahl der Passagiere zunimmt. Wir besitzen bereits ein wiederverwendbares Raumfahrzeug – die Raumfähre. Nun müssen ihre Verläßlichkeit, ihre Effektivität und ihre Kapazität erhöht sowie ihr Antriebssystem verbessert werden.

Die Hindernisse bei der interstellaren Kolonisation werden vermutlich nicht technisch, sondern menschlich bedingt sein. Wir halten eine Kolonisation der Galaxis nicht unbedingt für notwendig, weil wir die Gründe für ein solches Unternehmen nicht ohne weiteres einsehen. Viele Wissenschaftler kritisieren die langfristigen Projekte der NASA, Menschen dauerhaft im Weltraum zu stationieren. Eine solche Reaktion – nach einem der Kritiker «van Allen-Syndrom» genannt – mag zunächst überraschen. Sie ist jedoch verständlich, wenn wir zusammenzählen, wieviele wissenschaftliche Weltraumexperimente in den letzten zehn Jahren zugunsten der Raumfähre geopfert wurden. Da wir jedoch von diesem Syndrom nicht betroffen sind, können wir versuchen, die Gründe kritisch zu untersuchen, die langfristig doch zu einer Präsenz von Menschen im Weltraum führen könnten.

Eine innere Krise – von der Art, wie wir sie früher bereits diskutiert haben – oder eine irdische oder astronomische Katastrophe könnten die Emigration von der Erde erzwingen. Ein solches Ereignis würde uns jedoch nicht unbedingt dazu bringen, die gesamte Galaxis zu kolonisieren. Alles, was wir zu tun hätten, wäre, uns häuslich auf einem benachbarten Planeten einzurichten.

Doch in etwa fünf Milliarden Jahren wird die Sonne ein Roter Riese werden und ihr Durchmesser bis über die Erdbahn hinausreichen. Zu diesem Zeitpunkt wird die Menschheit – wenn sie noch existiert – sicherlich die nötigen Technologien besitzen, um ihren Lebensraum in eine Entfernung zu verlegen, die etwa der des Jupiter entspricht. Einige hundert Millionen Jahre später wird die Sonne ein Weißer Zwerg mit einem sehr viel kleineren Durchmesser und sehr geringer Leuchtkraft werden. Dann müßte die Menschheit erneut umziehen – diesmal zurück in die inneren Bereiche des Sonnensystems. Dies wäre vermutlich der letzte Umzug, da die Sonne als Weißer Zwerg Milliarden von Jahren überdauern kann. Nur die Explosion einer Supernova in der Nachbarschaft des Sonnensystems könnte uns zwingen, Hunderte von Lichtjahren weit zu fliehen, um der gefährlichen Strahlung zu entkommen, die Zehntausende von Jahren anhält.

Ein Anstieg der Bevölkerungszahl führt zu einer Verringerung des Lebensraums, der jedem einzelnen zur Verfügung steht, und damit zu vermehrten sozialen Konflikten. Um unseren individuellen Lebensraum zu erhalten, müßten wir täglich 200 000 Menschen in den Weltraum schicken. Selbst eine konstant bleibende Wachstumsrate bedeutet ja, daß die Bevölkerung immer schneller wächst. Die Zivilisation müßte dann immer schneller in den interstellaren Raum expandieren, um den Lebensraum jedes einzelnen konstant zu erhalten. Doch die Expansionsgeschwindigkeit kann die Lichtgeschwindigkeit nicht übersteigen. Ist diese unüberwindliche Grenze erreicht, wird der individuelle Lebensraum kleiner, selbst wenn die koloniale Expansion fortgesetzt wird. Diese Grenze zwingt früher oder später jede Zivilisation, ihre Geburtenrate zu kontrollieren. Also würde eine Kolonisation der Galaxis das Problem der Überbevölkerung nur vorübergehend lindern.

Tabelle 6:
Radius des kolonisierten Raumes, wenn die Expansionsgeschwindigkeit der kolonisierenden Zivilisation die Lichtgeschwindigkeit erreicht. Von diesem Zeitpunkt und dieser Entfernung an kann der individuelle Lebensraum jedes einzelnen nur kleiner werden, da die Expansionsgeschwindigkeit nicht weiter ansteigen kann.

Radius des kolonisierten Raums (Lichtjahre)	**Wachstumsrate (Prozent)**
490	2,0
978	1,0
1956	0,5
4890	0,2
9780	0,1

Natürlich gibt es auch andere Gründe für eine Auswanderung – soziale, politische, religiöse oder wirtschaftliche. Neugier und Abenteuerlust sind weitere Anreize. Doch es gibt auch viele in der menschlichen Natur begründete Hindernisse bei der Kolonisation der Galaxis. Die beträchtlichen Entfernungen zwischen den Sternen bedeuten sehr lange interstellare Reisen. Finden diese nicht annähernd bei Lichtgeschwindigkeit statt, könnten sie einige Menschenalter lang dauern. Außerdem könnten die Kolonisten nicht sicher sein, am Ende ihrer Reise Verhältnisse vorzufinden, die ihren physiologischen Bedürfnissen genau entsprechen. Sie müßten wahrscheinlich in künstlicher Umgebung leben. Und schließlich wären die Einschränkungen, die eine solche Reise mit sich brächte – das Leben auf begrenztem Raum, verminderte Wachstumsrate – genau die, denen einige der Kolonisten gerade zu entkommen hofften. Die Vorteile der Kolonisation könnten somit zu gering erscheinen, um solche Expeditionen zu begründen.

Wir können eine interessante Parallele ziehen zwischen der Kolonisation der Sterne unserer Galaxis und der Kolonisation der Inseln im Pazifischen Ozean. Ben Finney, Anthropologe an der Universität von Hawaii, glaubt, daß die Bilanz bei der Kolonisation des Pazifiks nicht immer positiv war – selbst auf großen, fruchtbaren Inseln nicht. In vielen Fällen waren durch das Bevölkerungswachstum die Ressourcen einer Insel rasch erschöpft, wodurch soziale Spannungen auftraten. Dies war zum Beispiel auf Tahiti oder auf den Hawaii-Inseln der Fall. Ein extremes Beispiel sind die Oster-Inseln, auf denen die Kolonisten die Wälder zerstörten und sich so selbst zum Bleiben verdammten, weil sie keine Boote mehr bauen konnten. Die Tatsache, daß die Polynesier nicht die Westküste Amerikas kolonisierten – oder zumindest keine Spuren eines solchen Versuchs hinterließen –, ist ebenfalls einige Überlegungen wert. Lag es an mangelndem Anreiz, an unzureichender Technologie oder an einer feindlichen Umgebung? Obwohl der Mensch den Mut zum Kolonisieren und die Fähigkeiten zum Neugestalten besitzt, zeigt die Geschichte fehlgeschlagener Kolonisationen und wankender Motivationen, daß es nicht unausweichlich zu einer Kolonisierung der gesamten Galaxis kommen muß.

Der wissenschaftliche und technische Fortschritt, auf dem wir zuvor unsere Hoffnungen auf interstellare Raumfahrt begründeten, könnte im Gegenteil dazu führen, daß wir keinen Grund mehr sehen, unseren Planeten zu verlassen, der dann dank dieses Fortschritts ein angenehmer Ort zum Leben geworden wäre. Die Verhinderung des biologischen Alterns durch medizinischen Fortschritt könnte dazu führen, daß die Menschen den möglichen Unfalltod bei gefährlichen interstellaren Reisen nicht riskieren möchten. Es wird immer mutige Menschen geben, die bereit sind, Abenteuer zu erleben – doch wenn sie nur eine Minderheit sind, werden es vielleicht für eine Kolonisation zu wenige sein.

Wir müssen auch bedenken, daß das Verlassen unseres Planeten nicht dasselbe ist wie die Auswanderung von Kolonisten in den vergangenen Jahrhunderten. Unvergeßlich sind für mich die Bilder von Astronauten, die frei im Weltraum schweben, aber doch durch eine lange Nabelschnur mit dem Raumschiff verbunden sind. Diese Schnur symbolisiert sehr eindringlich unsere Bindung an unsere Mutter Erde. Werden wir sie jemals durchtrennen können?

Anscheinend überwiegen also die Einschränkungen, die interstellare Reisen und das Leben in künstlicher Umgebung mit sich bringen würden, sowie die Hoffnungen auf eine einladendere Zukunft hier auf der Erde die Vorteile einer galaktischen Kolonisation. Doch eine kühne Extrapolation unserer technologischen, sozialen und physiologischen Entwicklung mag uns davon überzeugen, daß unsere Zukunft *doch* im Weltraum liegt. Eine Erdumkreisung in weniger als 24 Stunden war vor einigen Jahrhunderten noch unvorstellbar – heute erscheint sie uns banal. Unsere Nachkommen werden vermutlich das gleiche über eine Reise zum Stern Proxima Centauri denken. Interstellare Reisen werden dann vielleicht eher als ein dynamischer Prozeß angesehen und nicht als Einschränkung, als eine natürliche Betätigung für hochentwickelte Wesen, die seit Generationen an das schwerelose Leben im interplanetaren und dann auch im interstellaren Raum gewöhnt sind. Acht Millionen Jahre trennen uns vom *Homo faber*, doch vermutlich nur einige tausend vom *Homo galacticus*.

Teil 2:
Leben im Universum

5
Die Suche nach Leben in der Sonnenumgebung

Der Brunnen befragt die Nacht
auf daß ein Stein hineinfalle.
Das Blatt befragt den Himmel
auf daß ein Vogel falle.
Der ganze Himmel befragt den Menschen
und der Mensch befragt den Brunnen.

André Frédérique: *Weiße Geschichten*

Unsere Suche nach Leben im Universum muß natürlich in unserem eigenen Sonnensystem beginnen. Trotz aller Geschichten über Mond-, Mars-, Venus- und Saturnbewohner scheint der blaue Planet – die Erde – als einziger höherentwickeltes Leben zu tragen. Noch nie sind auf der Oberfläche anderer Planeten geometrische Muster entdeckt worden. Noch nie sind außergewöhnliche Radiosignale von unseren Radioteleskopen aufgefangen worden außer den Radiostrahlungsausbrüchen, die der Mond Io aussendet, wenn er in die Magnetosphäre des Jupiter eintaucht. Deshalb müssen wir innerhalb des Sonnensystems nach *elementaren* Lebensformen suchen. Obwohl bei den meisten Planeten keine Aussicht besteht, etwas zu finden, werden wir sehen, daß es auf einigen Monden durchaus Lebensformen geben könnte, die denen auf der Ur-Erde ähneln.

Doch ehe wir die Planeten des Sonnensystems und ihre Monde

untersuchen, müssen wir definieren, nach was wir suchen – dieses unendlich komplizierte Objekt, dem wir den einfachen Namen *Leben* geben.

Mit Leben meine ich ähnliches Leben, wie wir es auf der Erde kennen. Es kann durch seine Eigenschaften bestimmt werden: Stoffwechsel, Vermehrung, Anpassung, Selektion und Evolution. Darüber hinaus kann Leben auf der Erde nicht ohne eine dauerhafte Energiequelle existieren, nicht ohne die Sonne. Einige der genannten Eigenschaften findet man auch in unbelebten Systemen – wie Stoffwechsel bei Feuer oder Vermehrung bei Kristallen. Doch dies sind recht einfache Systeme, wogegen Leben durch einen hohen Grad organisierter Komplexität gekennzeichnet ist. Dieses eben genannte Kriterium kann als eine allgemeinere Definition von Leben dienen: Leben ist ein komplexes, organisiertes, offenes System. Zwar erfüllt auch die Struktur einer Stadt diese Definition, obwohl sie nur ein Anzeichen von Leben und nicht Leben selbst ist, doch dieser kleine Bedeutungsunterschied ist unwichtig für uns, wenn wir nach allen möglichen Hinweisen auf Leben im Universum suchen. Lebende Organismen können auch durch ihre Zweckbestimmtheit definiert werden – mit anderen Worten, ihre Existenz dient einem Zweck. Um mit Jaques Monod zu sprechen, «vollbringen und verfolgen Lebewesen in ihrer Struktur und ihrem Verhalten ein Vorhaben». Dieses Vorhaben besteht in der Erhaltung und Reproduktion der Norm.

Doch welche von all diesen Definitionen sind für einen Astronomen brauchbar? Er wird sich auf die Begriffe des *Stoffwechsels* und der *Komplexität* stützen. Stoffwechsel läßt auf Umformungen und damit auf Rückstände* schließen, während Komplexität auf die Notwendigkeit sehr unterschiedlicher chemischer Reaktionen hinweist. Derartige Anzeichen wären durch äußerst genaue Analysen des Lichts, das von den Planeten des Sonnensystems reflektiert wird, nachweisbar.

Leben auf der Erde beruht auf der Chemie von Kohlenstoff und Wasser. Können wir uns eine Art von Leben vorstellen, das auf der

---

* Beim Leben auf der Erde können diese Rückstände Methan oder Kohlendioxid sein.

Chemie irgendeines anderen Elements beruht? Wahrscheinlich nicht. Als Lösungsmittel hat Wasser keinen ernsthaften Konkurrenten. Ammoniak zum Beispiel verflüssigt sich erst bei tiefen Temperaturen und kann nicht zusammen mit Sauerstoff existieren. Von den häufiger vorkommenden Elementen im Universum können nur Kohlenstoff und Silicium lange Ketten und damit die komplexen Moleküle bilden, die für Leben notwendig sind.

Nur Kohlenstoff ermöglicht eine solch große Vielfalt an chemischen Reaktionen. Trotz seiner Fähigkeit, lange molekulare Ketten zu bilden, scheint Silicium dagegen aus mehreren Gründen nicht für Leben geeignet zu sein. Zum einen zeigt Silicium keine hohe Reaktionsfähigkeit. Im Unterschied zu Kohlenstoff besitzt es auch keine Doppel- und Dreifachbindungen, die biochemische Reaktionen ermöglichen. Außerdem verflüssigen sich Silicium und seine Verbindungen erst bei sehr hohen Temperaturen. Kohlenstoffketten sind darüber hinaus zweimal so stark wie Siliciumketten. Kohlendioxid ist in Wasser, wo sich die organische Chemie entwickelte, löslich – die entsprechende Siliciumverbindung, Siliciumdioxid (Sand), dagegen nicht. Silan, das Äquivalent zu Methan, ist sehr instabil. Und schließlich können wir all diesen Gründen noch einen sehr einleuchtenden hinzufügen: Wenn Silicium eine sinnvolle Grundlage für Leben wäre, müßte es mit großer Wahrscheinlichkeit solches Leben auf der Erde geben, da hier Silicium 600mal häufiger ist als Kohlenstoff.

Man könnte sich Leben auch auf der Grundlage komplexer kristalliner statt molekularer Strukturen vorstellen. Jean Schneider vom Observatorium Paris hat vorgeschlagen, daß Linienversetzungen* in Kristallen der Ausgangspunkt für komplexe Netzwerke sein könnten, die schließlich zu Leben führen. Er hat jedoch nicht alle Konsequenzen einer kristallinen Physiologie untersucht, und damit bleibt diese sehr hypothetisch.

Andererseits zeigen das Vorhandensein von Kohlenstoff, Sauerstoff und organischen Molekülen in Sternen und im interstellaren Medium sowie die organisch-chemischen Reaktionen innerhalb

* Versetzungen oder Dislokationen sind Fehler in der regelmäßigen Struktur von Kristallen.

von Molekülwolken, wie universell die Kohlenstoffchemie ist und daß Leben auf der Grundlage organischer Moleküle bevorzugt wird, auch wenn wir andere Alternativen für die Chemie des Lebens nicht kategorisch ausschließen können.

Auch in anderen Galaxien gibt es organische Moleküle. Vor etwa 15 Jahren entdeckte der französische Radioastronom Leonid Weliachew erstmals ein extragalaktisches Molekül. Bisher hat man in etwa 50 Spiralgalaxien Kohlenmonoxid nachgewiesen. Die genaue Kartierung der Verteilung dieses Moleküls ist sehr nützlich, da sie uns die Bestimmung der großräumigen Bewegungen innerhalb dieser Galaxien ermöglicht. Kompliziertere Moleküle, wie Ammoniak und Formaldehyd (die vier Atome enthalten), sind in etwa zehn Galaxien gefunden worden. 1987 gelang es Fabienne Casoli und Françoise Combes von der Ecole Normale Supérieure de Paris, mit Hilfe des neuen deutsch-französischen Millimeter-Interferometers eine riesige Molekülwolke in einem Spiralarm unserer Nachbargalaxie Andromeda nachzuweisen. Demnach ist organische Chemie nicht auf unser Milchstraßensystem beschränkt. Wenn es außerhalb der Erde Leben gibt, dann könnte es sehr wohl im gesamten Universum verteilt sein.

Trotz alledem müssen wir unser Konzept von Leben erweitern. Auch wenn uns einiges grundsätzlich unerläßlich erscheint – zum Beispiel eine Wärmequelle und eine Atmosphäre –, sollten wir nicht zu selbstbezogen denken. So ist Sauerstoff, der uns das Leben ermöglicht, nicht für alle Lebensformen unbedingt nötig. In hohen Konzentrationen ist er sogar korrodierend und giftig. Einige lebende Organismen überleben auch bei extremen Temperaturen und Drücken. 1983 wurden Bakterien entdeckt, die bei einer Temperatur von 250 Grad Celsius und einem Druck von 265 Atmosphären leben. Es könnte auch Lebewesen geben, die Ultraviolettstrahlung gegenüber unempfindlich sind – vielleicht aufgrund eines dicken Panzers wie bei einer Schildkröte.

Der einzige extraterrestrische Ort, von dem wir mit Bestimmtheit wissen, daß es dort kein Leben gibt, ist der Mond. Im Rahmen der *Apollo-11–17*-Missionen der NASA wurden 381 Kilogramm Mondgestein zur Erde gebracht und in Laboratorien analysiert. Im Mittel bestehen die Steine zu 15 Prozent aus Kohlenstoff. Obwohl man mit den verwendeten Analysetechniken winzig kleine Mengen organischer Verbindungen (in der Größenordnung von Nanogramm) hätte nachweisen können, fand man keine Aminosäuren, keine Fettverbindungen und keine anderen organischen Moleküle. Höchstwahrscheinlich hätten die Ultraviolettstrahlung der Sonne und das Bombardement der Mikrometeoriten mögliche Kohlenstoff-Kohlenstoff-Vielfach-Bindungen auf der Mondoberfläche sofort zerstört.

Photographien von Merkur, die *Mariner 10* 1974 aufgenommen hat, zeigen eine von Kratern und Runzeln bedeckte mondähnliche Oberfläche. Wegen seiner Nähe zur Sonne besitzt Merkur keine Atmosphäre, und der Strahlungsfluß auf seiner Oberfläche ist zehnmal höher als auf dem Mond. Außerdem rotiert Merkur nur einmal in zwei Monaten um seine eigene Achse. Aus all diesen Gründen ist Leben auf dem Merkur ebenso unwahrscheinlich wie auf dem Mond.

Venus ist kein sehr gastlicher Planet für Leben irdischer Form. Ihre Oberflächentemperatur beträgt 450 Grad Celsius, und der Druck dort ist 90mal größer als auf der Erde. Lange Zeit war die Oberflächenbeschaffenheit der Venus unbekannt, da der Planet ständig von einer dicken Wolkenschicht umgeben ist. Im oberen Teil dieser Schicht bestehen die Wolken aus kleinen Schwefelsäuretröpfchen. Die untere Atmosphäre besteht dagegen hauptsächlich aus Kohlendioxid (96,5 Prozent) und Stickstoff. Eine weitere Besonderheit der Venus ist ihre langsame Rotation; ihr «Tag», bezogen auf die Sonne, also z.B. von Sonnenaufgang zu Sonnenaufgang, ist 117 Erdtage lang. (Die siderische, d.h. auf die Sterne bezogene Rotationsperiode der Venus beträgt dagegen 243 Tage.) Darüber hinaus steht ihre Rotationsachse fast senkrecht auf ihrer Bahnebene, so daß es keine Jahreszeiten gibt.

Eine Reihe von Venus-Sonden – die sowjetischen Sonden *Venera 9* und *10* im Jahre 1975 sowie *Venera 13* und *14* 1982 und seit 1991 auch die NASA-Sonde *Magellan* – übermittelten uns Bilder einer steinigen, unebenen, von Rissen, Lavaergüssen und Kratern überdeckten Oberfläche, die keine Spuren von Wasser zeigt. Alle Einschlagskrater sind jünger als 800 Millionen Jahre. Das beweist, daß die Oberfläche, die zu 80 Prozent von Lavaergüssen überdeckt ist, sehr jung ist. Es ist nicht sicher, ob die Vulkantätigkeit, die eine Erklärung für die meisten Formationen auf der Venusoberfläche wäre, immer noch andauert. Jedenfalls hätte sie die Entwicklung von Leben auf diesem Planeten nicht begünstigt.

Wenn wir das erste Mal mit einem kleinen Teleskop den Mars betrachten, sind wir enttäuscht von dem verwaschenen Scheibchen, das keinerlei Relief und insbesondere keine Kanäle zeigt. Um Einzelheiten auf der Marsoberfläche zu sehen, müssen wir uns an einen Ort in großer Höhe begeben, wo gute Sichtbedingungen herrschen, oder aber auf eine Nacht warten, in der der Himmel sehr transparent ist, wie das manchmal im Winter der Fall ist.

Die ersten genauen Beobachtungen der Marsoberfläche machte 1877 der italienische Astronom Giovanni Schiaparelli. Er nannte zwar die langen, dunklen Rillen, die die Oberfläche des Planeten durchziehen, *canali*, zog aber keine Schlüsse über ihre Natur.

Anfang des 20. Jahrhunderts verbreitete dann der amerikanische Astronom Percival Lowell den Gedanken, daß es sich bei den canali des Mars tatsächlich um Kanäle handele, in denen Wasser von den Polkappen zu den Wüsten am Äquator geleitet wird. Das bedeutete natürlich, daß der Mars bewohnt sein müßte. Lowell machte diese Hypothese zur Grundlage einer ganzen Theorie und setzte eine Diskussion in Gang, die mehrere Jahrzehnte andauern sollte. Die von Astronomen angefertigten Zeichnungen der Marsoberfläche sahen gewiß sehr geometrisch aus und ließen auf die Beteiligung einer Intelligenz schließen. Doch an welchem Ende des Teleskops befand sich diese Intelligenz? Tatsächlich sind die Kanäle des Mars eine Täuschung, hervorgerufen durch die Art und Weise, in der das Auge die Realität wahrnimmt. Das Auge versucht Ordnung in das Gesehene zu bringen, indem es Umrisse erkennt und – im Falle des Mars – eine Reihe dunkler Punkte zu geometrischen Mustern zusammenfaßt. Der Gedanke, daß es auf dem Mars Kanäle geben könnte, wäre nie aufgekommen, wenn es zu Beginn des Jahrhunderts ausreichend empfindliche photographische Emulsionen gegeben hätte. Die 7232 Bilder der Marsoberfläche, die die amerikanische Raumsonde *Mariner 9* aufgenommen hat, zeigen in der Tat, daß es Täler gibt – doch diese sind offensichtlich nicht künstlich. Außer den «Kanälen» erregte Anfang des Jahrhunderts noch ein weiteres Phänomen auf dem Mars das Interesse der Astronomen: Man beobachtete einen jahreszeitlichen Wechsel der Farben auf der Oberfläche. Doch auch in diesem Falle führten optische Täuschungen zu Fehlinterpretationen. Die jahreszeitlichen Veränderungen der Größe der Polkappen sind jedoch eine unumstößliche Tatsache.

Obgleich er weiter von uns entfernt ist als Venus, ist Mars der erste (und bisher auch der einzige) Planet, auf dem wir mit Hilfe biologischer Experimente vor Ort nach Leben gesucht haben. Die beiden *Viking*-Sonden, die im Sommer 1975 von Cape Kennedy aus gestartet wurden, gingen im Juli und September des folgenden Jahres 2000 Kilometer voneinander entfernt auf dem Mars nieder. Ihre identische Ausrüstung enthielt unter anderem photographische Kameras sowie Geräte zur Analyse von Boden und Atmosphäre und zur Durchführung biologischer Experimente. Sowohl die Sonden selbst als auch ihre Ausrüstung wurden vor dem Start sorgfältig sterilisiert, um nicht Mikroorganismen von der Erde einzuschleppen und nachzuweisen.

Die von den Sonden übermittelten Photos sind heute allgemein bekannt. Sie zeigen einen roten, steinigen, wüstenähnlichen Boden ohne Anzeichen von Vegetation oder anderem, von der Größe her menschenähnlichem Leben. Natürlich könnte eine auf der Erde unbekannte Lebensform oder eine Lebensform von mikroskopi-

Abb. 6
Die Oberfläche des Mars. Die Marslandschaft in der Region Utopia, wo die *Viking-2*-Sonde landete, sieht steinig und wüstenähnlich aus. Der Boden ist mit feinem, rotem Staub bedeckt (Quelle: NASA).

scher Größe der Entdeckung durch Photographie entgehen. Die Analyse der Bodenzusammensetzung war jedoch ebenfalls enttäuschend. Bei der stufenweisen Erhitzung einer Probe in einem Ofen auf 500 Grad Celsius wurden nur Kohlendioxid und ein wenig Wasserdampf freigesetzt. Wenn es auf dem Mars organische Teilchen gäbe – und sei es auch nur in einem Verhältnis von eins zu einer Milliarde –, hätte man sie mit Hilfe dieser Methode nachgewiesen. Man fand noch nicht einmal organische Verbindungen meteoritischen Ursprungs. Ihr Fehlen beweist, daß sie sehr schnell von der Ultraviolettstrahlung der Sonne zerstört werden.

Die beiden *Viking*-Sonden analysierten die Marsatmosphäre während ihres Abstiegs und dann auch vom Boden aus. In der Nähe des Bodens beträgt die Zusammensetzung der Atmosphäre 95 Prozent Kohlendioxid, 2,5 Prozent Stickstoff, 1,5 Prozent Argon und sehr geringe Anteile anderer Gase. Der Druck ist etwa 135mal geringer als auf der Erde. Das Fehlen von Wasser im Boden und in der Atmosphäre ist ein ernstes Hindernis für jede Form von irdischem Leben.

Mit drei biologischen Experimenten wollte man möglichen mikroskopischen Organismen auf die Spur kommen. Sie begannen acht Tage nach der Landung der ersten Sonde. Zu jedermanns Überraschung waren die Ergebnisse positiv.

Im ersten Experiment, dem sogenannten «Gasaustausch», wurde einer Bodenprobe eine Nährlösung beigemengt und anschließend die Atmosphäre auf Veränderungen hin überwacht, die möglicherweise durch den Stoffwechsel von Mikroorganismen verursacht wurden. Man beobachtete einen deutlichen Ausstoß von Sauerstoff und Kohlendioxid – doch die Geschwindigkeit und die kurze Dauer der Reaktion legten den Schluß nahe, daß es sich um eine rein chemische und keine organische Reaktion handelte.

Beim zweiten Experiment, dem «Ausstoß von markiertem Gas», war die Nahrung radioaktiv. Tatsächlich wurde auch ein radioaktives Gas freigesetzt, doch dieses Gas, bei dem es sich zweifellos um Kohlendioxid handelte, entstand wahrscheinlich durch chemische Reaktionen mit Peroxiden.

Im dritten Experiment, der «Pyrolyse», wurde versucht, im Marsboden aus radioaktivem Kohlendioxid und Kohlenmonoxid organische Materie zu synthetisieren. Die beiden Gase sind in der

Marsatmosphäre vorhanden, aber nicht radioaktiv. Nach einer Inkubationszeit von fünf Tagen wurde die Bodenprobe auf radioaktive organische Materie hin analysiert. Zwar fielen sieben von neun Tests positiv aus, doch die verantwortlichen Wissenschaftler blieben skeptisch. Eine der positiven Proben war vor dem Experiment drei Stunden lang auf 175 Grad Celsius erhitzt worden, was kein irdischer Organismus überlebt hätte.

Biologische Experimente haben gezeigt, daß der Marsboden chemisch sehr aktiv ist. Einige der aufgezeichneten Reaktionen könnten biologischer Natur sein. Doch nach mehrjährigen Laborexperimenten mit irdischen Bodenproben, die dem Marsboden sehr ähneln, sind die Wissenschaftler davon überzeugt, daß sie kein Leben auf dem Mars gefunden haben.

Doch damit ist nicht endgültig ausgeschlossen, daß es irgendeine Form von Leben auf dem Mars gibt. Die Landeplätze der beiden *Viking*-Sonden waren nach Kriterien für eine möglichst sichere Landung ausgewählt und nicht nach optimalen Bedingungen für

Abb. 7
Die Marsoberfläche: Valles Marineris. Dieses Bild des großen Canyons ist ein Mosaik aus 15 Photographien, die *Viking 1* mit verschiedenen Filtern aufgenommen hat, um die Farben richtig wiederzugeben (Quelle: NASA).

die Suche nach Leben – vielleicht sind die Sonden ja unglücklicherweise in Wüstenregionen niedergegangen. Doch die Sandstürme würden wahrscheinlich irgendwelche vorhandenen Mikroorganismen über den ganzen Planeten verteilen. Andererseits könnten in den Polregionen mit ihren Eiskappen und dauerhaften Wasservorräten Lebensformen im Eis eingeschlossen sein.

Die *Viking*-Experimente entnahmen keine Proben aus dem Inneren von Gesteinen. Steine oder bei der Verdampfung von Wasser entstandene Salze wurden jedoch als mögliche Lebensräume für mikrobisches Leben auf dem Mars vorgeschlagen. Schließlich hat in jüngster Zeit auch die Entdeckung von Mikroben in hydrothermischen Schloten in der Tiefsee auf der Erde zu der Vermutung geführt, daß an bestimmten Stellen mit vulkanischer und hydrothermischer Aktivität auf den nördlichen Ebenen des Mars Mikroben-Kolonien existieren könnten.

Außerdem besteht noch die Möglichkeit, Leben zu finden, indem man tiefer in den Marsboden eindringt. Tatsächlich könnten sich Marsorganismen tief in den Boden vergraben haben, um sich vor Meteoriten und der Sonnenstrahlung zu schützen, die von der sehr dünnen Atmosphäre nicht abgehalten werden. Darüber hinaus waren die *Viking*-Sonden nur mit einer sehr begrenzten Auswahl von Detektoren zum Nachweis von Leben ausgerüstet. Es gab zum Beispiel keine Mikrophone; falls also einer der Marsfelsen der Sonde verkündet haben sollte, daß sie im Parkverbot gelandet ist, ist dies verlorengegangen. Eine etwas realistischere Möglichkeit wäre, daß die Sonden zu spät eintrafen, um lebende Organismen anzutreffen.

Anscheinend gibt es heute kein Leben auf dem Mars, doch vielleicht gab es früher welches. Vor einigen Milliarden Jahren muß viel Wasser auf dem Mars vorhanden gewesen sein – zumindest deuten viele Anzeichen darauf hin, daß einmal Wasser auf der Marsoberfläche geflossen ist. Jeder hat schon von den «Marskanälen» gehört, die der venezianische Astronom Schiaparelli im vorigen Jahrhundert entdeckt hatte. Wie weiter oben schon erwähnt, ist ihre Bezeichnung jedoch irreführend, da viele von ihnen nur in der Phantasie der damaligen Astronomen existierten und die anderen niemals Wasser führten, wie jüngste Studien gezeigt haben. Die riesigen Canyons (wie *Valles Marineris*) sind keine früheren Flußbetten, sondern Risse in der Marskruste, die durch Erdrutsche oder Winderosion vergrößert und weiter zerfurcht wurden.

Andererseits gibt es tatsächlich zwei Arten früherer Flußbetten – breite Abflußkanäle und schmale, verästelte Abflußrinnen. Die ersteren entstanden wahrscheinlich durch Flutkatastrophen, bei denen sich Wasser mit einer 100mal stärkeren Fließrate als beim Amazonas über die Oberfläche ergoß. Möglicherweise wurden sie durch das Abtauen des Permafrostes oder den Bruch natürlicher Wasserrückhaltebecken ausgelöst. Die Systeme schmaler Abflußrinnen stellten dagegen wohl die einzigen dauerhaften Flüsse auf dem Planeten dar, gespeist durch unterirdische Quellen oder Regen. Sie führen zu Sedimentbecken, die nicht dicker als ein Kilometer sein können. Wasser ist ein wesentliches Element der Oberflächenchemie eines Planeten; die Untersuchung der chemischen Zusammensetzung dieser Ablagerungen würde uns Aufschluß über die physikalischen und chemischen Bedingungen zu jener Zeit geben, in der das Wasser floß, insbesondere auch über einen möglichen biologischen Bestandteil innerhalb dieser Ablagerungen sowie über den Gehalt an Karbonaten, die in großen Mengen aus dem Kohlendioxid der Marsatmosphäre entstanden sein müssen, als diese sich wegen fehlender Treibhausgase immer weiter abkühlte.

Das Fehlen von Kratern in den nördlichen Tiefebenen des Mars läßt ferner vermuten, daß es sich bei diesen Tiefebenen um frühere Ozeane handelt, die mindestens 700 Meter tief waren und wahrscheinlich vor etwa 1,5 Milliarden Jahren verschwanden. Wenn dieser recht frühe Zeitpunkt* stimmt, könnte die Zeit für die Entwicklung von Leben in diesen Ozeanen ausgereicht haben. Wenn wir heute kein Leben auf dem Mars finden, könnten wir statt dessen an den Rändern der nördlichen Tiefebenen nach Fossilien suchen.

Die noch bestehende Hauptunsicherheit betrifft die Dauer dieser früheren wärmeren und feuchteren Umweltbedingungen auf dem Mars. War sie lang genug, um Leben auf dem Planeten entstehen zu lassen? Christopher McKay und seine Mitarbeiter bei der NASA fanden eine interessante Möglichkeit, wie die Periode, in der biolo-

---

* Verglichen mit dem vermutlichen Alter des Sonnensystems von 4,5 Milliarden Jahren.

gisch günstige Lebensräume existieren und sich weiterentwickeln konnten, möglicherweise verlängert wurde. In Seen, die von einer ständigen Eisschicht bedeckt waren, könnte nämlich noch etwa 700 Millionen Jahre lang flüssiges Wasser als Habitat vorhanden gewesen sein, nachdem die globale Temperatur bereits unter den Gefrierpunkt gefallen war.

Diese Ideen über früheres Leben auf dem Mars bleiben reine Spekulation, bis wieder Raumsonden auf dem roten Planeten landen und seine Böden im einzelnen untersuchen können. Die gleichen Vermutungen über Leben in «Sedimenten» wurden übrigens in den sechziger Jahren auch für den Mond geäußert – doch diese Sedimente stellten sich dann als Basalte vulkanischen Ursprungs heraus!

Die *Viking*-Sonden nahmen auch Bilder von merkwürdigen Gebilden auf der Marsoberfläche auf, die 1988 auf der Titelseite der wissenschaftlichen Zeitung *Applied Optics* zu sehen waren. Sie liegen auf der nördlichen Hemisphäre in dem Gebiet Cydonia Mensa, das an Acidalia Planitia und die nördlichen Ebenen angrenzt. Das Hauptgebilde hat einen Durchmesser von weniger als zwei Kilometern und ähnelt einem Gesicht. Durch Bildverarbeitung zur Beseitigung von Schatten wird dieser Eindruck noch verstärkt. Zusätzlich gibt es 15 Kilometer südwestlich davon eine Reihe geometrischer Gebilde. Dabei handelt es sich um mehrere Pyramiden und ein ungewöhnliches trapezförmiges Objekt, das einer Festung ähnelt – alle etwa zwei Kilometer groß. Als ich diese Bilder zum ersten Mal sah, war ich zugegebenermaßen doch ein wenig erschüttert – ich bin jedoch der Meinung, daß die anthropomorphe Interpretation dieser Gebilde nur Wunschdenken ist. Die nächste Marsmission wird diesen Punkt wohl endgültig klären.

Bei zukünftigen Marsmissionen sollen vorrangig direkte geochemische Analysen des Marsbodens durchgeführt und – wenn nötig – auch Proben zur Erde zurückgebracht werden. Im Rahmen der sowjetischen *Phobos*-Mission wurden am 7. und 12. Juli 1988 zwei identische Sonden zum Mars und zu seinem Mond Phobos gestartet, die auch einige westliche Experimente mitführten. Leider ging im September 1988 der Kontakt zu einer der Sonden verloren. Während ihres zehnmonatigen Flugs durch das interplanetare Medium nahm die zweite Sonde Untersuchungen der Sonne und des Sonnenwinds vor. Nach Erreichen ihres Ziels umkreiste sie dann zunächst eine Woche lang den Mars auf einer exzentrischen Umlaufbahn, um das Magnetfeld des Planeten und seine Wechselwirkung mit dem Sonnenwind zu untersuchen. Doch man hatte abermals Pech und verlor am 28. März 1989 auch den Kontakt zu dieser zweiten Sonde. Nichtsdestoweniger hat die zweite *Phobos*-Sonde wertvolle neue und unerwartete Ergebnisse geliefert, wie zum Beispiel die Entdeckung einer 1000 Meter hohen Klippe in der Nähe des Äquators und der Nachweis von Kohlenmonoxid in der Atmosphäre. Es wurden jedoch keine Ozonschicht und keine organischen Moleküle gefunden, was unsere Chancen, jemals Leben auf dem Mars zu entdecken, weiter verringert.

Das sowjetische – und jetzt von der GUS fortgeführte – Projekt zur Erforschung des roten Planeten, dessen erste Stufe die *Phobos*-Mission war, sieht für 1994 die Entsendung einer mehrteiligen automatischen interplanetaren Forschungsstation zum Mars vor. Sie soll eine Orbitalstation, ein Fahrzeug, eine Ballonsonde, Oberflächensonden und Sonden zum Eindringen in den Boden sowie eine kleine meteorologische Station enthalten. Das *Marsochod*-Fahrzeug soll einige Dutzend Kilometer zurücklegen und Bodenproben aus mehreren Metern Tiefe entnehmen. Die *Viking*-Sonden konnten dagegen die Oberfläche nur leicht ankratzen. Noch vor dem Jahr 2000 ist eine weitere Mission beabsichtigt, die Proben zur Erde zurückbringen soll.

Die NASA ihrerseits hat im September 1992 einen Mars-*Observer* zur Durchführung klimatischer und geochemischer Untersuchungen in der Atmosphäre des Planeten und an seiner Oberfläche entsandt. Das jüngst entdeckte Eisenkarbonyl in der Marsatmosphäre verblüffte die Planetologen – auf der Erde kann Bleikarbonyl nur durch einen biologischen Prozeß erzeugt werden.

Jupiter und Saturn wirken eher wie mißglückte Sterne als wie Planeten. Tatsächlich haben diese beiden Planeten eine fast fünfmal geringere Dichte als die Erde und sind somit im wesentlichen flüssig. Wahrscheinlich bestehen sie aus Wasserstoff und Helium, den Elementen, die auch den Hauptbestandteil der Sonne bilden. Jupiter und Saturn besitzen sogar eine eigene schwache innere Wärmequelle, die vermutlich durch die langsame Kontraktion der beiden Planeten gespeist wird. Nur durch ihre Masse, die zu gering war, um durch die Kontraktion schließlich das nukleare Wasser-

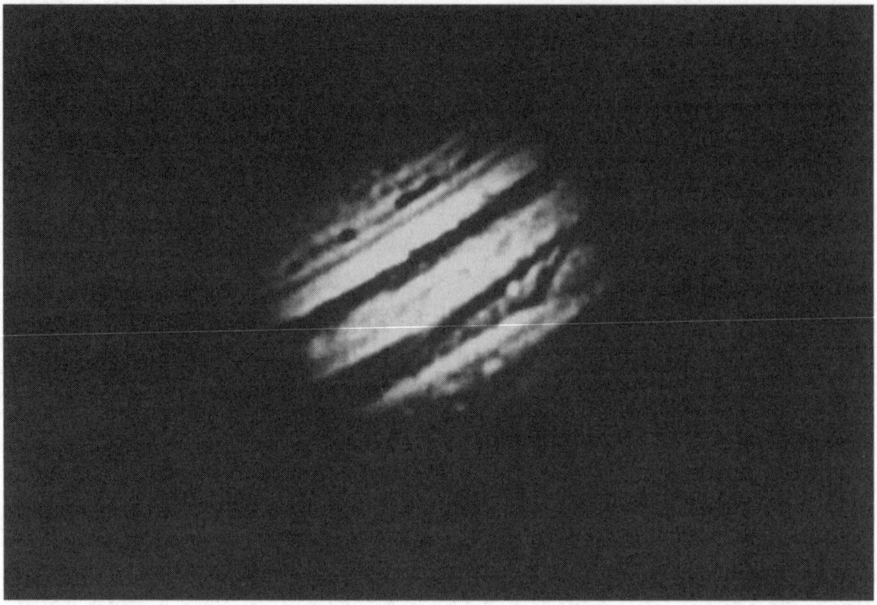

Abb. 8
Jupiter. Dies ist eine der besten Aufnahmen vom Planeten Jupiter, die je von der Erde aus gemacht wurden. Sie wurde 1987 von Eric Thouvenot und Christian Buil mit einer CCD-Kamera am 1-Meter-Teleskop des Observatoriums Pic du Midi in Frankreich aufgenommen. Deutlich sind Einzelheiten in der turbulenten Atmosphäre und der Rote Fleck zu erkennen (© 1987, Observatoire Midi-Pyrénées).

stoffbrennen zu zünden, unterscheiden sie sich von Sternen. Die Atmosphären der beiden Riesenplaneten sind trotz der Existenz von molekularem Wasserstoff reich an Kohlenwasserstoffen und wahrscheinlich auch an Nitrilen. Laborversuche, in einer ähnlichen Umgebung so einfache organische Moleküle wie Formaldehyd zu erzeugen, sind jedoch fehlgeschlagen.

Die *Voyager*-Sonden, die 1979 und 1980 Jupiter und Saturn sowie ihre Monde erforschten, haben unerwartet vielfältige Welten entdeckt. Einer der Galileischen Monde des Jupiter – Europa – ist unter einer dicken Eisschicht mit Ozeanen aus flüssigem Wasser bedeckt. Da das Leben auf der Erde in den Ozeanen seinen Anfang nahm, verdient Europa, die etwas größer ist als unser Mond, unsere Aufmerksamkeit. Die physikalischen Bedingungen – Temperatur und Druck – sind geeignet und stabil, wie das Vorhandensein von

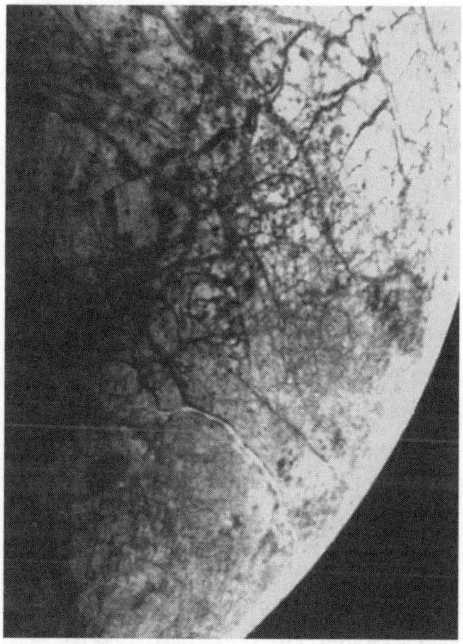

Abb. 9
Europa. Die Oberfläche dieses Jupitermondes ist durchzogen von Rissen von etwa zehn Kilometern Breite und einigen Tausend Kilometern Länge. Möglicherweise bedeckt diese Eiskruste Ozeane aus flüssigem Wasser mit primitiven Lebensformen (Quelle: NASA).

Wasser in flüssiger Form beweist. Bis auf die fehlende Atmosphäre ähnelt Europa wahrscheinlich der Antarktis. Höchstwahrscheinlich sind die für die Entstehung von Leben notwendigen Elemente vorhanden, weil zum Beispiel Meteoriten wegen der fehlenden Atmosphäre die Oberfläche erreichen können, ohne zu verbrennen. Das einzige Problem ist die Wärmequelle. Mögliche Kandidaten hierfür sind die Sonne, eine interne Wärmequelle oder das Magnetfeld des Jupiter. Die von diesen Quellen gelieferte Wärme ist allerdings gering, verglichen mit der Energie, die die Erde erhält – unter bestimmten räumlich und zeitlich begrenzten Bedingungen könnte sie jedoch ausreichen. Wäre ich Berater der NASA, würde ich mit Sicherheit ein Projekt zur Suche nach Leben unter der Eiskruste Europas befürworten.

Bevor *Voyager 2* den Neptunmond Triton erreicht hatte, nahm man an, daß Titan, der größte Mond des Saturn, als einziger Mond im Sonnensystem eine Atmosphäre besitzt. Titan umkreist seinen Planeten in 16 Tagen in einem mittleren Abstand von 1,2 Millionen Kilometern. Die beiden *Voyager*-Sonden wiesen in der Titanatmosphäre neben neun einfachen organischen Molekülarten hauptsächlich Stickstoff (etwa 80 Prozent, wie auf der Erde) und Methan (drei bis sechs Prozent), aber auch Propan, Acetylen, Cyanacetylen und Kohlendioxid nach. Zahlreiche Protonen und andere geladene Teilchen aus der Saturn-Magnetosphäre sowie eine dichte Wolkendecke, die Ultraviolettstrahlung abhält, müßten eine komplexe organische Chemie und die Erzeugung vieler verschiedener komplexer organischer Moleküle begünstigen. Carl Sagan und seine Mitarbeiter bestrahlten im Labor eine simulierte Titanatmosphäre und erhielten eine feste organische Substanz, Tholin genannt, die etwa 15 Aminosäuren in L- und D-Konfiguration enthält. Weitere Experimente zeigten, daß Tholin die einzige Kohlenstoff- und Energiequelle im Stoffwechsel einer Vielzahl von terrestrischen Mikroben ist, die in sauerstoffhaltiger oder sauerstoffloser Umgebung leben. Daraus läßt sich der Schluß ziehen, daß Tholin eine wichtige Nahrungsquelle für solche Organismen auf Titan sein könnte.

Wenn das Methan in der Titanatmosphäre nicht ständig erneuert würde, wäre es innerhalb von zehn Millionen Jahren vollständig abgebaut. Nach Meinung von Sagan könnte ein Methanozean von mindestens 400 Metern Tiefe für ständigen Nachschub sorgen. Der von *Voyager 1* gemessene Temperaturverlauf in der Atmosphäre zeigt jedoch, daß es keinen Ozean aus reinem Methan in mittleren Breiten geben kann; ebenso schließen 1990 vorgenommene Radarmessungen der Titanoberfläche einen aus Äthan und Methan gemischten globalen Ozean aus. Der Ozean könnte vielleicht aus Methan bestehen und Eisberge aus Äthan enthalten.

Die *Cassini*-Mission, ein gemeinsames Projekt der NASA und der Europäischen Weltraumagentur (ESA), ist inzwischen endgültig genehmigt und soll 1997 gestartet werden. Sie wird Saturn im Jahre 2004 erreichen. Die ESA wird die *Huygens*-Sonde bauen, die von der NASA-Orbitalstation aus langsam mit einer Geschwindigkeit von fünf Kilometern pro Sekunde in die Titanatmosphäre hinabsteigen und dabei ihre Zusammensetzung analysieren soll. Sobald sie gelandet ist, soll sie möglichst schnell den Boden analysieren, ehe die Radioverbindung zwischen Sonde und Orbitalstation zusammenbricht. Unter Planetologen herrscht einmütig die Meinung, daß die Titanatmosphäre trotz einer Bodentemperatur von –179 Grad Celsius reich an organischen Verbindungen ist. Die *Voyager*-Sonden entdeckten bereits Blausäure (HCN), einen Vorläufer der Purine, die die Grundlage der irdischen Aminosäuren darstellen. Titan ist

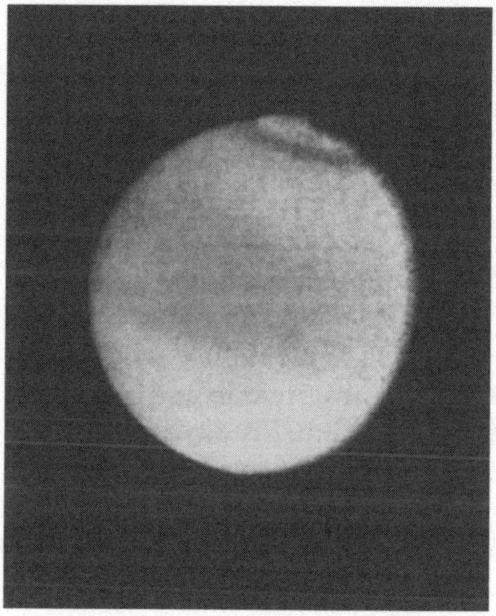

Abb. 10
Titan. Dieser Saturnmond und der Neptunmond Triton besitzen als einzige Monde im Sonnensystem eine Atmosphäre. Auf diesem Bild, das aus 2,3 Millionen Kilometern Entfernung von der *Voyager-2*-Sonde aufgenommen wurde, kann man einige Einzelheiten des Wolkensystems erkennen, insbesondere einen dunklen Ring um den Nordpol (Quelle: NASA).

vermutlich ein riesiges Laboratorium von planetarem Ausmaß, in dem ähnliche Reaktionen, wie sie am Anfang des Lebens auf der Erde abliefen, wegen der sehr niedrigen Temperaturen frühzeitig zum Stillstand kamen.

Trotzdem gibt es einige Unterschiede zwischen der Titanatmosphäre und der Ur-Atmosphäre der Erde. Die erstere enthält mehr Methan und weniger Kohlenmonoxid und -dioxid; bisher wurde auch kein Wasser nachgewiesen. Sie ist auch sehr viel kälter als die Erdatmosphäre, da sie 100mal weniger UV-Strahlung von der Sonne empfängt. Außerdem ist Titan sehr viel kleiner als die Erde, so daß sich Gravitation und Druck deutlich von den Werten auf der Erde unterscheiden. Daher gibt es vermutlich Unterschiede zwischen der organischen (und falls vorhanden, der biologischen) Chemie auf der Titanoberfläche und der auf der Ur-Erde.

Auch Iapetus, ein weiterer Saturnmond, könnte reich an organischen Verbindungen sein, die durch Bestrahlung des methanreichen Eises mit Ultraviolettstrahlung entstanden sind. Andere Körper im Sonnensystem, wie Asteroiden, die Ringe des Uranus und Europa, sind möglicherweise ebenfalls reich an organischen Verbindungen. Der Ursprung und die Rolle des Methans und der Blausäure, die in der Plutoatmosphäre entdeckt wurden, sollten ebenfalls untersucht werden. Methan ist auch ein wichtiger Bestandteil der Atmosphären von Uranus und Neptun. Doch aufgrund seiner Atmosphäre ist Titan der interessanteste Kandidat für die Entstehung von Leben außerhalb der Erde.

Bisher waren die Ergebnisse unserer Erforschung des Sonnensystems – in biologischer Hinsicht – enttäuschend. Die biologischen Experimente auf dem Mars lassen uns wenig Hoffnung, auf noch unwirtlicheren Planeten Leben zu finden. Doch die außergewöhnlichen Bilder, die uns die *Voyager*-Sonden übermittelten – die Eiskruste Europas, die gelb-orange Scheibe des Titan, die Vulkane auf Triton –, zeigen wieder einmal die unerschöpfliche Vielfalt der Natur. Die bevorstehenden Missionen zu den Monden der Riesenplaneten und zu den Asteroiden werden sicherlich überraschende Ergebnisse liefern und unerwartete Orte für eine präbiotische Chemie und vielleicht sogar für die Biologie finden.

Wir wollen nun das Sonnensystem verlassen und uns den – meiner Meinung nach – wahren Geburtsstätten der Bausteine des Lebens zuwenden – den riesigen Molekülwolken. Wir wissen bereits, daß dort Sterne entstehen und daß sie jene Moleküle enthalten, die die Grundlage der Chemie des Lebens darstellen.

In den vergangenen 15 Jahren haben Radioastronomen etwa 60 Molekülarten im interstellaren Medium unserer Galaxis und einige sogar in anderen Galaxien gefunden. Diese Moleküle sind in sehr massereichen Wolken konzentriert, die durch große Mengen Staub verdunkelt werden und wärmer sind als das umgebende Medium. Von diesen Molekülen sind 65 Prozent organischer Natur und enthalten Kohlenstoffatome. Zur Erinnerung sei gesagt, daß der menschliche Körper aus Ketten organischer Moleküle besteht.

Einige der entdeckten Moleküle sind sehr komplex – Cyanopolyacetylen enthält zum Beispiel 13 Atome. Wir können durchaus hoffen, noch komplexere molekulare Strukturen zu finden, wie Aminosäuren oder Proteine, die die Grundlage der Architektur des Lebens sind. Solche Moleküle könnten sich sicherlich während einer Gasphase unter der Einwirkung von Ultraviolettstrahlung in diesem Medium bilden. Alle Versuche, selbst die einfachste Aminosäure – Glycin – zu finden, sind zwar fehlgeschlagen, doch das Polymer, das die *Giotto*-Sonde im Halleyschen Kometen gefunden hat, gibt Anlaß zu einiger Hoffnung auf einen raschen Fortschritt auf diesem Gebiet.

Die britischen Astronomen Fred Hoyle und Chandra Wickramasinghe, beides glühende Verfechter der Panspermie-Theorie, behaupten seit vielen Jahren, daß der interstellare Staub aus Bakterien, Viren und anderen lebenden Zellen besteht. Diese Behauptung beruht auf Untersuchungen der interstellaren Ultraviolettstrahlung. Ihre Ergebnisse wurden jedoch 1984 von einer Forschergruppe der Universität von Pennsylvania unter der Leitung von Robert E. Davies rundweg bestritten.

Es mag überraschend erscheinen, daß sich organische Moleküle im interstellaren Raum bilden können, der für Leben, wie wir es kennen, so feindlich ist. Verglichen mit der Erdatmosphäre sind die interstellaren Wolken sehr verdünnt und kalt, da der Staub die Sternstrahlung abschirmt. Die physikalischen Bedingungen in diesen Wolken führen dazu, daß sich die organische Chemie in ihnen deutlich von der auf der Erde unterscheidet. Doch der Staub spielt dort eine wichtige Rolle bei der Bildung der Moleküle – eine ebenso wichtige Rolle wie ionisierte Atome.

Wenn die Wolke kontrahiert und sich ein Stern zu bilden beginnt, verändert sie sich beträchtlich. Überleben solche zerbrechlichen und komplexen Moleküle derartige Veränderungen? Sind es die gleichen Moleküle, die in der Ur-Atmosphäre der Erde vorhanden waren? Die größten Überlebenschancen hätten organische Moleküle am äußeren Rand der kontrahierenden Wolke. Dort könnten sie von Kometen aufgesammelt und dann in die Atmosphären der Planeten transportiert werden. Interstellarer Staub könnte als Träger und als Schutzschild gegen Ultraviolettstrahlung dienen. Ich habe bereits erwähnt, welche Rolle möglicherweise Kometen, Meteoriten und Staub in dem speziellen Fall des Lebens auf der Erde gespielt haben.

Über die Ur-Bedingungen auf der Erde herrscht noch zu viel Unsicherheit, um mit Sicherheit zeigen zu können, daß die ersten Verbindungen bei der Synthese von Leben aus molekularen Wolken stammten und sich nicht auf der Erde selbst gebildet haben.

Organische Moleküle sind die Grundlage des Lebens, doch kann man sie wirklich als *Anzeichen für Leben* ansehen? Wir müßten etwas sehr viel Augenfälligeres entdecken, etwas wie die 20 Aminosäuren, die mit dem irdischen Leben verknüpft sind, ohne irgendwelche anderen Konfigurationen zu bilden.

Wir könnten versuchen, ein universelleres Kriterium zu entwickeln: das Vorhandensein abnormer Konzentrationen von Molekülen. Je komplexer ein Molekül ist, desto mehr Möglichkeiten gibt es, seine Atome anzuordnen. Die verschiedenen möglichen Anordnungen der Atome in einem Molekül nennt man in der Chemie *Isomere*. Sollten wir eines Tages irgendwo in der Galaxis ein bestimmtes Isomer eines komplexen organischen Moleküls finden, bei dem eine große Anzahl von Isomeren möglich ist, dann könnten wir einen selektiven Prozeß vermuten – vielleicht sogar einen dem Leben analogen Prozeß. In der Tat ist der Konvergenzprozeß hin zur Bildung von Strukturen, die zunächst völlig unwahrscheinlich erscheinen, dem Leben sehr ähnlich. Um eine Bestätigung zu erlangen, müßten wir zeitlich zurückverfolgen, welche verschiedenen einfacheren Moleküle zur Bildung dieses Isomers beigetragen haben. Dies wäre etwa so, als wenn man einen Strom hinaufführe und die Flüsse und Bäche suchte, von denen er sein Wasser erhält.

Bei der Suche nach Anzeichen für Leben könnte man auch auf Artefakte stoßen. So könnte man bei der Untersuchung der mikroskopischen Struktur von interstellarem Staub aus dem Weltraum künstliche kristalline Formen finden, unwahrscheinliche Mischungen oder molekulare Strukturen, die eine Herausforderung an die Chemie wären. Die Spezialisten für interplanetaren Staub haben uns jedoch bisher noch nicht von solchen Strukturen berichtet.

6 Die Suche nach Planetensystemen

Wenn Verlangen alles Betrachtete verschönert, so verschönert das Verlangen nach Unbekanntem das Universum.

Anatole France: *Das Buch meines Freundes*

Leben, wie wir es kennen, entwickelte sich auf einem bescheidenen Planeten, der einen Stern umkreist. Sollte es also sonst noch irgendwo Leben im Universum geben, so sollten wir es zuerst auf Planeten suchen, die andere Sterne umkreisen. Bisher kennen wir nur ein Planetensystem – unser eigenes. Und soweit wir wissen, beherbergt von den neun Planeten dieses Systems nur die Erde Leben.

Die Suche nach anderen Planetensystemen in unserer Galaxis kann uns Informationen liefern, die wichtig sind für unsere Suche nach Leben im Universum. Stellt sich heraus, daß Planeten sehr selten sind, so wird das den außergewöhnlichen Charakter des irdischen Lebens betonen. Sollten andererseits alle Sterne von Planeten, Asteroiden, Kometen oder Staubscheiben umgeben sein, so wäre das eine Ermutigung, unsere Suche fortzusetzen. Statistische Daten über die Anzahl von Planeten um verschiedenartige Sterne könnten uns helfen, zielgerichteter nach Leben im Universum zu suchen.

Solche statistischen Informationen sind auch nötig, um den Ursprung unseres Sonnensystems und den Entstehungsmechanismus von Sternen und Planeten im allgemeinen zu verstehen. Besonders wichtig wäre es zu wissen, ob es um Sterne jeden Typs Planeten gibt oder bevorzugt um sonnenähnliche Sterne. Eine weitere wichtige Frage lautet: Gibt es Planeten auch um Mehrfachsternsysteme oder nur um Einzelsterne?

Derartige Untersuchungen stellen die letzte Stufe der kopernikanischen Revolution dar, bei der die Erde ihre bevorzugte Stellung als Zentrum des Universums verlor. Wenn Planetensysteme etwas ganz Gewöhnliches sind, stellen auch das Sonnensystem und die Erde nichts Besonderes mehr dar. Zunächst hatte man geglaubt, daß das Sonnensystem ein außergewöhnliches Gebilde sei, das seine Existenz einem sehr seltenen Ereignis verdankt: einem sehr nahe vorüberziehenden Stern, der einen Gasstreifen aus der Sonne herausriß, aus dem sich dann die Planeten bildeten. Neuere Theorien über die Entstehung des Sonnensystems gehen jedoch von Ereignissen aus, wie sie bei jedem anderen Stern auch ablaufen können. Wenn diese Theorien stimmen, so ist die Sonne nur einer von Millionen von Sternen in unserer Galaxis, die von Planeten umgeben sind.

Am vielversprechendsten erscheint eine Theorie, die Takenori Nakano von der Universität Kyoto 1987 vorschlug. Ausgangspunkt dieser Theorie ist der Gasnebelrest um einen gerade entstandenen Stern. Das Volumen dieses Nebels bestimmt die Grenzen des zukünftigen Planetensystems. Durch die Rotation des Protosterns hat sich der Nebel bereits zu einer dünnen Scheibe abgeflacht. Eine zu massereiche Scheibe ist instabil und bricht – noch bevor sie feste Teilchen anziehen kann – in gasförmige Objekte auf, die sehr viel größer sind als Jupiter. Ist die anfängliche Masse der Scheibe jedoch sehr viel kleiner als die des Sterns, so ist sie stabil. Sie zieht ständig interstellare Staubkörner an und wächst so immer weiter. Wegen der turbulenten Bewegungen im Inneren des Nebels stoßen diese Teilchen sehr häufig zusammen, wobei die Stöße inelastisch sind, da die Teilchen beim Aufprall eher zerbrechen als voneinander abprallen.

Wenn die Turbulenz nachläßt, setzen sich die Körner unter der gemeinsamen Einwirkung ihrer Masse, der inelastischen Stöße und der Rotation der Scheibe (ohne die sie auf den Stern stürzen würden) in der Mitte der Scheibe ab. Nach etwa einer Million Jahren haben sie eine sehr dünne und dichte Staubscheibe gebildet. Die größeren Körner fallen schneller und reißen die kleineren mit, wodurch sich aufgrund eines Schneeballeffekts ihr Sturz weiter beschleunigt. Mit wachsender Masse der Scheibe werden auch die Gravitationskräfte in ihr stärker, bis sie schließlich zerbricht – dies geschieht mehr oder weniger auf dieselbe Weise, in der ein Teller durch Hitze zum Bersten gebracht wird. Die dünne Staubscheibe zerbricht in einzelne Klumpen, die *Planetesimale* genannt werden. Zu diesem Zeitpunkt sind sie noch sehr klein – einige milliardenmal kleiner als die Erde –, doch durch gegenseitige Zusammenstöße werden sie größer und größer.

Die genaue Form der Massenverteilung innerhalb der Scheibe – über die Größe der Masse können wir nur Vermutungen anstellen – bestimmt recht eindeutig die Massen der verschiedenen Planeten und die Geschwindigkeit, mit der sie entstehen. Der restliche Gasnebel spielt weiterhin eine wichtige Rolle, indem er die Bildung sehr dichter Atmosphären um die Protoplaneten begünstigt. Dadurch vergrößert sich der Wirkungsquerschnitt der Protoplaneten, wodurch sie mehr Planetesimale einfangen und weiter anwachsen können. Schließlich wird dann dieses Restgas durch Strahlung und einen Sternwind vom Zentralstern aus dem System hinausgeblasen. Bei einem sehr leuchtkräftigen Stern besteht die Gefahr, daß der Gasnebel durch die Hitze ionisiert* und weggeblasen wird, noch ehe es zur Bildung einer Staubschicht und ihrer Fragmentierung kommt. Dies ist bei Sternen mit 20 Sonnenmassen der Fall, so daß sich in ihrer Umgebung keine festen Planeten bilden können. Die maximale Sternmasse, bei der noch feste Planeten entstehen können, beträgt zehn Sonnenmassen.

Nach und nach bilden sich durch Akkumulation und Zusammenbacken von Planetesimalen Protoplaneten – zuerst der innerste und dann nach außen fortschreitend die anderen. Diese Reihenfolge der Entstehung erklärt die relativen Größen verschiedener Planeten: Die ersten bilden sich aus kleinen Planetesimalen, die nächsten aus größeren und die letzten in einer inzwischen gasfreien Umgebung aus sehr großen Planetesimalen. Im Falle

---

* Ein ionisiertes Atom hat einige seiner Elektronen verloren. Dadurch ist es elektrisch geladen und stärker den elektrischen Kräften im Sternwind ausgesetzt.

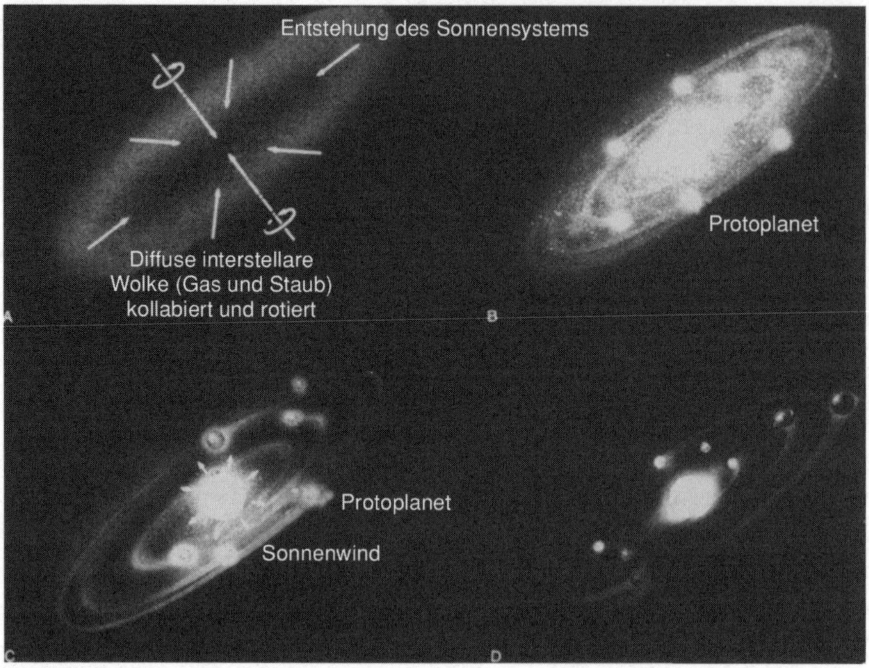

Abb. 11
Entstehung des Sonnensystems. Diese schematische Skizze zeigt vier Stufen der Entstehung: a) der Kollaps einer protostellaren Wolke; b) die Bildung einer protoplanetaren Scheibe; c) die Kondensation von Planetesimalen sowie die Wirkung des Sonnenwinds; d) das heutige Sonnensystem (© La Recherche, n°150, décembre 1983).

unseres Sonnensystems hätte sich die Erde innerhalb von zwei Millionen Jahren gebildet, Jupiter und Saturn innerhalb von etwa 50 Millionen Jahren, Uranus innerhalb von 1,3 Milliarden Jahren und Neptun innerhalb von etwa vier Milliarden Jahren. Nach Nakanos Schätzungen wurde der restliche Gasnebel nach einigen Dutzend Millionen Jahren vom Sonnenwind fortgeblasen – also zwischen der Bildung des Jupiter und des Saturn. Zu diesem Zeitpunkt hatten die Planetesimale bereits eine Masse, die nur noch etwa tausendmal geringer war als die der Erde. Das Fehlen von Gas führte dazu, daß sich in der Folgezeit die Bildung von Planeten in größerer Entfernung zur Sonne beträchtlich verlangsamte und die Planeten kleiner sind als Jupiter.

Nach dieser Theorie beträgt die Entstehungsdauer eines Planeten im Abstand von 40 Astronomischen Einheiten von der Sonne, der heutigen Entfernung von Pluto, sieben Milliarden Jahre. Demnach müssen wir annehmen, daß sich Pluto anderswo gebildet hat – zum Beispiel in der Nähe der Neptunbahn – und anschließend auf seine heutige Bahn geschleudert wurde. Darüber hinaus könnten sich jenseits der Plutobahn heute immer noch Planeten aus Planetesimalen zusammenballen. In einer Entfernung von 100 Astronomischen Einheiten von der Sonne hätten diese Planetesimale einen mittleren Radius von 300 Kilometern und eine 30000mal geringere Masse als die Erde. Durch gegenseitige Kollisionen könnten sie auch eine Scheibe aus kleineren Bruchstücken gebildet haben.

Die von Nakano aufgestellte Theorie erklärt recht gut die Planetenentstehung im Sonnensystem – mit Ausnahme einiger Probleme bezüglich der am weitesten entfernten Planeten. Wenn dieses Modell stimmt, so ist es ein wichtiges Argument für die Existenz anderer Planetensysteme in unserer Galaxis.

Aus technischen Gründen ist es extrem schwierig, Planeten, die um Sterne kreisen, zu entdecken. Ein Planet ist im sichtbaren Bereich des elektromagnetischen Spektrums milliardenmal schwächer als ein Stern. Im Teleskop überstrahlt das Licht eines Sterns ein schwächeres Objekt in seiner Nachbarschaft vollkommen. Im Infrarotbereich ist die Situation etwas besser. Hier beträgt das Helligkeitsverhältnis «nur» 1:100000. Bei Sternen, die nur etwa 10000mal weiter entfernt sind als Pluto (also etwa sieben Lichtjahre), könnte man mit Hilfe von Radar nach Planeten suchen. Der sowjetische Astronom O. N. Rhziga hat vorgeschlagen, Radarsignale zu diesen Sternen zu entsenden – in der Hoffnung, daß unsere Technologie entsprechend fortgeschritten sein wird, um die Echosignale aufzufangen, wenn sie schließlich einmal zu uns zurückkehren sollten.

Da sie mit Direktphotographie keine Planeten finden können, benutzen die Astronomen eine Reihe indirekter Methoden zum Nachweis von Planeten. Alle Ergebnisse deuten daraufhin, daß das Sonnensystem nicht das einzige Planetensystem in unserer Galaxis ist.

Die beiden wichtigsten Techniken zum indirekten Nachweis von Planeten sind die Astrometrie und die Spektroskopie. Astrometrie ist die Messung der Position eines Sterns an der Himmelssphäre in bezug auf einen Referenzpunkt, der durch alle Nachbarsterne definiert wird. Bestimmt man die astrometrische Position eines Sterns im Abstand von etwa 50 Jahren, kann man seine Bewegung entlang der Himmelssphäre erkennen. Die Spektroskopie dagegen mißt mit Hilfe des Dopplereffekts die Radialgeschwindigkeit eines Sterns (seine Geschwindigkeit auf die Erde zu oder von ihr weg). Der Dopplereffekt besteht in einer Frequenzänderung einer Welle aufgrund der Bewegung ihrer Quelle relativ zum Beobachter. Aus der Größe der Änderung kann man die Radialgeschwindigkeit der Quelle bestimmen. Mit diesen beiden Techniken können wir die transversale und die radiale Ortsveränderung von Sternen bestimmen, indem wir über Jahre hinweg ihre Örter und ihre Radialgeschwindigkeiten messen.

Entscheidend dabei ist, daß man damit auch kleine Störungen in der Bahn eines Sterns nachweisen kann, die von einem kleinen Begleiter verursacht werden. Wenn ein Stern einen planetaren Begleiter besitzt, liegt der Schwerpunkt dieses Systems nicht im Zentrum des Sterns. Da der Stern um den Schwerpunkt rotiert, zeigt seine Bahn leichte Schwankungen. Die Größe dieser Störungen sagt uns, ob es sich um einen sehr schwachen Begleitstern oder um einen Planeten handelt. So wird zum Beispiel die Bahn der Sonne von Jupiter gestört, wobei die Geschwindigkeitsschwankungen etwa 13 Meter pro Sekunde betragen und eine Periode von zwölf Jahren haben. Eine solche Bewegung kann durch fortgesetzte sehr genaue astrometrische Messungen nachgewiesen werden.

In der Nachbarschaft der Sonne sind ein Dutzend Sterne gefunden worden, deren Eigenbewegungen* möglicherweise auf dunkle Begleiter schließen lassen. Der bekannteste ist der nur sechs Lichtjahre von der Sonne entfernte Barnards Stern, den der holländische Astronom Peter van de Kamp seit 1938 beobachtet. Van de Kamp konnte anhand von 4000 photographischen Platten, die er in mehr als 1000 Beobachtungsnächten aufgenommen

* Die Eigenbewegung eines Sterns ist seine Bewegung an der Himmelssphäre relativ zu anderen Sternen.

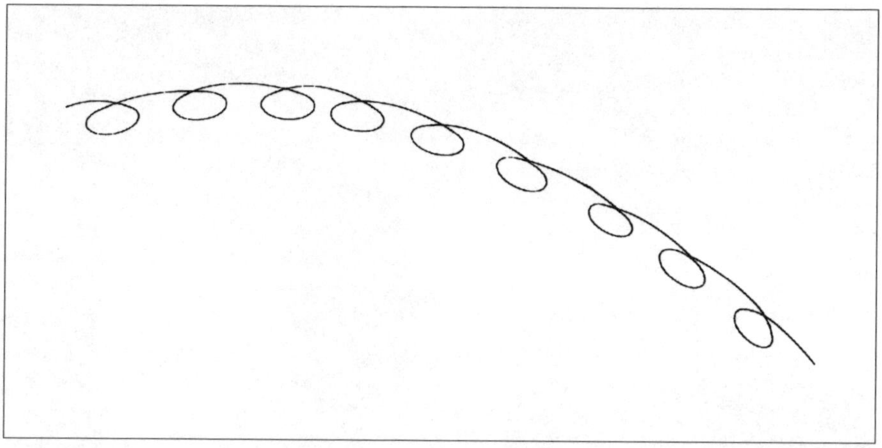

Abb. 12
Diagramm einer Rosettenbahn.

hat, die Bahn des Sterns rekonstruieren. Die Bahnschwankungen sind mit nur einigen hundertstel Bogensekunden sehr gering und könnten durch das Vorhandensein von zwei Planeten von der Größe des Jupiter erklärt werden, die den Stern auf Kreisbahnen mit Perioden von 11,5 beziehungsweise 20 bis 25 Jahren umkreisen. Leider zeigt das Teleskop am Sproul Observatorium, mit dem van de Kamp arbeitete, Stabilitätsprobleme, so daß doch Zweifel an der Realität dieser Schwankungen bestehen. Derartige Messungen sind äußerst schwierig. Die von Jupiter verursachten Störungen der mittleren Sonnenbewegung wären mit heutigen Techniken aus einer Entfernung von 30 Lichtjahren nicht mehr nachweisbar. Bei nahen Sternen (innerhalb von 50 Lichtjahren) müssen die Messungen auf mindestens eine dreitausendstel Bogensekunde genau sein, um einen Riesenplaneten zu entdekken, oder auf eine dreimillionstel Bogensekunde bei Planeten von der Größe der Erde.

Die Bahnbewegung eines Sterns führt auch zu Änderungen seiner Radialgeschwindigkeit. Die in jüngster Zeit von Bruce Campbell am Canada-France-Hawaii-Teleskop verbesserten Spektroskopiemethoden ermöglichen den Nachweis von Radialgeschwindigkeitsschwankungen, die kleiner sind als zehn Meter pro Sekunde. Der von Pierre Connes entwickelte Beschleunigungsmesser für Sterne

Abb. 13
Das Canada-France-Hawaii-Teleskop. Es ist eines der zehn größten Teleskope der Welt und liegt in 4200 Metern Höhe auf dem Gipfel eines erloschenen Vulkans auf der Insel Hawaii (Foto: Emmanuel Davoust).

kann Radialgeschwindigkeiten auf einen Meter pro Sekunde genau messen. Ein Dutzend Techniken sind vorgeschlagen oder bereits in Betrieb, mit denen man relative Radialgeschwindigkeiten mit einer Genauigkeit von unter 50 Metern pro Sekunde messen kann.

Seit 1981 beobachtet Bruce Campbell 16 sonnenähnliche Sterne. Sieben davon zeigen Geschwindigkeitsschwankungen im Bereich von 25 bis 65 Metern pro Sekunde, die durch die Existenz von Begleitern mit einer etwas größeren Masse als Jupiter erklärt werden könnten. Einer dieser Sterne, Gamma Cephei, ist ein Doppelstern – er könnte jedoch auch einen planetaren Begleiter mit einer Umlaufperiode von 2,7 Jahren besitzen. Die sechs anderen Kandidaten, zu denen auch der zehn Lichtjahre von der Sonne entfernte Epsilon Eridani gehört, müssen noch einige Jahre lang beobachtet werden, ehe irgendwelche Aussagen gemacht werden können, da die Schwankungsamplituden in den meisten Fällen auf eine Umlaufperiode von mehr als zehn Jahren hindeuten.

Bei der Anwendung dieser Techniken zur Entdeckung von Planetensystemen ergeben sich jedoch zahlreiche Schwierigkeiten. Erstens müssen die Beobachtungen über mehrere Jahre durchgeführt werden, um Schwankungen nachweisen zu können, die vermutlich lange Perioden haben. Außerdem haben wir keine Standardsterne zur Eichung der Beobachtungen – Sterne mit konstanter Radialgeschwindigkeit, die auf wenige Meter pro Sekunde genau bekannt ist. Und schließlich wäre mit der Entdeckung von Schwankungen in der Radialgeschwindigkeit eines Sterns noch lange nicht die Existenz eines Planetensystems bewiesen. Es könnte sich auch um einen Begleitstern handeln, der zu schwach für heutige Teleskope ist, oder um Schwankungen innerhalb der Sternatmosphäre. Vorläufige Beobachtungsergebnisse sollten daher sehr sorgfältig geprüft werden.

Lange Zeit wurde die langsame Rotation eines Sterns als möglicher Hinweis auf ein Planetensystem angesehen. Damit wären Sterne wie unsere Sonne (Sterne vom Typ G) oder sogar K- oder M-Sterne besonders geeignet, weil sie sehr viel langsamer rotieren als andere Sterne. Die Theorie der Sternentstehung durch den Kollaps einer interstellaren Wolke besagt, daß diese Sterne ursprünglich eine große Rotationsgeschwindigkeit besessen haben. Möglicherweise ist die heute fehlende Rotationsenergie auf Planeten übertragen worden. Genausogut kann sie aber auch durch ein anderes Phänomen, wie zum Beispiel einen Sternwind, abgeführt worden sein. Deshalb ist eine langsame Sternrotation kein überzeugender Beweis mehr für die Existenz von Planeten.

Mit Hilfe einer äußerst genauen Technik zur Bestimmung der Radialgeschwindigkeit hat Geoffrey Marcy am Mount Wilson-Observatorium 70 Sterne des M-Typs beobachtet. Obwohl sie alle langsam rotieren, scheint keiner Geschwindigkeitsschwankungen zu besitzen, die mit dem Vorhandensein eines Planetensystems vereinbar wären. Darüber hinaus ist ihre Masse sehr viel geringer als die der Sonne, so daß sie noch eher auf einen planetaren Begleiter reagieren würden.

Tabelle 7:
Rotationsgeschwindigkeiten von Sternen als Funktion des Sterntyps.

Typ	Prozentsatz	Geschwindigkeit (km/sec)
O	1	180
B	10	200
A	22	200
F	19	100
G	14	4
K	31	1
M	3	1

Nicht alle Sterne vom Typ unserer Sonne bieten notwendigerweise günstige Bedingungen für die Entwicklung von Leben. Einige bilden Doppel- oder Mehrfachsternsysteme mit engen Umlaufbahnen. Auf einem Planeten eines solchen Systems könnten die Temperaturen mit den Jahreszeiten sehr stark schwanken. Außerdem ist nicht sicher, ob sich Mehrfachsterne mit dem gleichen Gefolge von Planeten bilden wie Einzelsterne.

In jüngster Zeit wurde eine recht ungewöhnliche Methode zum Auffinden von Planeten um Rote Riesen vorgeschlagen. Solche Sterne sind zuweilen von mehreren Radioquellen umgeben, deren Strahlung im Millimeterband von Siliciummonoxid-Molekülen (SiO) stammt. Diese Quellen sind so stark, daß es sich bei ihnen nur um Maser* handeln kann. Curtis Struck-Marcell behauptet nun, daß sich diese Maserquellen auf Planeten befinden. Ihre Radialgeschwindigkeiten betragen größenordnungsmäßig zehn bis 20 Kilometer pro Sekunde relativ zum Stern und sind damit vergleichbar mit den Radialgeschwindigkeiten der Planeten in unserem Sonnensystem. Wenn diese Hypothese stimmt, sollten sich diese Radialgeschwindigkeiten wegen des Umlaufs des Planeten um den Stern periodisch ändern. Da die Maser ihre Strahlung im Millimeterbereich aussenden, sollte es mit den neuen Interferometern ferner

* Maser sind Wolken aus Molekülen, die sich in einem ganz speziell angeregten Zustand befinden und deshalb sehr starke Strahlung – meist im Radiobereich – aussenden.

möglich sein, ihre Bewegung an der Himmelssphäre zu messen und damit die anderen Bahnparameter der Planeten zu bestimmen.

Es gibt möglicherweise noch andere Quellen nachweisbarer Radiostrahlung auf Planeten. Fünf Planeten des Sonnensystems, darunter auch die Erde, senden niederfrequente Radiostrahlung aus, die im Zusammenhang mit den polaren Aurorae entsteht. Doch wie Alain Lecacheux vom Pariser Observatorium betont, wäre für den Nachweis dieser Strahlung eine sehr große (10 × 10 Kilometer) Antenne nötig. Außerdem könnten Interferenzen mit künstlich erzeugter irdischer oder mit solarer Strahlung die Suche erschweren. Trotzdem führten 1975 Woodruf Sullivan und seine Kollegen eine Suche nach solchen Radiostrahlungsausbrüchen in der Umgebung von zehn nahen Sternen durch. Die Empfindlichkeit ihres Radioteleskops reichte jedoch nur für den Nachweis von Ausbrüchen aus, die mindestens 1000mal stärker waren als die bei Jupiter beobachteten. Die Suche blieb erfolglos.

Ein weiterer indirekter Hinweis auf Planetensysteme ist die Tatsache, daß Jupiter, Saturn und Uranus sozusagen «Miniatur-Planetensysteme» aus jeweils etwa 15 Monden besitzen. Diese hierarchische Struktur im Sonnensystem läßt vermuten, daß nicht die Sterne die elementarsten Bausteine des Universums sind.

Der Vollständigkeit halber sollten wir auch die im Herbst 1991 erfolgte Entdeckung von Planeten um einige Pulsare erwähnen, obwohl es auf solchen Planeten wahrscheinlich kein Leben gibt. Pulsare stellen einen möglichen Endzustand von Sternen dar: Sie entstehen aus Sternen, die als Supernovae explodieren und nur einen dichten, aus Neutronen bestehenden Kern zurücklassen. Ein Pulsar rotiert sehr schnell und sendet wie ein Funkfeuer einen Radiostrahl aus, der von den Radioteleskopen auf der Erde in regelmäßigen Abständen von nur einer Millisekunde bis zu wenigen Sekunden empfangen wird. Bahnbewegungen eines möglichen Begleitsterns oder von Planeten, die den Pulsar umkreisen, machen sich durch regelmäßige Änderungen der Perioden der Radiopulse bemerkbar.

Der erste Planet, der von einem britischen Team um den Pulsar PSR 1829-10 entdeckt worden war, stellte sich als Schimäre heraus – die Wissenschaftler hatten vergessen, die Bewegung der Erde in bezug auf den Pulsar mit einzuberechnen. Ein Mißgeschick, wie es immer wieder in der Wissenschaft passiert! Ein zweiter Pulsar, PSR 1257+12, scheint dagegen ein System von mindestens zwei Planeten mit der 2,8- bzw. 3,4fachen Erdmasse zu besitzen. Sie befinden sich auf Kreisbahnen um den Pulsar und haben sehr kurze Umlaufzeiten (98,2 und 66,6 Tage). Ihre Nähe zum Pulsar – der weiter entfernte ist nur halb so weit vom Pulsar entfernt wie die Erde von der Sonne – läßt Leben irdischer Form sehr unwahrscheinlich erscheinen, da der Pulsar ein sehr starkes Magnetfeld (neunmilliardenmal stärker als das Erdmagnetfeld) besitzt und starke elektromagnetische Strahlung aussendet. Es ist auch sehr schwierig, die Existenz von Planeten um einen Pulsar zu erklären, wenn man bedenkt, wie zerstörerisch eine Supernovaexplosion ist.

Die ersten direkten Hinweise auf die Existenz von Objekten, die kleiner sind als Sterne, tauchten Mitte der achtziger Jahre auf, als es den Astronomen mit empfindlicheren Empfängern im Infrarotbereich gelang, protoplanetare Scheiben und Braune Zwerge* um Sterne zu entdecken.

Am US Naval Observatory wurden die Bahnen und Entfernungen von etwa 1000 sonnennahen Sternen vermessen. Diese Beobachtungen ermöglichten es den Astronomen, einige Sterne auszusondern, bei denen man Begleiter von Planetengröße vermutet. Donald W. McCarthy und seine Mitarbeiter am Kitt Peak National Observatory in Arizona setzten mit Hilfe von Speckle-Interferometrie** im Infrarotbereich die Untersuchungen an diesen Sternen fort. Dabei fand man bei dem Stern Van Biesbroek 8, der 21 Lichtjahre von uns entfernt ist, im Abstand von einer Bogensekunde einen Begleiter – dieser Abstand entspricht sechs Astronomischen Einheiten. (Jupiter ist im Vergleich dazu fünf Astronomische Einheiten von der Sonne entfernt.)

Da die Masse von Van Biesbroek 8 nur ein Zehntel der Sonnenmasse beträgt, mußte sein Begleiter zehnmal schwächer sein als die schwächsten Sterne am Himmel und fast einmillionenmal schwä-

* Der Ausdruck «Brauner Zwerg» stammt von der amerikanischen Astronomin Jill Tarter.

** Mit dieser Technik kann man die atmosphärisch bedingte Unschärfe von Bildern korrigieren, indem man zahlreiche, extrem kurzbelichtete Einzelbilder von dem Objekt aufnimmt und sie nach einer speziellen Bildbearbeitung wieder zusammensetzt.

cher als die Sonne. Seine Masse wurde auf 20 bis 60 Jupitermassen geschätzt und seine effektive Oberflächentemperatur auf 1633 Grad Celsius, die damit in Einklang zu seiner Masse stand. Ein solches Objekt konnte kein Stern sein – der masseärmste Stern muß mindestens 80mal massereicher als Jupiter sein. Es konnte auch kein Planet sein, wie wir sie aus dem Sonnensystem kennen. Es mußte ein Zwischending sein: ein mißglückter Stern. Damit nahm die Forschung über Braune Zwerge ihren Anfang.

1986 beobachteten Christian Perrier und Jean-Marc Mariotti, beide vom Lyons Observatorium, mit derselben Interferometrie-Methode erneut Van Biesbroek 8. Sie fanden jedoch keine Begleiter, obwohl sie bis in einen Abstand von nur einer Viertelbogensekunde vom Stern danach suchten. Damit wurden die Beobachtungen von McCarthy und seinen Kollegen stark in Zweifel gezogen. Diese wiederholten daraufhin ihre Beobachtungen und fanden ebenfalls keinen Begleiter mehr.

Diese Art von Mißgeschick – daß Wissenschaftler zu schnell finden, was sie zu finden hoffen – passiert in der Grundlagenforschung recht häufig. Diesmal hatte es zumindest eine positive Folge: Es führte zu theoretischen Untersuchungen über die Natur hypothetischer Brauner Zwerge und zu Beobachtungsprogrammen, mit deren Hilfe nach ähnlichen Objekten gesucht wird. Die Werte für Temperatur, Größe und Masse, die aus der vermuteten Leuchtkraft des Begleiters von Van Biesbroek 8 abgeleitet wurden, gelten auch für andere mögliche Braune Zwerge.

Was ist nun eigentlich ein Brauner Zwerg? Es ist ein Objekt, dessen Eigenschaften zwischen denen eines Sterns und eines Planeten liegen. Seine Masse beträgt sechs bis zehn Prozent der Sonnenmasse, seine Temperatur etwa 2000 bis 3000 Grad Celsius. Es ist ein Stern, der wegen zu geringer Masse kein nukleares Brennen zünden konnte. Seine hohe Oberflächentemperatur beruht nicht auf nuklearen Brennvorgängen in seinem Inneren wie bei klassischen Sternen, sondern auf der Energie, die durch seine langsame Kontraktion freigesetzt wird. Auch Jupiter und Saturn besitzen eine solche interne Energiequelle, doch sie erhöht ihre Temperatur nur um etwa 80 Grad Celsius.

McCarthy setzte – keinesfalls entmutigt – seine Beobachtungen fort und verkündete im August 1987 die Entdeckung eines Braunen Zwergs um den roten Zwergstern Gliese 623, der 24 Lichtjahre von der Sonne entfernt ist. Die Masse des Braunen Zwergs müßte 80 Jupitermassen betragen. Daß der rote Zwergstern einen Begleiter hat, wußte man seit 1978. Doch fünf Jahre Beobachtungen waren nötig, um seine Umlaufbahn zu bestimmen und daraus mit Hilfe der Keplerschen Gesetze seine Masse zu berechnen.

Eine andere Gruppe amerikanischer Infrarotastronomen glaubt ebenfalls, einen Braunen Zwerg entdeckt zu haben, der diesmal um einen Weißen Zwerg kreisen soll, GC29-38. Sie verwendeten keine Interferometrie, sondern bestimmten den Strahlungsfluß des Sterns bei sechs Wellenlängen im Infrarotbereich und verglichen ihre Beobachtungen mit dem theoretischen Strahlungsfluß, den man bei einem Stern diesen Typs erwartet. Dieser 1987 veröffentlichten Entdeckung folgten zwei vergebliche Versuche, bei 14 weiteren Weißen Zwergen Braune Zwerge zu entdecken. Der Grund, derartige Untersuchungen an Weißen Zwergen durchzuführen, ist technischer Art: Sie emittieren wenig Licht im Infrarotbereich und erleichtern damit die Entdeckung eines möglicherweise vorhandenen schwachen Begleiters. Der Begleiter des Sterns GC29-38* müßte ein Brauner Zwerg mit einer Oberflächentemperatur von 1500 Grad Celsius sein. Dies entspricht einem Radius von 15 Prozent des Sonnenradius und einer Masse zwischen vier und acht Prozent der Sonnenmasse.

Von den wenigen Braunen Zwergen, die in der Literatur verzeichnet sind, ist der Begleiter des Weißen Zwergs GD165, der bei einer Wellenlänge von zwei Micron entdeckt wurde, am glaubwürdigsten. Seine Entdecker sind der Meinung, daß es viele Braune Zwerge in unserer Galaxis geben könnte, die jedoch sehr schwer zu finden sind. Ein Brauner Zwerg in der Entfernung des Neptun würde nämlich nicht heller als Mars erscheinen.

Und was ist von dem Stern HD114762 zu halten, der jüngst Schlagzeilen in wissenschaftlichen Magazinen machte? Die Messungen der Radialgeschwindigkeit dieses sonnenähnlichen Sterns in 90 Lichtjahren Entfernung, die zum Teil mit dem Coravel-Instrument am Schweizer Teleskop des Observatoire de Haute-Provence gemacht wurden, ergaben Schwankungen von 726 Metern pro Sekunde mit einer Periode von 84 Tagen. Solche Schwankungen

---

* Dieser Stern trägt auch die Namen WD2326+049, ZZ Psc, Gl895.2, EG159 und LTT16907 – nur um die Astronomen zu verwirren!

könnten von einem Planeten von mindestens zehn Jupitermassen erzeugt werden, der den Stern auf einer sehr engen Umlaufbahn umkreist. Es könnte sich also eher um einen Braunen Zwerg als um einen Planeten handeln – doch das schmälert die Bedeutung dieser Entdeckung in keiner Weise.

Der Schweizer Astronom Michel Mayor und sein Team entdeckten mit dieser kinematischen Methode noch weitere Braune Zwerge. Sie untersuchten 166 sonnennahe Sterne vom Typ G und stellten dabei fest, daß wahrscheinlich nur 18 Prozent echte Einzelsterne sind. Die Mehrzahl (65 Prozent) besitzt einen Begleiter, dessen Masse mindestens ein Zehntel der Sternmasse beträgt, und etwa 17 Prozent könnten einen planetaren Begleiter haben. Außerdem ergab sich ein Kriterium zur Unterscheidung von Braunen Zwergen und Planeten: Braune Zwerge haben exzentrische, Planeten dagegen fast kreisförmige Bahnen. Offensichtlich sollte man photometrische und kinematische Methoden zur Entdeckung substellarer Objekte kombinieren. Dann könnten wir uns in absehbarer Zukunft ein recht genaues Bild von der Astronomie dieser Objekte machen.

Braune Zwerge sind keine echten Planeten, da sie um einiges massereicher sind als die größten Planeten im Sonnensystem. Doch ihre Entdeckung ist – wenn sie sich bestätigt – ein erster Schritt bei der Suche nach lichtschwachen Objekten in der Umgebung von Sternen.

Einen weiteren Schritt in dieser Richtung stellt die Entdeckung des Infrarotexzesses dar – «überschüssige» Infrarotstrahlung, die man seit 1983 bei zahlreichen Sternen gefunden hat. In sieben Fällen stammt diese überschüssige Strahlung höchstwahrscheinlich von protoplanetaren Scheiben –, mit anderen Worten, von gerade entstehenden Planetensystemen.

1983 hatten Wissenschaftler der Universität von Hawaii mit Speckle-Interferometrie eine Infrarotquelle um den sehr jungen Stern* T Tauri entdeckt. Die Untersuchung weiterer 59 junger, massearmer Sterne des gleichen Typs im Sternkomplex Taurus-Auriga ergab, daß fast 20 Prozent von ihnen einen Infrarotexzeß zeigen. Zunächst hatte man geglaubt, daß diese Emission von einem riesigen kondensieren-

* Für astronomische Begriffe bedeutet «sehr jung» einige hundert Millionen Jahre.

den Protoplaneten stammen könnte. Doch inzwischen geht man davon aus, daß es sich um protoplanetare Scheiben handelt.

Im gleichen Jahr beobachteten japanische Radioastronomen bei einem Stern im Orion und bei dem Stern L 1551/IRS 5 Strahlung des Kohlenstoffmonosulfat-Moleküls (CS) im Millimeterbereich des elektromagnetischen Spektrums und interpretierten diese Beobachtungen als riesige protoplanetare Scheiben mit Durchmessern von einigen zehntausend Astronomischen Einheiten. Der 500 Lichtjahre von der Sonne entfernte Stern HL Tauri – ebenfalls ein sehr junger Stern – ist wahrscheinlich gleichfalls von einer riesigen molekularen Scheibe umgeben, deren Durchmesser einige tausend Astronomische Einheiten beträgt. Mit Speckle-Interferometrie aufgenommene Infrarotbilder lassen einen länglichen Halo sowie ausgeschleuderte Materie erkennen. Neuere Infrarotbeobachtungen an zwei dieser Sterne (siehe Tabelle 8) zeigen, daß diese Staubringe sehr viel kleiner sind als die im Radiobereich beobachteten Scheiben. Bei den Scheiben könnte es sich um den Überrest des ursprünglichen protoplanetaren Nebels handeln.

1983 wurde der *IRAS*-Satellit gestartet, der die Infrarotstrahlung kosmischer Objekte messen sollte. Mit seiner Hilfe stellte man fest, daß 20 Prozent der Hauptreihensterne* einen Infrarotexzeß aufweisen, der wahrscheinlich durch protoplanetares Material erzeugt wird. Wenn man annimmt, daß dieser Exzeß zu einer Entwicklungsphase gehört, den alle Hauptreihensterne durchlaufen, so kann man daraus ableiten, daß diese Phase 20 Prozent der mittleren Lebensdauer eines Sterns umfaßt – also etwa 100 Millionen Jahre. Das stimmt mit der Zeit überein, die schätzungsweise für die Entstehung eines Planetensystems nötig ist.

Die Sonne würde also keinen nennenswerten Infrarotexzeß mehr zeigen, wenn man sie aus so großer Entfernung beobachtete, daß man die vom ganzen Sonnensystem insgesamt abgegebene Strahlung messen würde. Das bedeutet, daß viele Planetensysteme aufgrund mangelnden Auflösungsvermögens unentdeckt bleiben könnten.

---

* Hauptreihensterne sind Sterne in einem bestimmten Entwicklungsstadium: Sie erzeugen ihre Energie durch nukleares Wasserstoffbrennen in ihren Zentren.

IRAS entdeckte auch ausgedehnte Infrarotquellen um die Sterne Wega und Fomalhaut, die beide etwa 20 Lichtjahre von der Sonne entfernt sind. Man vermutete, daß es sich bei diesen Quellen jeweils um einen Staubring mit einem Durchmesser von 80 bis 100 Astronomischen Einheiten handeln könnte, der den Stern umgibt. Wega – ein sehr leuchtkräftiger Stern – entwickelt sich 30mal schneller als die Sonne. Das ist wahrscheinlich zu schnell für die Bildung eines Planetensystems und die Entwicklung einer höheren Form von Leben. Fomalhaut ist dagegen weniger leuchtkräftig und wird daher länger leben. Die Beobachtungen an Wega wurden 1984 von amerikanischen Astronomen bestätigt, die ihre Messungen von einem sehr hoch fliegenden Flugzeug aus durchführten. Sie stellten jedoch fest, daß die Scheibe doppelt so groß ist wie aufgrund der *IRAS*-Messungen angenommen. Die Gesamtmasse des Staubs um die beiden Sterne ist schwierig abzuschätzen – doch vielleicht reicht er aus, um zumindest einen kleinen Planeten zu bilden. Dabei ist zu bedenken, daß die Riesenplaneten, die 90 Prozent der Masse des Sonnensystems ausmachen, hauptsächlich aus Wasserstoff und leichten Elementen bestehen, die im Infrarotbereich nicht zu sehen sind.

Tabelle 8:
Seit 1983 entdeckte protoplanetare Scheiben.

Stern	**Alter (Millionen Jahre)**	**Entfernung (Lichtjahre)**	**Radius (Astronomische Einheiten)**	**Masse (Erdmassen)**	**Observatorium**
Wega	500	25	85	300	*IRAS*, Flugzeug
Fomalhaut	500	22	50		*IRAS*
HL Tauri	1	450	160	1	Kitt Peak und Hawaii
R Monocerotis	1	1850	500	5	
Epsilon Eridani		9			*IRAS*
Beta Pictoris	500	50	214		*IRAS*, Chile
L 1551/IRS 5	1	450	250	18	Hawaii

Aus Tabelle 8 können wir den vorläufigen Schluß ziehen, daß es zwei Arten von Scheiben gibt: Um junge Sterne findet man die Reste der protoplanetaren Wolke, die nach der Bildung von Planeten übriggeblieben sind, und um sehr junge Sterne (wie HL Tauri und R Monocerotis) die protoplanetaren Scheiben. Die letzteren scheinen sehr viel massearmer zu sein, da sie im wesentlichen aus Gas bestehen.

Aus der Beobachtung solcher Scheiben kann man jedoch noch nicht auf das Vorhandensein von Planeten schließen. Statt zu Planeten zu kondensieren, könnte sich eine solche Scheibe sehr wohl wieder im interstellaren Medium auflösen – möglicherweise weil sie vom stellaren Wind fortgeblasen wird. Der ursächliche Zusammenhang zwischen Scheibe und Planet muß noch weiter untersucht werden. Doch diese Beobachtungen eröffnen eine neue Ära der astronomischen Forschung – die der extrasolaren Planetensysteme.

Mit heutigen Teleskopen können Planeten im Infrarotbereich wegen ihres zu geringen Verhältnisses zwischen Oberfläche und Volumen nicht entdeckt werden. Darüber hinaus würde zum Beispiel der zodiakale Staub der Sonne die Entdeckung des Jupiter mit heutigen Teleskopen von einem Nachbarstern aus stark behindern. Darum setzt man so große Hoffnungen auf Weltraumteleskope.

Auch vom *Hubble*-Weltraumteleskop, das sich auf einer Umlaufbahn 500 Kilometer über der Erde befindet, erwartet man Beiträge zur Planetenforschung, da vier der fünf Instrumente an Bord für diesen Zweck verwendet werden können. Durch das außergewöhnliche Auflösungsvermögen seiner Bildgeräte wird es möglich sein, ein Stern-Planet-System bis in eine Entfernung von 33 Lichtjahren von der Sonne zu erkennen. Dabei kann man folgendermaßen vorgehen: Man mißt mit Hilfe der «fine guidance sensors» (Sensoren für die Feinnachführung) über fünf bis zehn Jahre hinweg die Positionen von 100 nahen Sternen, um epizyklische Bahnen zu entdecken. Dann mißt man mit dem «High-resolution Spectrograph» (hochauflösenden Spektrographen) die Radialgeschwindigkeiten der entdeckten Planeten, um ihre Bewegung, ihre Atmosphäre oder einen Infrarotexzeß zu bestimmen. Außerdem kann man mit Hilfe der «fast photometry» (schnellen Photometrie) den

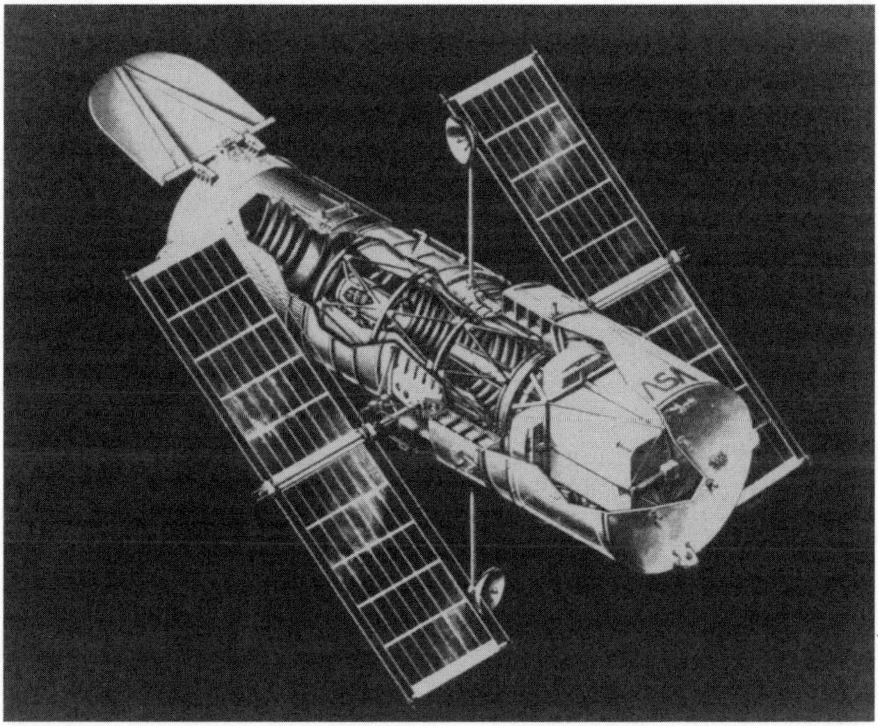

Abb. 14
Das *Hubble*-Weltraumteleskop. Der Zylinder, der das Teleskop und die wissenschaftlichen Instrumente enthält, ist 14 Meter lang und hat einen Durchmesser von fünf Metern. Eine kleine Radioantenne empfängt die Befehle zur Steuerung der Instrumente. Sonnenpaddel sammeln die nötige Energie für den Betrieb des Teleskops (Quelle: NASA).

Durchgang des Planeten vor der Sternscheibe zum Zeitpunkt der Konjunktion nachweisen. Und schließlich kann man mit der «Faint Object Camera» (Kamera für schwache Objekte) und einem Koronographen* Bilder des Planeten aufnehmen, wenn er seine maximale Entfernung vom Stern erreicht hat.

Die Wissenschaftler, die an der Planung und dem Bau der Instrumente des *Hubble*-Teleskops beteiligt waren, genießen bei zukünf-

* Ein Koronograph ist ein Gerät zum Ausblenden des Sternlichts aus dem Empfänger.

tigen Beobachtungen Priorität. Die 307 Beobachtungsprogramme, die sie beantragt haben, sind 30 Monate lang durch patentähnliche Bestimmungen geschützt. Sechs dieser Programme beinhalten die Suche nach Planeten um Sterne und drei die Erforschung zirkumstellarer Materie (wie protoplanetare Scheiben).

Wenn 1993 oder 1994 die Instrumente der zweiten Generation eingebaut werden, lassen die hervorragenden Eigenschaften dieses Teleskops, insbesondere seine Winkelauflösung, auf große Fortschritte bei der Planetenforschung hoffen. Bis dahin sind aufgrund der Mängel am optischen System (sphärische Aberration), die nach dem Start entdeckt wurden, hochauflösende Beobachtungen nur bei hellen Himmelsobjekten möglich.

An Bord einer amerikanischen Raumstation namens *Freedom*, deren Bau zwischen 1995 und 1999 geplant ist, soll sich auch die *Astrometric Telescope Facility* (ATF) befinden. Dieses Instrument könnte zunächst für die Suche nach relativ massereichen Planeten von der Größe des Uranus oder Neptun verwandt werden, später dann auch für die Suche nach erdähnlichen Planeten bis in 30 Lichtjahren Entfernung von uns. Doch um verläßliche Ergebnisse zu erhalten, müßten die Beobachtungen über einen Zeitraum von mindestens zwölf bis 15 Jahren durchgeführt werden.

Ein weiteres NASA-Projekt, die *Space Infrared Telescope Facility (SIRTF)*, war mit einem Spiegel von 80 Zentimetern Durchmesser geplant und soll einen Planeten wie Jupiter in der Entfernung von Barnards Stern in nur drei Sekunden Beobachtungszeit entdecken können. SIRTF wurde jedoch aus finanziellen Gründen inzwischen auf 70 Zentimeter Spiegeldurchmesser reduziert und kann wahrscheinlich frühestens im Jahr 2000 gestartet werden.

Alle diese Forschungsprojekte wecken große Erwartungen. Doch auch in den vergangenen Jahren wurde bereits ein beträchtlicher Fortschritt erzielt. Hätte ich dieses Kapitel vor 1983 geschrieben, wäre es sehr kurz ausgefallen. Die jüngsten Entdeckungen von Braunen Zwergen und protoplanetaren Scheiben sowie die äußerst genauen Messungen der Bewegungen naher Sterne zeigen, daß wir an der Schwelle einer neuen Ära in der Astronomie stehen – der Ära substellarer Objekte. Planetensysteme sind sicher nicht selten in unserer Galaxis.

Doch die Entdeckung von Planeten bedeutet nicht, daß wir auch Leben gefunden haben. Selbst wenn wir recht bald Planeten um andere Sterne entdecken sollten, was meiner Meinung nach sehr wahrscheinlich ist, kann die Entdeckung von Hinweisen auf Leben noch für ein weiteres Jahrzehnt oder noch länger jenseits unserer Möglichkeiten liegen. Die Suche nach Leben außerhalb des Sonnensystems bleibt weiterhin ein scheinbar utopisches Unternehmen.

Mit Verlassen des Sonnensystems müssen wir die einschränkende Hypothese von Leben nach irdischem Vorbild aufgeben und jedes System, das einen gewissen Grad an Komplexität erreicht hat, als lebende Einheit betrachten. Das Vorhandensein solcher Systeme ist wahrscheinlich mit einer physiko-chemischen Unausgewogenheit in ihrer unmittelbaren Umgebung verknüpft. Deshalb müssen wir zum Beispiel nach Zeichen für ein Ungleichgewicht in planetaren Atmosphären suchen, wie etwa den Überschuß an Sauerstoff in der Erdatmosphäre. Doch wie können wir hoffen, ein solches Ungleichgewicht in den Atmosphären von Planeten zu messen, wenn wir noch nicht einmal die technischen Möglichkeiten haben, diese zu entdecken? Im vorigen Kapitel wurde vorgeschlagen, nach Zeichen zu suchen, die Vorläufer des Lebens sein könnten – wie eine große Anzahl von Ketten komplexer Moleküle und das Verhältnis verschiedener Isomere* in protoplanetaren oder protostellaren Nebeln.

Eine weitere Aufgabe, die heute bereits gelöst werden könnte, besteht darin, herauszufinden, ob es dauerhaft bewohnbare Zonen in Planetensystemen gibt – Zonen, in denen die Bedingungen lange genug stabil bleiben, um die Entwicklung von Komplexität zu ermöglichen, und in denen die grundlegenden energetischen Anforderungen erfüllt sind.

---

* Isomere sind unterschiedliche geometrische Anordnungen von Atomen, die dasselbe Molekül bilden.

Teil 3:
Intelligentes Leben im Universum

7
Demographie außerirdischer Zivilisationen

Zweifellos gibt es eine unsichtbare Welt. Man kann sich jedoch fragen, wie weit sie von der Innenstadt entfernt ist und wie lang sie offen hat.

Woody Allen: *Gott, Shakespeare und ich*

Die Frage nach Leben im Universum wird nur dann so richtig interessant, wenn man sie erweitert und nach *intelligentem* Leben im Universum fragt. Es mag nützlich sein zu wissen, daß wir möglicherweise nur eine von vielen Lebensformen darstellen, doch enorm viel wichtiger ist es für uns zu wissen, ob wir die einzigen intelligenten Wesen im Universum sind. Die philosophischen, sozialen und vielleicht sogar auch die technologischen Folgen sind sehr viel tiefgehender. Ein möglicher Dialog mit anderen intelligenten Zivilisationen in unserer Galaxis hätte Auswirkungen auf jeden Aspekt unseres Daseins. Wenn es andererseits solche Zivilisationen nicht geben sollte, wären wir gezwungen, den Zweck unseres Daseins in einem Universum zu erforschen, in dem wir einzigartig sind.

In den folgenden Kapiteln werde ich die Möglichkeit der Existenz von außerirdischen Zivilisationen diskutieren. Doch was versteht man unter «Zivilisation»? Inwieweit kann uns das irdische Modell behilflich sein? Als Reaktion auf eine 1972 durchgeführte

Analyse haben sowjetische Astronomen folgende Definitionen einer Zivilisation aufgestellt, die einen guten Ausgangspunkt darstellen:

1. Ein sehr stabiler Materiezustand, der fähig ist, Informationen zu sammeln, durch Abstraktion zu analysieren, die größtmögliche Menge an Information über seine Umgebung dazu zu verwenden, diese besser zu verstehen und sich selbst besser zu schützen. Eine Zivilisation ist definiert durch den Umfang der gesammelten Informationen, durch die Art, in der sie ihre Funktion plant, und durch die Ausführung solcher Pläne.
2. Eine sehr komplexe Maschine, die zum Speichern und Umwandeln von Informationen fähig und in der Lage ist, eine Situation zu analysieren und die Ergebnisse dieser Analyse zu verwenden, um die eigene Entwicklung im Rahmen gerichteter Aktivitäten zu steuern.
3. Jedes System, das fähig ist, in seiner Umgebung zu überleben und Information in kodierter Form zu speichern und umzuwandeln, um logische Operationen durchzuführen und diese Kenntnisse in gezielten Aktivitäten anzuwenden.
4. Ein hochorganisiertes System, das mindestens auf planetarer Ebene aktiv ist, gezielte Aktivitäten durchführen kann und die umgebende Welt und sich selbst kennt. Mit anderen Worten, es muß in der Lage sein, mit Hilfe abstrakter Konzepte ein Modell der Welt aufzustellen und mit Hilfe seiner Kenntnisse sein Ziel zu erreichen.
5. Eine Gruppe von Einzelwesen, die in wechselseitiger Beziehung zueinander stehen und nach der Existenz anderer begabter Gruppen fragen.
6. Jeder Materiezustand, der fähig ist, sinnvolle Information in seine Umgebung auszusenden.
7. Ein System von Verfahren und Mechanismen, die eine adaptive Aktivität ermöglichen, die nicht genetisch programmiert ist. Das Wesentliche einer Zivilisation (das heißt einer stabilen Gemeinschaft von Lebewesen) ist die Fähigkeit, eine nicht-biologische Organisation dieser Gemeinschaft und die Mittel zur Anpassung an die Umgebung zu schaffen. Diese Organisation ermöglicht die Aktivitäten der Einzelwesen.

8. Gruppen von intelligenten Wesen, die den Austausch von Information, Energie und Materie benutzen, um ihre Aktivitäten durchzuführen und spezielle Mittel besitzen, ihr Leben aufrechtzuerhalten und seine weitere Entwicklung abzusichern.

Diese Definitionen beschreiben allerdings eher die Gemeinsamkeiten der verschiedenen Gesellschaften auf der Erde – wie zum Beispiel die Notwendigkeit, Informationen über die Umgebung zu verarbeiten, um zu überleben, und die Notwendigkeit zu kommunizieren – als die Eigenschaften hypothetischer außerirdischer Zivilisationen. Dieser anthropomorphe Standpunkt ist jedoch nicht zu vermeiden, da wir keine anderen Gesellschaften kennen als die auf unserem Planeten. Allerdings ist er auch nicht gänzlich ungerechtfertigt, da zumindest eine minimale Ähnlichkeit nötig ist, wenn ein möglicher Kontakt von Interesse für uns sein soll.

Wir können nun unsere Vorstellungskraft üben, indem wir dieses Konzept der Zivilisation verallgemeinern. Unter einer Zivilisation verstehe ich eine Gruppe von Einzelwesen, die ein spezielles Ziel haben und in wechselseitigen Beziehungen zueinander stehen. Diese Einzelwesen können mehr oder weniger autonom sein. Wir könnten uns somit eine Gesellschaft vorstellen, die aus Individuen zusammengesetzt ist, so wie einzelne Atome den menschlichen Körper bilden – einen kollektiven Organismus.

Zum Beispiel könnte die Erde selbst als ein lebender Organismus oder als ein *geophysiologisches* System angesehen werden. Der Geophysiker James Lovelock bezeichnete 1972 diese Vorstellung nach der Erdgöttin der griechischen Mythologie als *Gaia-Theorie*. Er glaubt, daß die Entwicklung lebender Arten, die Atmosphäre und die Erdkruste nicht voneinander zu trennen sind. Die Vorstellung, daß lebende Organismen einen regulierenden Effekt auf das Klima und die Zusammensetzung der Atmosphäre haben können, steht im Widerspruch zur orthodoxen Evolutionstheorie, die behauptet, daß sich die Arten nur an gegebene Bedingungen anpassen und nicht vorhersehen können, welche Wirkung sie auf das Klima haben werden. Ein selbstregulierender Planet wäre jedoch eine Erklärung für die relativ stabile Umwelt in den letzten Jahrtausenden.

Vorläufig ist die Gaia-Theorie, die Theorie des lebenden Planeten, im wesentlichen nur eine schöne Metapher. Doch langsam gewinnt sie bei Wissenschaftlern verschiedener Disziplinen, die jetzt nach den globalen Ursachen für das bemerkenswerte Gleichgewicht zu suchen beginnen, das unser Leben ermöglicht, an Boden. Wir werden etwas später auf diesen Punkt zurückkommen.

Als nächstes wollen wir uns einmal Leben vorstellen, das auf nuklearen Reaktionen basiert. Elementarteilchen in der Größe von Protonen oder Elektronen könnten ausreichend komplexe Gruppen bilden, um intelligentes Verhalten zu zeigen. In diesem Falle wären die zeitlichen und räumlichen Skalen sehr viel kleiner, da nukleare Reaktionen äußerst geringe Abstände überbrücken und daher in extrem kurzer Zeit ablaufen. Eine solche Zivilisation könnte weniger als eine Minute andauern. Am anderen Ende der kosmischen Skala dagegen könnte intelligentes Leben von komplexen Gravitationswechselwirkungen beherrscht werden und in Form von riesigen Gaswolken in Erscheinung treten, die hundert- oder tausendmal mehr Materie enthalten als die Erde. In diesem Falle würden wir Menschen die Rolle von Atomen spielen. Darüber hinaus können wir uns vorstellen, daß die Galaxien selbst mit ihren Hunderten Milliarden von Sternen den gleichen Grad der Komplexität wie das Leben erreicht haben. Hier würde die Lebensdauer dann nach Millionen von Jahren und Entfernungen nach Tausenden von Lichtjahren gezählt.

Wie könnte in diesen hypothetischen Fällen Information verarbeitet und gespeichert werden? Auf der Erde geschieht dies durch die DNA und das Gehirn. Vor allem legen die chemischen Reaktionen, die das Leben auf der Erde und insbesondere unsere Wahrnehmung von Zeit und Raum bestimmen, die für uns sinnvollen Zeitskalen (zwischen einer Sekunde und einigen Jahrzehnten) sowie Entfernungsskalen (zwischen einem Millimeter und einigen hundert Kilometern) fest. Derartige Überlegungen sind nicht unbegründet. Tatsächlich zeigen sie, daß ein angemessener Grad an Anthropomorphismus gerechtfertigt ist, wenn wir Suchstrategien entwickeln und uns selbst an die Stelle möglicher außerirdischer Zivilisationen setzen, um uns ihr Verhalten vorzustellen. Wir könnten einen interessanten Kontakt mit einer extraterrestrischen Zivilisation nur dann herstellen, wenn sie uns zumindest ein wenig ähnlich ist. Was hätten wir mit einer Galaxie oder einem Elementarteilchen gemeinsam? Welche Hoffnung bestünde, eines Tages mit solchen Lebensformen zu kommunizieren? Ohne den Grad der Ähnlichkeit exakt festlegen zu wollen, würde ich sagen, daß Lebensdauer und Dimensionen von der gleichen Größenordnung die minimalsten Voraussetzungen für eine Kommunikation sind.

Der nächste Schritt bei der Suche nach Leben – nämlich die Entscheidung, ob ein Planet dauerhaft bewohnbar ist – wurde möglich durch jüngste Fortschritte in der Klimatologie und bei der Untersuchung der Wechselwirkungen zwischen Geosphäre und Biosphäre. Wir müssen die Zone finden, in der die Atmosphäre eines Planeten wie der Erde einige Milliarden Jahre lang stabil bleibt.

Die Antwort auf die Frage der Bewohnbarkeit hängt sehr stark von der Definition von Leben ab. Der Temperatur- und Druckbereich, in dem man lebende Organismen antrifft, ist sehr groß, obgleich die komplexesten Lebensformen nur in einem schmalen Temperaturintervall überleben. Dieses eingeschränkte Intervall sollte als das günstigste für Leben und seine Evolution zu komplexeren Formen angesehen werden.

Warum hat sich Leben auf der Erde und nicht auf den benachbarten Planeten entwickelt? Wird die Verschmutzung der Erdatmosphäre bald zu einem Treibhauseffekt wie auf der Venus führen, auf der die Temperatur am Boden 500 Grad Celsius beträgt? Spielt das Leben eine regulierende Rolle bei der Zusammensetzung der Atmosphäre und bei der Temperatur, wie es die Gaia-Theorie behauptet? Würde ein nuklearer Winter unabdingbar zur Auslöschung des Lebens führen? Allmählich beginnt man – dank der Computer, durch die es möglich ist, globale Klimamodelle innerhalb einer sinnvollen Zeit zu berechnen –, Antworten auf diese Fragen zu finden.

Eine relativ stabile Umgebung und ein nur über begrenzte Zonen variables Klima sind für die Erhaltung des Lebens unverzichtbar. 1971 berechnete Michael Hart, damals Forscher bei der NASA, die für irdisches Leben ständig bewohnbaren Zonen.* Er stellte fest, daß

* Ständig bewohnbare Zonen sind die Gebiete in einem Planetensystem, die von lebenden Organismen dauerhaft bewohnt werden können. Aufgrund der langsamen Helligkeitsänderungen des Sterns und der Entwicklung planetarer Atmosphären sind sie enger als die Zonen, die zu einer bestimmten Periode bewohnbar sind.

diese Zone nur ein sehr schmales Band um die Sonne umfaßt. Wenn sich der Abstand der Erde zur Sonne nur um einen geringen Prozentsatz ändern würde, so hätte das in der Tat katastrophale klimatische und ökologische Folgen.

Bei einer Annäherung an die Sonne würde sich die Erde aufheizen. Da Wasser aus den Meeren und anderen Gewässern verdampfte, würde die Atmosphäre mit Wasserdampf angereichert, der die Infrarotstrahlung der Sonne wirkungsvoll absorbiert. Dadurch würde die Temperatur der Atmosphäre um einige hundert Grad ansteigen. Dies wäre geschehen, wenn sich die Erde vor vier Milliarden Jahren nur fünf Prozent näher an der Sonne gebildet hätte. Wenn andererseits der Abstand Erde–Sonne vor zwei Milliarden Jahren, als sich die Atmosphäre mit Sauerstoff anreicherte, um ein Prozent größer gewesen wäre, wäre die Erde zu einem gefrorenen Planeten geworden, ähnlich den Monden des Jupiter. Eine Vereisung ist nur schwer rückgängig zu machen. Sie würde anhalten, bis sich der Abstand der Erde von der Sonne um mindestens zehn bis 20 Prozent verringert hätte (was wegen der dynamischen Stabilität des Sonnensystems unmöglich wäre) oder bis die Sonne ein Roter Riese würde.

Die oben genannten Entfernungsgrenzen gelten für die Erde und die Sonne. Bei einem weniger massereichen und daher weniger leuchtkräftigen Stern als der Sonne liegt die ständig bewohnbare Zone näher am Stern; sie ist jedoch auch enger. Den Berechnungen Michael Harts zufolge verschwindet die Zone ganz, wenn die Masse des Sterns um mehr als 17 Prozent kleiner ist als die Sonnenmasse. Damit scheiden alle Sterne des M-Typs und die meisten K-Sterne aus.

Diese Ergebnisse überzeugten Hart davon, daß Leben wahrscheinlich nicht sehr weit im Universum verbreitet ist, und deshalb wurde er ein Verfechter des schweigenden Universums. Doch wir müssen auch die Geologie und Biologie eines Planeten mit in Betracht ziehen, wenn wir die ständig bewohnbaren Zonen berechnen. Klimabedingungen hängen von der Zusammensetzung der Atmosphäre ab, die ihrerseits wieder von der Geologie und in geringerem Maße von der lebenden Welt abhängt.

1988 stellten drei andere Forscher der NASA ein Klimamodell vor, in dem die ständig bewohnbare Zone unseres Sonnensystems

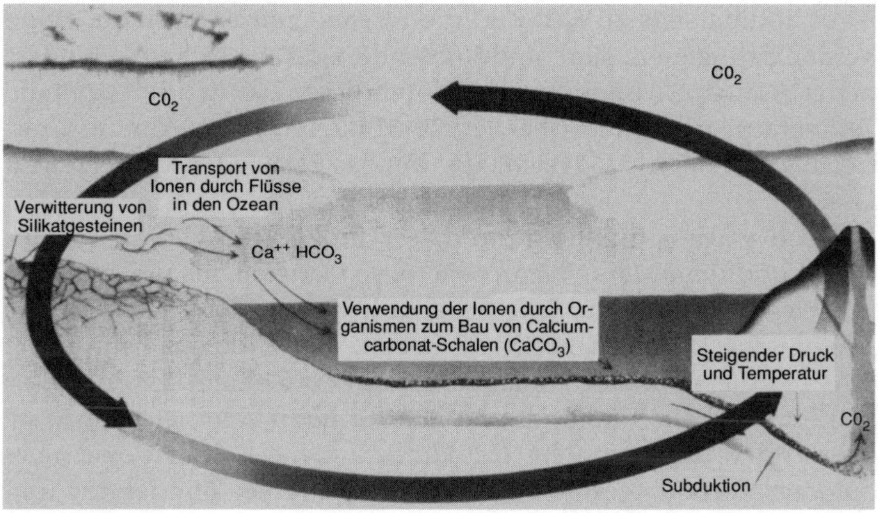

Abb. 15
Der Karbonat-Silikat-Kreislauf. Kohlendioxid spielt wahrscheinlich eine wichtige Rolle bei der Temperaturregulierung der Erdatmosphäre, wie dieses Diagramm zeigt. Mit steigendem Kohlendioxidgehalt der Atmosphäre steigt die globale Temperatur an; die durch die Verdunstung der Ozeane verursachten Regenfälle waschen jedoch das Gas wieder aus der Atmosphäre aus (© Avril, 1988, Pour la Science).

von der Erdbahn bis zur Marsbahn reicht. Um eine sich immer mehr verstärkende Vereisung oder einen ebensolchen Treibhauseffekt zu vermeiden, muß es einen Regulierungsmechanismus für die Temperatur geben. James Pollack und seine Kollegen meinen, daß der Austausch von Kohlendioxid zwischen der Atmosphäre und der Erdkruste diese Rolle spielen könnte. Dieser Austausch verläuft zyklisch und kann je nach Temperatur schneller oder langsamer ablaufen. Ist es zu heiß, verdampft Ozeanwasser, und häufigere Regenfälle waschen einen Teil des Kohlendioxids aus der Atmosphäre, wodurch der Treibhauseffekt verringert wird. Das Kohlendioxid kehrt in Form von Kohlensäure in die Ozeane zurück und wird von Plankton in Kalziumkarbonat umgewandelt. Dieses Karbonat sedimentiert und wird schließlich wieder der Erdkruste einverleibt. Unter dem Einfluß von Hitze und hohen Drucken reagiert es mit Silikaten und erzeugt neues Kohlendioxid, das langsam oder während Vulkanausbrüchen auch abrupt wieder freigesetzt wird.

Ist es andererseits zu kalt und die Ozeane gefrieren, findet keine Verdampfung mehr statt, und Kohlendioxid kann sich ungehindert in der Atmosphäre ansammeln. Unter diesen Umständen kann die Temperatur der Atmosphäre in 20 Millionen Jahren um 50 Grad Celsius ansteigen – das reicht aus, um das Eis wieder schmelzen zu lassen.

Doch warum funktionierte dieser Prozeß nicht auch auf der Venus und dem Mars? Wenn sich diese Planeten aus den gleichen Planetesimalen wie die Erde gebildet haben, sollten sie die gleiche geologische Zusammensetzung haben. Das Problem beim Mars scheint in seiner Masse zu liegen, die nur ein Zehntel der Erdmasse beträgt. Das hohe Verhältnis von Oberfläche zu Volumen beim Mars führte dazu, daß er zu schnell abkühlte und das Kohlendioxid nicht aus den Karbonatgesteinen entweichen konnte. Temperatur und Druck blieben deshalb zu niedrig, so daß sich kein flüssiges Wasser auf der Oberfläche halten konnte.

Bei Venus ist das Problem ernster. Ihre Atmosphäre ist sehr viel heißer, und es fehlt die kalte Luftschicht, die auf der Erde die Wolken daran hindert, in die Stratosphäre aufzusteigen. Deshalb steigen auf der Venus die Wasserdampfwolken in sehr große Höhen auf, wo Ultraviolettstrahlung der Sonne die Wassermoleküle in Sauerstoff und Wasserstoff aufbricht. Da Wasserstoff sehr leicht ist, entweicht er in den Weltraum, während der Sauerstoff auf die Venusoberfläche zurückkehrt und sich dort mit Gesteinen verbindet. Zurück bleibt eine trockene Atmosphäre. Da kein Wasser vorhanden ist, sammelt sich Kohlendioxid in der Atmosphäre an und führt zu einem sich immer stärker aufschaukelnden Treibhauseffekt. Wasser ist auch ein notwendiges Gleitmittel für die Plattentektonik. Sein Fehlen verhindert tektonische Bewegungen und damit auch das Ausgasen von Sauerstoff aus der Kruste des Planeten.

Die Ergebnisse der «Allgemeinen Zirkulationsmodelle» sind trotzalledem wegen der vielen unsicheren oder unbekannten Parameter mit Vorsicht zu behandeln. Mit den heutigen Theorien ist keine Vorhersage möglich, ob Veränderungen in der Wolkenbedeckung auf der Oberfläche eines Planeten eine positive, negative oder neutrale Auswirkung auf die globale Temperatur haben. Die Parameter des Wärmetransports zwischen dem Äquator und den Polen sind ebenfalls unsicher. Kontinentalverschiebung, Änderungen der Ausdehnung der kontinentalen Oberfläche (die auf der Erde in den vergangenen 180 Millionen Jahren 20 Prozent betrug) und Ozeanströmungen üben allesamt irgendeinen Effekt auf das Klima aus, was die Aufgabe der Theoretiker sehr erschwert. Es ist unmöglich, in Klimamodellen die *a priori* unbekannte kontinentale Konfiguration eines Planeten oder ihre möglichen Modifikationen mit einzubeziehen. Das in diesen Modellen fehlende biologische Element ist – zumindest auf unserem Planeten – ebenfalls wichtig.

1986 startete der Internationale Rat der Wissenschaftlichen Unionen das internationale Geosphären-Biosphären-Programm, das die Dynamik der gesamten Erde unter Einbeziehung aller ihrer Komponenten untersuchen soll. Der Hauptanlaß für dieses Programm ist die mögliche Bedrohung durch den Treibhauseffekt, dessen Ausmaß und vielfältige Folgen, insbesondere für das Leben und die menschlichen Aktivitäten, berechnet werden müssen. Zu den wichtigsten Themen, die heute untersucht werden, gehören die Wechselwirkungen zwischen Ozean und Atmosphäre sowie der Einfluß von Ozeanströmungen auf das Klima und die Rolle von Wäldern und Plankton bei der Regulierung des Kohlendioxidanteils in der Atmosphäre und ihrer Temperatur.

Von den biologischen Wirkungsfaktoren, die einen regulierenden Einfluß auf das globale Klima haben könnten, stehen die Wälder an erster Stelle. Durch die Photosynthese des Chlorophylls erzeugen sie den Hauptteil des Sauerstoffs, den wir atmen. Waldbrände scheinen den Sauerstoffanteil in der Atmosphäre über einen Zyklus zu steuern, der die Aschen mit dem in den Ozeanen gelösten Phosphor und Sauerstoff verknüpft. Sie scheinen auch für die Erhaltung der Lebenskraft der Wälder unverzichtbar zu sein, indem sie Untergehölz und abgestorbenes Holz vernichten und den Boden durch die Asche regenerieren. Ist es nicht erstaunlich, daß viele Baumarten bis zur Hälfte ihrer Energie auf die Erzeugung von Isopren verwenden, einer sehr leicht entflammbaren Substanz, deren einzige Aufgabe zu sein scheint, das Entstehen von Waldbränden zu begünstigen?

Pflanzliches Plankton in den Ozeanen kann ebenfalls in das Gleichgewicht zwischen biologischen, klimatischen und geologischen Prozessen auf unserem Planeten eingreifen. Es erzeugt ein Gas, das die Kondensation von Wolken anregt und dadurch die

Temperatur senkt. Doch das Plankton scheint dieses Gas nicht in direkter Reaktion auf einen globalen Temperaturanstieg zu produzieren, und wir wissen auch noch nicht, wie es den Temperaturabfall wieder bremsen könnte.

Dieses Zusammenspiel der verschiedenen Umweltkomponenten, das der Erhaltung der Umwelt dient, könnte – so überraschend es zunächst erscheinen mag – das Ergebnis eines Lern- und Anpassungsprozesses sein. Ein Selbstregulationsmechanismus würde zumindest die relative Stabilität unserer Umwelt über Millionen von Jahren erklären, wobei auch die Auswirkungen eines 25prozentigen Leuchtkraftanstiegs der Sonne seit ihrer Entstehung ausgeglichen wurden. Insbesondere würde er auch die Rolle des Lebens bei der Gestaltung der Umwelt erklären. Allerdings wäre ein solcher Regulationsmechanismus nicht perfekt, da es immer bedeutende Wechsel zwischen Eiszeiten und wärmeren Epochen gab.

Diese globalere Betrachtung der physikochemischen Vorgänge auf der Oberfläche unseres Planeten könnte erfolgreich auf andere existierende oder hypothetische Planeten angewandt werden.

Zu den Zonen, die durch solare oder stellare Erwärmung ständig bewohnbar sind, kommen noch Zonen um Riesenplaneten oder ihre Monde, die durch Gezeiteneffekte erwärmt werden. Unter seiner Kruste besitzt der Jupitermond Europa mit Sicherheit Ozeane. Die durch Gezeitenkräfte innerhalb des Mondes erzeugte Reibungswärme verhindert, daß sich das Wasser verfestigt. Wie könnten wir sonst das Fehlen von Kratern auf der Oberfläche der Europa erklären? Wie früher in diesem Buch bereits erwähnt, könnten diese Ozeane eine günstige Umgebung für die Entwicklung von Lebensformen sein, die mit den primitiven Lebensformen auf der Ur-Erde vergleichbar sind.

Umgekehrt könnte das Vorhandensein eines recht massereichen Mondes die Entwicklung von Leben auf einem Planeten begünstigen. Die Gezeiten auf der Erde, die im wesentlichen vom Mond verursacht werden, ermöglichten es dem Leben, die Ozeane zu verlassen. Der Mond könnte auch eine Rolle bei der Bildung des Magnetfelds gespielt haben, das die Erde umgibt und uns vor kosmischen Strahlen schützt. Andererseits gibt es jedoch auch wesentliche Faktoren, die die Entwicklung von Leben auf «Doppelplaneten» (zwei Planeten oder einem Planeten mit einem großen

Mond) *verhindern* können. So ist zum Beispiel das Pluto-Charon-System mit Sicherheit nicht massereich genug, um eine dichte Atmosphäre aufrechtzuerhalten, und zu weit von der Sonne entfernt, um genügend Sonnenenergie zu empfangen.

Außer der Lage eines Planeten relativ zu seinem Stern spielt natürlich auch die Lebensdauer des Sterns eine wichtige Rolle bei der Entstehung und Entwicklung von Leben. Ein Stern wie die Sonne bleibt etwa zehn Milliarden Jahre lang stabil. In dieser Zeit findet in seinem Kern Wasserstoffbrennen statt, bei dem Wasserstoff in Helium umgewandelt wird. Wenn der Wasserstoff im Zentrum verbraucht ist, wird der Stern ein Roter Riese, und bei entsprechend massereichen Sternen zündet schließlich in ihrem Zentrum das Heliumbrennen. Diese zum Teil kataklysmischen Vorgänge gefährden jegliches Leben, es sei denn, dieses Leben kann sich rechtzeitig weit genug vom Stern entfernt in Sicherheit bringen. Ein massereicherer Stern entwickelt sich auch schneller. Besitzt er 15 Prozent mehr Masse als die Sonne, dauert es nur fünf Milliarden Jahre, ehe er zu einem Roten Riesen wird – das ist nur halb so lang wie bei der Sonne. Bei einem solchen Stern wäre die ständig bewohnbare Zone breiter, doch sie bliebe nicht so lang bestehen, so daß mögliches Leben wahrscheinlich keine sehr hohe Komplexitätsebene erreichen würde.

Auf der anderen Seite dauert es bei einem weniger massereichen Stern als der Sonne sehr viel länger, bis er die kataklysmischen Stadien der Umwandlung in einen Roten Riesen durchläuft. Doch hier würde nur ein sehr dicht beim Stern liegender Planet genügend Energie empfangen, um Leben irdischer Art zu entwickeln. Auf einem zu nahe beim Stern gelegenen Planeten hätten jedoch die Gezeitenkräfte verheerende Auswirkungen. Der Planet könnte auf einer synchronen Umlaufbahn gefangen sein – wie der Mond auf seiner Bahn um die Erde – und damit seiner Licht- und Energiequelle ständig nur die eine Seite zuwenden. Es gäbe keine Wechsel zwischen Tag und Nacht und keine Jahreszeiten. Damit scheiden also Sterne aus, deren Masse geringer ist als 70 Prozent der Sonnenmasse.

Somit scheinen nur Sterne mit annähernd Sonnenmasse (innerhalb 20 Prozent) günstige Bedingungen für die Entwicklung von Leben auf einem Planeten zu bieten. Doch die genaue Berechnung der Ausdehnung bewohnbarer Zonen um diese Sterne ist schwierig, da wir keine näheren Informationen über die Geologie möglicher extrasolarer Planeten haben.

Können wir bei Mehrfachsternen bewohnbare Zonen ganz ausschließen? Numerische Bahnberechnungen zeigen, daß es stabile Kreisbahnen um Doppelsterne gibt. Doch wenn der Abstand zwischen den beiden Sternen weniger als drei Astronomische Einheiten beträgt, ist die Kollisionsgeschwindigkeit zwischen den Gesteinsfragmenten zu hoch, um Planeten zu bilden. Bei Systemen aus drei oder mehr Sternen werden mögliche bewohnbare Zonen durch die komplizierten Bahnen auf kritische Weise eingeschränkt. Angesichts der Unsicherheiten schließen die Astronomen Mehrfachsterne lieber aus ihren Statistiken bezüglich bewohnbarer Planeten aus.

Und letztlich bedeutet «bewohnbare Zone» nicht automatisch «bewohnte Zone». Selbst wenn alle nötigen Voraussetzungen für die Entstehung von Leben vorhanden sind, so braucht man doch ein uneingeschränktes Vertrauen in die deterministischen Gesetze der Physik und Chemie, wenn man behaupten will, daß früher oder später dann auch Leben entstehen wird. Zwar war in den 15 Milliarden Jahren seit der Entstehung des Universums genug Zeit, um all die oben erwähnten chemischen Prozesse, die auf der Erde abliefen, auch unzählige Male anderswo im Universum ablaufen zu lassen – doch in den Augen der Biologen stellen die biologischen Prozesse etwas so Außergewöhnliches dar, daß sie den Gedanken, Leben sei im Universum weitverbreitet, kategorisch ablehnen. Trotz dieser einschränkenden Hypothesen bestehen noch große Unsicherheiten bei der näheren Spezifizierung möglicher Orte für Leben.

Nun möchte ich versuchen zu berechnen, wie viele intelligente, uns ähnelnde Zivilisationen es wahrscheinlich gibt und wo sie sich in unserer Galaxis befinden. Dieser Versuch einer Demographie beruht auf den Annahmen, daß uns interessierende Lebensformen eine über Milliarden von Jahren konstante stellare Energiequelle benötigen, um eine ähnliche Entwicklungsstufe wie wir zu erreichen, und daß sie sich auf Planeten in Umlaufbahnen um Sterne befinden. Eine solche Zählung ist also auf außerirdische Zivilisationen beschränkt, die unter ganz ähnlichen Bedingungen leben wie wir.

Um die wahrscheinliche Anzahl der Zivilisationen in unserer

Galaxis zu berechnen, werde ich mich der *Drake-Gleichung* bedienen, die nach dem Astronomen benannt ist, der als erster versuchte, künstliche Radiosignale extraterrestrischen Ursprungs aufzuspüren. Häufig wird sie auch Green-Bank-Gleichung genannt – nach dem amerikanischen Radio-Observatorium, an dem dieser Versuch erstmals unternommen wurde. Diese Gleichung – einfach ein Produkt aus Wahrscheinlichkeiten – wird oft von Astronomen benutzt, die nach außerirdischem Leben suchen. Sie lautet:

$$N = RF_* N_p F_h F_l F_c L.$$

Dabei bedeutet:

N = Anzahl intelligenter Zivilisationen in der Galaxis;
R = mittlere Sternentstehungsrate in der Galaxis;
F_* = Anteil der Sterne mit bewohnbaren Ökosphären;
N_p = Anzahl der Planeten um diese Sterne;
F_h = Anteil der bewohnbaren Planeten;
F_l = Anteil der bewohnbaren Planeten mit Leben;
F_c = Anteil der Planeten mit intelligenten Zivilisationen;
L = Lebensdauer einer Zivilisation.

R, die mittlere Sternentstehungsrate in der Galaxis beträgt größenordnungsmäßig zehn bis 20 pro Jahr, wenn wir die Anzahl der Sterne in der Galaxis (200 Milliarden) durch das Alter des Universums (zwischen zehn und 20 Milliarden Jahre) dividieren. F_*, der Anteil der Sterne mit bewohnbaren Ökosphären, ist 0,14, wenn wir nur Sterne vom G-Typ (siehe Tabelle 7) zählen. Diese Zahl muß jedoch den jüngsten Untersuchungen Schweizer Astronomen zufolge, die wir im vorigen Kapitel erwähnt haben, um den Faktor 5 verringert werden, wenn wir nur die G-Sterne zählen, die vermutlich Planeten besitzen. N_p, die Anzahl der Planeten um diese Sterne beträgt in dem einzigen Fall, den wir kennen – dem Sonnensystem – neun. In demselben Fall ist F_h, der Anteil bewohnbarer Planeten, 0,11 – nur ein Planet von neun ist bewohnbar. F_l, der Anteil bewohnter Planeten, und F_c, der Anteil dieser Planeten mit intelligenten Zivilisationen, sind unbekannt, aber per Definition kleiner als eins. Was den Faktor L, die Lebensdauer einer Zivilisation, betrifft, so kann dieser je nach Klugheit einer Zivilisation und ihrer Widerstandsfähigkeit gegenüber internen Krisen zwischen 100 Jahren und einer Million Jahren oder darüber liegen.

Das Produkt all dieser Faktoren ergibt eine Abschätzung für *N*, die Zahl intelligenter Zivilisationen in unserer Galaxis. Da die Parameter zum größten Teil unbekannt sind, schwankt der Wert von *N* beträchtlich – je nachdem ob wir optimistisch oder pessimistisch sind. Im schlimmsten Falle ist $N = 1$ – das heißt, wir sind allein. Im besten Fall kann *N* einige Millionen erreichen. Einige Astronomen berücksichtigen bei der Abschätzung von *N* noch zeitliche Variationen der Parameter der Drake-Gleichung. So war zum Beispiel die Sternentstehungsrate in der Galaxis in der Vergangenheit tatsächlich größer; außerdem können verschiedene technologische Zivilisationen – wie Menschen auch – eine unterschiedliche Lebensdauer haben. Doch diese Verbesserungen können in keiner Weise die Unsicherheit von *N* verringern – das wäre nur durch die konkrete Entdeckung intelligenter Zivilisationen möglich.

Die Drake-Gleichung liefert also keinen endgültigen Zahlenwert für die wahrscheinliche Anzahl außerirdischer Zivilisationen in der Galaxis. Sie zeigt vielmehr die Schwierigkeiten und Unsicherheiten, die noch geklärt werden müssen, ehe man ernstlich eine Demographie durchführen kann.

Vielleicht besteht aber doch Anlaß zu Optimismus. Wenn die Lebensspannen technologischer Zivilisationen sehr kurz sind, ist *N* zwar sehr wahrscheinlich kleiner als die Gesamtzahl der Zivilisationen, die sich seit Beginn des Universums entwickelt haben und wieder verschwunden sind – doch es könnte trotzdem weiterhin eine recht hohe Wahrscheinlichkeit bestehen, Anzeichen von vergangenem intelligentem Leben zu entdecken, wenn diese Zivilisationen dauerhaft sichtbare Zeugnisse oder hörbare Spuren ihrer Existenz (Radiosender) hinterlassen haben.

Ein zweiter Grund zum Optimismus ergibt sich aus der Hypothese, daß außerirdische Zivilisationen früher oder später ihre Umgebung zu kolonisieren beginnen. Verstreut über die gesamte Galaxis könnte es kleine galaktische Reiche geben, die von Muttersternen aus gebildet wurden. In diesem Falle sollten wir mit unseren Teleskopen nicht nur nach sonnenähnlichen Zielen suchen. Nach den Berechnungen einer Gruppe von Chemikern an der Universität von Maryland sind unsere Chancen, «sie» zu entdecken, um den

Faktor 10 größer (bei sonst gleichbleibenden Bedingungen), wenn es galaktische Kolonisationen gibt.

Tabelle 9:
Mittlere Entfernung in Lichtjahren zwischen Zivilisationen als Funktion ihrer Anzahl in der Galaxis. In der dritten Spalte ist die wahrscheinliche Anzahl der Sterne angegeben, die wir beobachten müssen, um eine sendende Zivilisation zu finden.

Anzahl der Zivilisationen	**Entfernungen zwischen den Zivilisationen**	**Anzahl der zu beobachtenden Sterne pro gefundener Zivilisation**
10	20 400	20 000 000 000
1 000	4 400	200 000 000
100 000	1 000	2 000 000
1 000 000	440	200 000
200 000 000	44	200

Tabelle 9 soll auf andere Weise die Schwierigkeiten deutlich machen, denen sich Astronomen bei ihrer Suche nach künstlichen Signalen extraterrestrischen Ursprungs gegenübersehen. So ist zum Beispiel die sehr optimistische Schätzung von einer Million intelligenten Zivilisationen in der Galaxis gleichbedeutend damit, daß nur einer von 200 000 Sternen bewohnte Planeten besitzt. Ohne vorherige Überlegungen darüber, wie groß die Wahrscheinlichkeit ist, Leben bei einem Stern zu finden, müßten wir also mindestens 200 000 Sterne «abhorchen», um einen bewohnten zu finden. Und dieser Stern wäre mindestens 440 Lichtjahre von uns entfernt, so daß es 880 Jahre dauern würde, ehe man auf eine ausgesandte Botschaft eine Antwort erwarten könnte.

Die obigen Abschätzungen sind statistische Werte, gemittelt über die gesamte Galaxis. Doch die galaktische Bevölkerungsdichte – sollte sie ungleich Null sein – ist sicherlich nicht überall gleich. So wie sich die Menschen bevorzugt an günstigen Orten ansiedeln und Wüsten meiden, bevorzugen sehr wahrscheinlich auch außerirdische Zivilisationen bestimmte Regionen der Galaxis.

Sterne sind in der galaktischen Scheibe sehr viel zahlreicher, insbesondere in den Spiralarmen. So liegt die Sonne zum Beispiel am Rande des Orion-Arms. Kugelhaufen und das galaktische Zentrum sind weitere Gebiete mit sehr hoher Sterndichte. Die Spiralarme der Galaxis werden jedoch hauptsächlich aus Sternen gebildet, die zu jung sind, um Leben entwickelt zu haben. Kugelhaufen bestehen dagegen aus Sternen, die zu alt sind, um ausreichend Metalle zu enthalten. Metalle aber sind nötig für die Struktur von Lebewesen. Und was das galaktische Zentrum betrifft, so ist es Schauplatz gewaltiger, stürmischer Prozesse.

Sollten die meisten fortgeschrittenen außerirdischen Zivilisationen die Mittel besitzen, an Orte zu emigrieren, die für ihre Entwicklung günstiger sind, so müßten wir sie wahrscheinlich in der Nähe galaktischer Quellen natürlicher Energie und weitab von Katastrophengebieten suchen. Die Galaxis ist voller Gefahren für Systeme, die eine stabile Umgebung brauchen: Supernovaexplosionen, Schwarze Löcher, veränderliche Sterne, magnetische Sterne, Doppelsterne mit engen Umlaufbahnen, Röntgen- und Gammastrahlungsquellen usw. – sie alle könnten Zivilisationen bedrohen.

Sterne sind die offensichtlichsten Energiequellen, doch auch Pulsare wären interessant. Pulsare sind rotierende Neutronensterne, von denen wir periodische, energiereiche Radiopulse empfangen. Die Pulse werden von einem Plasmastrahl erzeugt, der mit dem Pulsar rotiert und die Erde periodisch überstreicht (wie der rotierende Lichtstrahl eines Leuchtturms, der von einem Schiff aus als blinkendes Licht gesehen wird). Pulsare könnten auch für eine interstellare Kommunikation genutzt werden, wenn man ihre Pulse künstlich modifizieren könnte.

Als die Erde entstand, existierte das Universum bereits seit mindestens fünf Milliarden Jahren. Daraus könnte man schließen, daß das Leben auf der Erde im Vergleich zu Leben in der Umgebung sehr viel älterer Sterne sehr jung sein muß. Doch die schweren Elemente, aus denen das Leben aufgebaut ist (Kohlenstoff, Sauerstoff, Stickstoff und so weiter), waren am Anfang des Universums noch nicht vorhanden – sie haben sich erst nach und nach in Sternen gebildet. Daher müssen wir Leben in der Umgebung von Sternen der zweiten Generation suchen, die mit ihren Planeten aus Materie entstanden, die von den ersten Sternen ausgeschleudert wurde.

Es gibt noch weitere Auswahlkriterien bei der Suche nach außerirdischen Zivilisationen. Ich werde in der Diskussion über die Suche nach künstlichen Radiosignalen darauf zurückkommen.

8

Soziologie außerirdischer Zivilisationen

> *Wenn unser Sehvermögen auch dort aufhört, so sollte unsere Vorstellungskraft doch darüber hinaus gehen.*
>
> Blaise Pascal: *Gedanken*

«Aber wo sind sie?» fragte 1946 der Kernphysiker Enrico Fermi. Diese Frage macht den Widerspruch zwischen unserer eifrigen Suche und dem Fehlen jeder Spur von außerirdischem Leben deutlich. Wenn es wirklich extraterrestrische Zivilisationen gibt, warum haben sie sich uns dann noch nicht gezeigt?

Zu der Zeit, als die obige Frage gestellt wurde, war nahezu alles, was über außerirdische Zivilisationen geschrieben wurde, Sciencefiction. Seither sind zahlreiche wissenschaftliche Arbeiten erschienen, die sich mit der Abschätzung der wahrscheinlichen Anzahl außerirdischer Zivilisationen beschäftigen oder Methoden, sie zu entdecken und mit ihnen zu kommunizieren, diskutieren. Die vielen Versuche, künstliche Radiosignale zu entdecken, blieben ohne Erfolg, und die Fragen nach dem Grund dieses kosmischen Schweigens wurden immer dringlicher. Die Astronomen mußten Zuflucht bei gewagten Exerzitien in extraterrestrischer Soziologie suchen, um es zu erklären.

Der Widerspruch verschwände, wenn wir den Gedanken akzeptierten, daß wir tatsächlich die einzige intelligente Lebensform im

Universum sind. Doch die wissenschaftlichen Erkenntnisse seit dem 16. Jahrhundert führen uns zur gegenteiligen Meinung. Wir haben nach und nach gelernt, daß die Erde nicht der Mittelpunkt des Universums ist, und auch nicht der Mittelpunkt des Sonnensystems. Und wir haben weiter gelernt, daß die Sonne ein gewöhnlicher Stern unter Hunderten Milliarden von anderen Sternen in unserer Galaxis ist und diese Galaxis wiederum nur eine von Milliarden von Galaxien. Jeder Schritt bei der Erweiterung unserer Erkenntnis war eine Lektion in Bescheidenheit. Die logische Fortsetzung wäre die Erkenntnis, daß es Millionen von Planeten wie die Erde in unserer Galaxis gibt und wir nur eine von unzähligen Lebensformen sind, die sie bevölkern. Dieser Gedankengang sowie die Bedeutung der Frage erklären die Beharrlichkeit der Astronomen.

Diese Beharrlichkeit beruht auf Elementen, die sehr ernst genommen werden müssen, da sie für die eigentliche Definition eines menschlichen Wesens wesentlich sind. Intellektuelle Neugier ist zum Beispiel eine der Haupteigenschaften eines intelligenten Wesens. Eine weitere ist die Kommunikation – sie ist ein Grundbedürfnis der Menschheit. Wenn es andere Zivilisationen in unserer Galaxis gibt, dann werden sie ihre Umgebung erforschen wollen. Um dies zu glauben, muß man nicht sehr weit ausholen. Denn dies ist genau das, was der Mensch getan hat, indem er die Erde erforschte, den Himmel mit Teleskopen absuchte und Forschungssonden zum Mond, zum Mars und den anderen Planeten des Sonnensystems sandte. Die relativ lange Flugdauer unserer Sonden – *Voyager* brauchte vier Jahre, um zum Saturn, und zwölf Jahre, um zum Neptun zu gelangen – ist der einzige Grund, warum wir vorerst nicht weiter ins All vordringen.

In der Tat scheinen Erforschung und Kommunikation nur zwei Aspekte der gleichen Handlungsweise zu sein. Durch Kommunikation mit anderen Menschen wurden wir uns unserer selbst bewußt. Kommunikation mit nichtterrestrischen intelligenten Wesen wird uns ein neues Bild von uns selbst geben und das menschliche Dasein relativieren.

Eine Raumsonde bietet einen offensichtlichen Vorteil gegenüber der Erforschung mit Hilfe des Teleskops: Sie sammelt ihre Informationen *in situ* und paßt, wenn nötig, ihr Beobachtungsprogramm den speziellen vorgefundenen Bedingungen und vorläufigen Ergebnissen an. Dabei müssen die Informationen nicht mit der Leitstelle ausgetauscht werden. Dieser Aspekt wäre bei Kontakten mit weit entfernten Zivilisationen besonders wichtig. Man kann sich eine Situation vorstellen, in der eine automatische Sonde den ersten Kontakt herstellt, eine gemeinsame Sprache entwickelt und uns dann brauchbare Informationen sendet. Mit dieser Methode würde man erheblich Zeit sparen, verglichen mit einer direkten Kommunikation über Hunderte oder Tausende von Lichtjahren hinweg.

Wenn es andere Zivilisationen in unserer Galaxis gibt, warum haben sie sich dann noch nicht mit Forschungssonden und bemannten Raumschiffen bemerkbar gemacht? Unsere geräuschvolle Gesellschaft (insbesondere im Radiowellenbereich) sollte ihre Aufmerksamkeit auf das Sonnensystem gelenkt haben. Doch offensichtlich wird unser Sonnensystem nicht von einem Schwarm fremder Sonden besucht, die Kontakt zu uns suchen – und das ist der wesentliche Punkt der gegenwärtigen Diskussion unter den Astronomen. Einige behaupten, daß dies der Beweis dafür ist, daß wir allein sind. Andere erwidern, daß «sie» statistisch gesehen noch nicht genügend Zeit hatten, uns zu besuchen.

Neugier und damit auch der Drang zum Forschen sind allen Intelligenzformen, so wie wir sie uns vorstellen, eigen. Doch für Expansion und Kolonisation gibt es ganz andere Beweggründe. In einem früheren Kapitel habe ich die Gründe aufgezählt – wirtschaftliche, politische und ökologische –, die unsere Zivilisation zur Kolonisation veranlassen könnten. Da es keine Anzeichen für außerirdisches Leben gibt, möchte ich nun die Gründe untersuchen, warum «sie» sich nicht zeigen, falls es «sie» gibt.

Die Aussage, wir seien allein, weil «sie» – wenn es «sie» gäbe – bereits die gesamte Galaxis einschließlich des Sonnensystems kolonisiert hätten, scheint genauso übertrieben wie die Behauptung, daß Evolution überall in der Galaxis unausweichlich zu Leben und danach zu intelligentem Leben führt. Wir brauchen also nicht weiter überrascht zu sein, wenn wir mit unseren Teleskopen keine extraterrestrischen Kolonien sehen.

Beunruhigender dagegen ist, daß keine Forschungssonden, elektromagnetische Signale, interstellare Funkfeuer oder andere Zeichen intelligenter Aktivitäten im Universum zu finden sind.

Doch das Nichtvorhandensein eines Beweises ist noch lange kein Beweis für Nichtexistenz. Ich möchte nun vier mögliche Erklärungen für diese Sachlage geben und beginne mit den wahrscheinlicheren.

Wir sind allein. Wir sind allein, und wir waren immer allein, weil Leben eine einmalige Erscheinung ist. Dies ist eine der möglichen Schlußfolgerungen dieses Buchs, und zwar diejenige, die – im Gegensatz zu den Astronomen – von den Biologen vertreten wird. Die Einmaligkeit des Lebens stünde in keinem Widerspruch zur ungeheuren Größe des Universums, wie wir noch sehen werden. Doch die Entwicklung hin zu größerer Komplexität ist nicht nur für das Leben auf der Erde charakteristisch, sondern für alle Materie im Universum. Wäre das nicht ein guter Grund, das «Prinzip der Gewöhnlichkeit» (demzufolge unser Planet ein ganz gewöhnlicher ist) auf das Leben auszudehnen? Dieses Prinzip zu extrapolieren heißt, den kopernikanischen Gedankengang bis ins Äußerste weiterzutreiben.

Ein weiterer möglicher Grund für unsere Einsamkeit wäre, daß andere Zivilisationen aufgrund interner Krisen verschwunden sind. Der Kern unserer Galaxis könnte auch periodisch aktive Zustände durchlaufen, die für Seyfert-Galaxien* charakteristisch sind und dabei starke Strahlung aussenden (insbesondere Röntgenstrahlung), die jede Form von galaktischem Leben stark beeinträchtigen würde. Und schließlich könnte das massenhafte Artensterben auf der Erde durch ein Phänomen ausgelöst worden sein, das universell genug war, um alles Leben in der Galaxis zu beeinflussen.

Wir haben sie nicht als das erkannt, was sie sind. Es ist möglich, daß wir Signale anderer Zivilisationen entdeckt, aber als natürliche Erscheinungen interpretiert haben. Die normale Reaktion eines Forschers auf eine neue Beobachtung besteht darin, diese zunächst mit Hilfe bekannter und mehr oder weniger verstandener Erscheinungen zu erklären, ehe er nach einer exotischen Interpretation sucht.

---

* Seyfert-Galaxien sind Quasaren sehr ähnlich. Sie besitzen sehr helle Kerne, in denen sich das Gas in äußerst turbulenter Bewegung befindet – vermutlich weil es in ein zentrales Schwarzes Loch stürzt.

Die Leuchtkraft einer beträchtlichen Anzahl von Sternen in unserer Galaxis ist zeitlich veränderlich. Diese Variabilität kann regellos, periodisch oder quasiperiodisch sein, wobei die Zeitskalen von Bruchteilen einer Sekunde (bei Pulsaren) bis hin zu mehreren Jahren (Sterne vom Mira-Typ) reichen. Wir könnten uns sehr leicht vorstellen, daß einige dieser veränderlichen Sterne in Wirklichkeit künstliche Lichtquellen sind und die Variabilität eine Botschaft darstellt. Es ist durchaus möglich, daß die Astronomen bereits künstliche Signale beobachtet und einfach als veränderliche Sterne klassifiziert haben, ohne nach dem Ursprung der Variabilität zu suchen.

Es wäre nicht das erste Mal, daß eine astronomische Erscheinung falsch interpretiert würde. Lange Zeit hielt man den Prototyp einer Klasse von Quasaren (Lacertiden), für einen Stern – er war unter dem Namen BL Lacertae katalogisiert. Zur Verteidigung der Astronomen muß ich allerdings hinzufügen, daß es sehr schwierig ist, mit physikalischen Theorien zeitlich variable Phänomene zu erklären, insbesondere wenn sie nicht periodisch sind. Die Entwicklung eines Sterns und seiner Atmosphäre können im Prinzip mit einem Computer berechnet werden. Doch die Erscheinungen, um die es hier geht, sind so komplex, daß die Speicherkapazität der größten Computer sehr schnell überschritten würde, wenn wir alle Eigenschaften des Sterns mit berücksichtigen wollten. Auch bezüglich der Rechenzeit wären solche Berechnungen undurchführbar, da Ereignisse, die Millionen von Jahren dauern, in kurzen Zeitschritten simuliert werden müßten.

Das Problem besteht darin, herauszufinden, worin sich ein Signal künstlichen Ursprungs von einem natürlichen, ohne Eingriff einer Intelligenz erzeugten Signal unterscheidet. Meistens erstreckt sich natürlich emittierte Strahlung über einen weiten Wellenlängenbereich; dies ist insbesondere bei Sternen der Fall. Das von den Radioastronomen verwendete Kriterium lautet, daß ein künstliches Signal bei einer einzelnen Wellenlänge ausgesandt wird. Doch dies ist keine hinreichende Bedingung, da Wasserstoff und interstellare Moleküle ebensolche Strahlung emittieren.

Wir haben noch nicht zur richtigen Zeit mit dem richtigen Instrument in die Richtung des richtigen Ortes geschaut. Die Suche nach außerirdischen Zivilisationen hat gerade erst begonnen, und wir haben noch längst nicht die ganze Galaxis erforscht. Darüber hinaus ist

Abb. 16
«Aber überleg' doch mal einen Moment, Armand. Wenn es wirklich Wesen mit höherer Intelligenz gibt, warum sollten sie dann ausgerechnet *Dir* Signale senden?» (© C. Charillon, Paris.)

das Universum in bezug auf Beobachtungen unerschöpflich: Jede neue Generation astronomischer Instrumente bringt eine Fülle wichtiger Entdeckungen hervor – wobei sich das Tempo seit den sechziger Jahren ständig steigert – und enthüllt damit immer mehr die Komplexität und den Reichtum des Universums. Die Tatsache, daß in den vergangenen 20 Jahren sporadisch einige tausend Sterne ohne positives Ergebnis beobachtet wurden, läßt allenfalls den Schluß zu, daß die Anzahl technologischer Zivilisationen in der Galaxis wahrscheinlich gering ist – vorausgesetzt, sie verbergen sich nicht. Das führt uns zu einer weiteren Möglichkeit.

«Sie» zeigen sich nicht. Um die möglichen Gründe für ein solches Verhalten zu untersuchen, werde ich wieder einen anthropomorphen Standpunkt einnehmen und außerirdischen Zivilisationen menschliches Verhalten zuschreiben.

1. Die Kontemplationshypothese. «Sie» schauen auf eine innere Welt, in der wir nicht vorhanden sind. «Sie» haben keinerlei Beweggrund zu forschen und zu kommunizieren, da es nichts mehr für sie zu lernen gibt oder weil Kontakte nach außen sie nicht interessieren.
2. Die ökologische Hypothese. Trotz ihres Interesses an Forschung und Kommunikation möchten «sie» aus verständlichen Gründen ihre Umwelt nicht verändern oder Energie verschwenden, indem sie Sonden und Radiowellen aussenden. Von einem etwas anderen Standpunkt aus gesehen könnte der Start automatischer und intelligenter Raumsonden gewisse Risiken enthalten, wenn es diesen gelänge, sich der Kontrolle ihrer Erbauer zu entziehen.
3. Die Hypothese vom geistigen Horizont. Von ihrem Standpunkt aus sind wir eine primitive Zivilisation, deren geistiger Horizont sehr beschränkt und daher von geringem Interesse ist. Die Physik ihrer Kommunikationstechniken übersteigt unser geistiges Fassungsvermögen. Wir gleichen einem primitiven Volk im Dschungel, dem die moderne Zivilisation unbekannt ist und das unfähig ist, Radiosendungen zu empfangen. Doch wenn man diese Analogie fortführt, muß man sich fragen: Warum sehen wir dann keine anderen Anzeichen für ihre Existenz, so wie primitive Völker unsere Flugzeuge sehen?

4. Die Hypothese der fehlenden Reife. Ein zu früher Kontakt würde uns zu reinen Informationskonsumenten machen. Er würde verhindern, daß wir die einzigartige Erfahrung der Entwicklung des Lebens allein und unbeeinflußt machen – eine Erfahrung, die zur Bereicherung der galaktischen Kultur beitragen würde.
5. Die Zoo-Hypothese. Wir sind eine primitive Zivilisation, die in einem galaktischen Reservat lebt. «Sie» suchen es aus den gleichen Gründen nicht auf, aus denen wir Naturschutzgebiete auf der Erde nicht betreten. Nach dieser Hypothese könnten wir uns wie in Science-fiction-Geschichten UFOs als Fahrzeuge von Wildhütern vorstellen, die wir zufällig einmal zu Gesicht bekommen.
6. Die Mißtrauenshypothese. Unser technologischer Fortschritt und der beunruhigende Verlauf unserer Weltgeschichte läßt uns fragwürdig erscheinen. In diesem Falle – um im Bereich der Science-fiction zu bleiben – säßen in den UFOs Wächter, die unsere Aktivitäten überwachen. Sicherlich legt die Überfülle einiger unserer Beschäftigungen – Radiosendungen in alle Richtungen, auffällige Kernexplosionen, Verschmutzungen verschiedener Art – eine gewisse Vorsicht nahe.

Alle diese Hypothesen, die in der Science-fiction so erfolgreich angewandt werden, zeigen denselben schwerwiegenden Mangel: Wenn sie stimmten, müßten sie für alle Zivilisationen in der Galaxis gelten. Doch diese Hypothesen, die aus einer ganz entschieden anthropomorphen Haltung abgeleitet sind, gelten noch nicht einmal für unsere eigene Zivilisation. Wir könnten andere, nicht-anthropomorphe Hypothesen aufstellen, um zu erklären, warum sich alle anderen Zivilisationen verbergen. Doch der Mangel, daß wir eine Ausnahme darstellen, bliebe bestehen. Somit entkräftet die einfache Tatsache, daß *wir* versuchen zu forschen und zu kommunizieren, von vornherein jede Hypothese, die die Abneigung einer außerirdischen Zivilisation sich zu zeigen rechtfertigt. Anderenfalls wären wir nämlich etwas Außergewöhnliches, und damit wäre der Versuch, andere zu finden, die uns gleichen, nutzlos.

Diese Hypothesen könnten allerdings auch nur auf einen Teil der galaktischen Zivilisationen anwendbar sein, wodurch die Zahl der entdeckbaren, die eher geneigt sind, mit uns zu kommunizieren, verringert würde.

Ich habe gerade ein ziemlich großes Spektrum von Gründen aufgezeigt, warum wir «sie» bisher noch nicht bemerkt haben könnten. Bei den meisten dieser Gründe wird vorausgesetzt, daß «sie» existieren. Ein Punkt bedarf noch der Klärung: Wenn «sie» existieren und «sie» die Galaxis mit automatischen oder bemannten Raumfahrzeugen erforschen, warum haben ihre Sonden dann noch nicht die Erde aufgesucht, um Kontakt mit uns aufzunehmen? Dafür gibt es mehrere Erklärungen.

«Sie» sind bereits auf der Erde gewesen. Dies würde eine Reihe von architektonischen Meisterstücken und Hinweise auf wissenschaftliche und technische Fähigkeiten erklären, die wir in den Überresten vergangener Zivilisationen finden, deren Entwicklungsstufe wir unterschätzen. Doch dann müßten wir erklären, warum «sie» nicht geblieben sind. Oder aber «sie» kamen zu einer Zeit, als der Mensch noch nicht existierte. Aber warum haben «sie» in diesem Falle keine Sonde in der Umlaufbahn um die Erde hinterlassen? Dann hätten «sie» die Entwicklung des Planeten überwachen können, der ihren eigenen Erfahrungen nach ein günstiger Ort für die Entwicklung einer neuen Zivilisation gewesen wäre.

«Sie» haben sich an einem anderen Ort in unserem Sonnensystem niedergelassen und beobachten uns aus der Ferne. Man braucht nicht bis zum Zentrum des Sonnensystems vorzudringen, um die Grundelemente für eine Kolonie zu finden. Die Trümmer des Asteroidengürtels könnten durch den Bergbau siedelnder Zivilisationen entstanden sein. (In Tabelle 10 sind die Ressourcen unseres Sonnensystems aufgelistet, die für siedelnde Zivilisationen von Nutzen sein könnten.) Doch warum haben wir «sie» in diesem Falle bisher noch nicht entdeckt?

«Sie» möchten uns nicht besuchen. Einer oder mehrere der oben genannten Gründe sind die Ursache, die sie davon abhalten, sich uns zu erkennen zu geben.

Das Sonnensystem stellt eine feindliche Umgebung für ihre Sonden dar. Da wir uns nicht an einem bevorzugten Platz im Universum befinden – das kopernikanische Prinzip! –, könnte dies bedeuten, daß ein beträchtlicher Teil des Universums für «sie» eine feindliche Umwelt darstellt und «sie» die Probleme interstellarer Reisen noch nicht bewältigt haben.

Tabelle 10:
Verteilung der Elemente in unserem Sonnensystem und ihr Nutzen für interstellare Siedler (nach Stephenson 1979).

	Atomgewicht		
	leicht	**mittel**	**schwer**
Elemente	Wasserstoff Helium Lithium Beryllium	Sauerstoff Kohlenstoff Stickstoff	Eisen Nickel Kupfer Silber
Zweck	Treibstoff	Leben	Bauen
Nutzung	Einweg	Recycling	unveränderlich
Verluste	Verbrauch	Ausströmen	Erosion, Abnutzung
Bedarf	wichtig	mittel	gering (Reparaturen, Vergrößerungen)
Häufigkeit	95%	1%	Spuren
Verteilung	äußere Planeten, Erdkruste, Eise der äußeren Monde	äußere Planeten, Venus, Erde, Asteroiden, kohl. Chondrite	Kerne von Planeten, Asteroiden, innere Planeten

«Sie» hatten noch nicht die Zeit, zur Erde zu kommen. Dies ist die einfachste Erklärung und diejenige, mit der sich die astronomische Forschung in den vergangenen Jahren am meisten beschäftigt hat. Die verschiedenen Modelle für die Kolonisation der Galaxis gehen von unserer menschlichen Erfahrung bei der Kolonisierung der Erde aus und extrapolieren dann im Hinblick auf interstellare Reisen, indem sie diese Erfahrungen an die besonderen Bedingungen in der Galaxis anpassen. Dabei gibt es viele unbekannte Parameter, wie zum Beispiel die Geschwindigkeit der Siedler-Raumschiffe, die Dauer der Pausen zwischen einzelnen Kolonisationswellen, die interne Bevölkerungswachstumsrate der Siedler und die Entfernung zwischen kolonisierbaren Orten.

Die optimistischsten Schätzungen der Astronomen besagen, daß eine Gesellschaft fünf bis 60 Millionen Jahre für die Kolonisation der Galaxis benötigen würde. Eine Gesellschaft ohne demographisches Wachstum würde jedoch eine unendlich lange Zeit dafür brauchen.

Durch die Verwendung automatischer Sonden würde sich jedoch die Situation ändern. Die Kolonisationszeit würde hauptsächlich von der technologischen Entwicklung der kolonisierenden Gesellschaft abhängen. Mit Forschungssonden, die mit einer Geschwindigkeit von 30 000 Kilometern pro Sekunde (ein Zehntel der Lichtgeschwindigkeit) fliegen, sollte es möglich sein, die Galaxis in vier Millionen Jahren zu erkunden. Bei diesen Berechnungen sind allerdings die Verzögerungen nicht berücksichtigt, die entstehen, wenn die Sonden jede neue Entdeckung zunächst auswerten, ehe sie weiterfliegen.

9
UFOs und Besuche in der Vergangenheit

Vision ist die Kunst, unsichtbare Dinge zu sehen.

Jonathan Swift: *Gedanken über verschiedene moralische und ergötzliche Gegenstände*

«Unidentifizierte fliegende Objekte» sind nicht immer wirklich Objekte. Besser ist die Bezeichnung *unidentifizierte Phänomene im Luftraum.* Die französische Forschungsgruppe «Groupe d'études des phénomènes aérospatiaux non identifiés» (GEPAN) gibt folgende Definition: schwer erfaßbare, im allgemeinen helle Erscheinungen in der Atmosphäre oder am Boden, deren Natur den Leuten, die sie beobachten, nicht bekannt ist oder von ihnen nicht erkannt wird.

Diese Erscheinungen sind zwar ungewöhnlich, doch nicht selten. Während der 13 Jahre, die ich am Observatorium Besançon arbeitete, verging kein Monat ohne mehrere Anrufe dort, die von UFO-Erscheinungen in der Gegend berichteten und um die Meinung eines Astronomen baten. Die statistische Untersuchung von Claude Poher, die ich weiter unten noch diskutieren werde, beruht auf einer Liste von 825 UFO-Sichtungen in aller Welt – davon 220 in Frankreich.

In zwei Dritteln oder drei Vierteln der Fälle wurden gewöhnliche Ereignisse unter außergewöhnlichen Bedingungen gesichtet: Flugzeuge unter ungewohnten Umständen; meteorologische oder atmosphärische Ballons in großer Höhe (30 bis 50 Kilometer), die von der Sonne angestrahlt wurden, während es am Boden bereits dunkel war; künstliche Satelliten; an Wolken reflektierte Scheinwerfer oder Spotlights; Blitze; Nordlichter und so weiter. Einige der Sichtungen erwiesen sich als astronomische Erscheinungen: Meteoriten, Feuerbälle, Sterne (Capella, Sirius) oder Planeten (Venus, Jupiter).

Neben den Fällen, die wegen unzureichender Hinweise ungeklärt bleiben, gibt es jedoch stets einige beunruhigende Fälle, für die kein bekanntes natürliches Phänomen verantwortlich gemacht werden kann. Diese restlichen unerklärbaren Fälle sind es, die die Aufmerksamkeit der Wissenschaft verdienen. Es könnte sich um noch unbekannte meteorologische oder astronomische Erscheinungen handeln – daher gibt es keinen Grund, sofort außerirdische Zivilisationen für ihre Erklärung heranzuziehen. Dieses Thema greife ich hauptsächlich deshalb auf, um Fragen oder möglicher Kritik durch den Leser vorzubeugen.

Das von Natur aus schwer faßbare Phänomen der UFOs ist wissenschaftlich nur sehr schwer zu untersuchen. Hinweise sind oft sehr unbestimmt, und manchmal wird dasselbe Ereignis von verschiedenen Zeugen völlig gegensätzlich beschrieben. Häufig geben Zeugen Geschwindigkeit oder Größe von UFOs an, die sie bei Nacht beobachtet haben, ohne irgendwelche Bezugspunkte gehabt zu haben. Bei Nacht kann man gewöhnlich nicht mehr als die Form eines Objekts, seine Farbe (obwohl unsere Farbwahrnehmung im Dunkeln herabgesetzt ist), die Richtung seiner Bewegung und die Dauer der Sichtung angeben. Nach diesen Dingen fragen die Astronomen auch, wenn Leute anrufen. Einige Zeugen übertreiben, damit man sie ernst nimmt. Manchmal finden sich Spuren an der Stelle, an der das UFO erschien, doch diese müssen nicht unbedingt in Zusammenhang mit der Erscheinung stehen.

Psychologische und soziologische Faktoren erschweren die wissenschaftliche Untersuchung von UFOs ebenfalls. Der Reiz des Außergewöhnlichen und Übernatürlichen bringt die Zeugen zu der Überzeugung, daß sie etwas Ungewöhnliches beobachtet haben. Auch die Hoffnung auf eine Begegnung mit Besuchern aus dem All kann die Objektivität eines Zeugen beeinträchtigen.

Durch zahlreiche Bücher und Filme über Kontakte «der dritten Art» haben UFOs Eingang in die zeitgenössische Mythologie gefunden. Vor einigen Jahren konnte ein junger Mann mit einem Dia, auf dem nach dem Entwickeln plötzlich ein großer, schwarzer Fleck zu sehen war, alle Aufmerksamkeit der Astronomen meines Observatoriums auf sich ziehen. Er glaubte, es sei ein UFO – aber wahrscheinlich war es ein Vogel. Eine Lokalzeitung kaufte ihm jedoch ohne Zögern sein Bild ab.

Nach Meinung des Psychoanalytikers Carl Jung könnten UFO-Sichtungen ein pathologischer Ausdruck unseres wiederauflebenden Hangs zum Irrationalen sein, jedoch mundtot gemacht durch den bewußten Wunsch nach Ordnung und Rationalität. Das Unbewußte nimmt eine natürliche, am Himmel beobachtete Erscheinung und formt sie um, indem es ihr eine andere Bedeutung zuweist, insbesondere durch Übertreiben ihrer Eigenschaften. Tatsächlich gibt es ja auch für die meisten UFOs eine natürliche Erklärung. Das bedeutet aber nicht, daß diejenigen, die UFOs sichten, zu Visionen neigen oder wunderlich sind. Gallup-Umfragen von 1966 und 1973 zeigen, daß sie sich in Religion, Beruf, politischer Meinung oder Bildungsgrad nicht von der restlichen Bevölkerung unterscheiden.

Aus einer SOFRES-Umfrage vom Juni 1985, bei der 1009 Leute im Alter von 18 Jahren und darüber befragt wurden, kennen wir die Meinung des Durchschnittsfranzosen über UFOs. Auf die Frage «Glauben Sie persönlich, daß Außerirdische bereits auf der Erde gewesen sind?» antworteten 21 Prozent mit «Ja», 68 Prozent mit «Nein», und elf Prozent hatten keine Meinung. Dabei zeigte sich keine signifikante Abweichung zwischen den Geschlechtern, nur jüngere Leute waren gläubiger – 34 Prozent der 18–24jährigen antworteten zustimmend. Diese geistige Einstellung führt dazu, daß seltsame Erscheinungen von Zeugen als UFOs interpretiert werden.

Die Leichtgläubigkeit der Öffentlichkeit und die Sensationsgier der Medien haben ebenfalls Täuschungen begünstigt. Zum Beispiel haben sich einige photographische Dokumente, die angeblich UFOs zeigten, als Fälschungen erwiesen. Und einer der Anrufe, die ich erhielt, war in Wirklichkeit ein Scherz eines lokalen Radiosenders. Solche Umstände lassen Wissenschaftler skeptisch werden, wenn sich UFO-Zeugen bei ihnen melden. Darüber hinaus werden andere Berichte durch derartige Täuschungen in Zweifel gezogen.

Auf Ersuchen der US Air Force analysierte eine Wissenschaftlergruppe der Universität von Colorado UFO-Meldungen aus den USA. Die Ergebnisse dieser wissenschaftlichen Studie über UFOs – bekannt als der Condon-Report – wurden 1968 veröffentlicht. Die Verfasser der Studie empfahlen, das UFO-Phänomen nicht länger mit den herkömmlichen Methoden, nämlich der Analyse von Zeugenberichten, zu untersuchen, da es mit ihnen nicht möglich sei zu entscheiden, ob eine UFO-Sichtung auf falsche Identifikation, unvollständige Berichte und Täuschungen oder aber tatsächlich auf außergewöhnliche Ereignisse zurückzuführen ist. Zeugenberichte seien mit beiden Hypothesen gleich gut vereinbar.

Über die Schlußfolgerungen des Condon-Reports herrschte jedoch unter seinen Verfassern durchaus keine Einmütigkeit – einer von ihnen, David Saunders, mußte sogar zurücktreten. Auch die Astronomen waren sich nicht einig. Peter Sturrock von der Stanford Universität glaubte, daß die Schlußfolgerungen im Widerspruch zum Hauptteil des Reports stünden, in dem unerklärbare Berichte besonders erwähnt werden. J. Allen Hynek, ein angesehener Wissenschaftler auf diesem Gebiet, war der Meinung, daß die Studie unvollständig sei. Zum Beispiel würde sie den Hunderten von Berichten über magnetische oder elektrische Effekte im Zusammenhang mit UFOs keinen besonderen Wert beimessen. Außerdem glaubte er, daß sie unzureichend finanziert war und daß derartige Arbeiten fortgesetzt werden sollten. Nach Hynek sollten Berichte über Sichtungen nach zwei Kriterien klassifiziert werden: nach dem Grad der Seltsamkeit und dem Grad der Glaubwürdigkeit der Zeugen.

In Frankreich analysierte 1976 Claude Poher fast 1000 Berichte über UFOs aus aller Welt. Er versuchte hauptsächlich, die Berichte nach sehr detaillierten Kriterien zu klassifizieren, doch er verwendete auch die beiden Kriterien von Hynek – Seltsamkeit und Glaubwürdigkeit –, denen er ein drittes hinzufügte: die Menge der gesammelten Informationen. Er untersuchte die Verteilung der verschiedenen Berichtklassen als Funktion verschiedener Variablen (Dauer der Erscheinung, Zeitpunkt der Sichtung, geographischer

Standort), doch es gelang ihm nicht, irgendwelche konsistenten Muster zu erkennen.

1977 schuf das Centre National d'Etudes Spatiales die bereits erwähnte Forschungsgruppe GEPAN zur wissenschaftlichen Untersuchung von UFOs. Zunächst sammelten die beteiligten Analytiker alle einschlägigen Informationen über das Thema, insbesondere von der Polizei. Dann begannen sie, die Ergebnisse der Befragungen und die statistischen Untersuchungen von Zeugenberichten zu analysieren. Gleichzeitig entwickelten sie eine Forschungsmethode, die den psychologischen und soziologischen Status der Zeugen, die physikalischen Bedingungen während der Beobachtung und das sozio-kulturelle Umfeld des Berichts mit berücksichtigt. Indem sie das Ereignis in seine Gesamtumgebung stellten, hofften die GEPAN-Analytiker die genaue Natur der Stimuli zu bestimmen, die zu den Sichtungen führten. Ferner entwickelten sie Untersuchungsmethoden auf dem Gebiet der Strömungslehre und der Wahrnehmungspsychologie.

Wie die Reaktionen auf den Condon-Bericht zeigen, sind sich die Wissenschaftler bei weitem nicht darüber einig, welche Bedeutung man den UFOs zumessen sollte. Edward Condon meint, daß man keine Hypothese über außerirdische Zivilisationen braucht, um UFOs zu erklären. Andere, unter ihnen auch Carl Sagan, behaupten mit Bestimmtheit, daß unser kleiner Planet eine so große Aufmerksamkeit von möglichen außerirdischen Zivilisationen nicht verdient. Nach Sagans Meinung beruht das öffentliche Interesse an UFOs nicht so sehr auf wissenschaftlicher Neugier, sondern auf unbefriedigten religiösen Bedürfnissen – UFOs sind ein Ersatz für die Götter, die die Wissenschaft abgesetzt hat.

Eine Befragung, die Sturrock 1975 und 1976 unter Mitgliedern der American Astronomical Society durchführte, zeigte, daß es sich bei den UFOs um ein heikles Thema handelt. Die meisten Astronomen, die den Fragebogen beantworteten, waren der Meinung, daß das Thema wissenschaftlich behandelt werden sollte; die meisten wären bereit, etwas über die Natur der UFOs zu lernen, wüßten aber nicht wie; einige Prozent der befragten Astronomen konnten ähnliche eigene Berichte beisteuern – der Prozentsatz ist der gleiche wie bei der allgemeinen Öffentlichkeit.

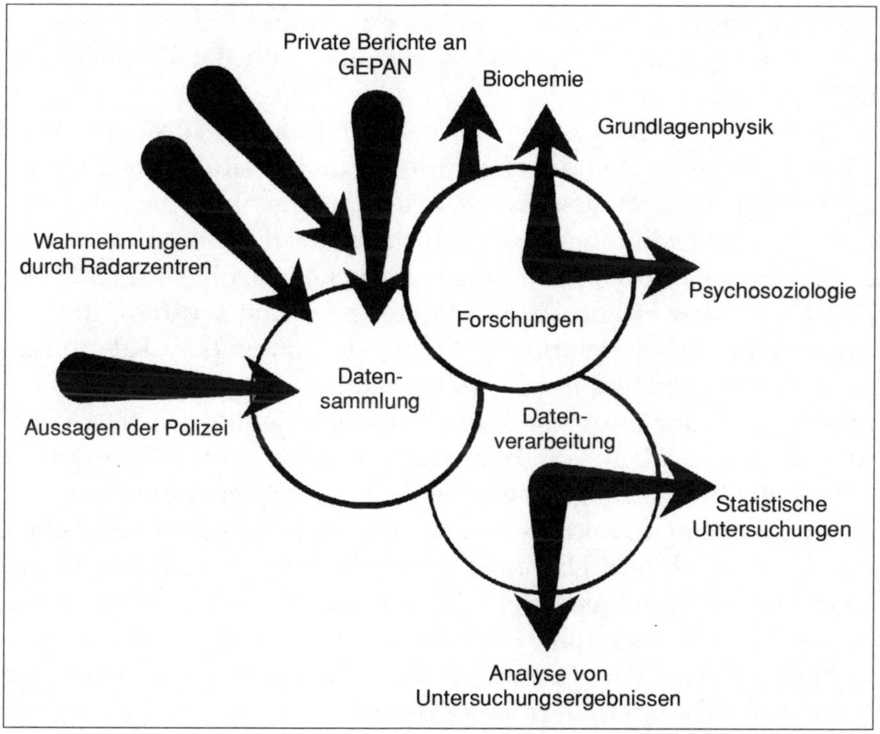

Abb. 17
Übersichtsplan von GEPAN (© Centre National d'Etudes Spatiales).

Meiner Meinung nach verdient das UFO-Phänomen eine wissenschaftliche Behandlung, wenn auch wahrscheinlich dadurch nicht bewiesen wird, daß außerirdische Besucher hier gewesen sind. Meine Haltung mag paradox erscheinen, da ich hypothetischen außerirdischen Zivilisationen mehrere Kapitel dieses Buchs gewidmet habe; die wissenschaftliche Methode erfordert es jedoch, daß man unter den bekannten Naturerscheinungen nach einer Antwort sucht, ehe man zu weniger wahrscheinlichen Hypothesen übergeht. Die gleiche Haltung nehme ich auch in bezug auf Schwarze Löcher ein, die häufig von amerikanischen Kollegen herangezogen werden, um überschüssige Materie zu erklären, die man aufgrund sekundärer Effekte entdeckt hat, die auf Himmelsphotographien aber nicht zu sehen ist. So wie es mir zu einfach erscheint, Schwarze Löcher als Ausweg zu benutzen, wenn konventionelle

Erklärungen versagen, so scheint es mir zu leicht, Erscheinungen, die keine einfache Interpretation gestatten, mit der Bezeichnung UFO zu erklären.

Da keine überzeugenden Beweise für Besuche von Außerirdischen in jüngster Zeit auf der Erde zu finden sind, haben einige Autoren in unserer geschichtlichen Vergangenheit nach Spuren eines Kontakts mit möglichen Besuchern aus dem All gegraben.

Das Hauptargument für solche Besuche in frühgeschichtlicher Zeit lautet, daß frühere Zivilisationen zu primitiv waren, um die alleinigen Urheber bestimmter Errungenschaften oder Kenntnisse zu sein. Die Astronomie und Mathematik der Ägypter, der Mayas und der Sumerer sowie die astronomischen Kenntnisse der Dogon stammten angeblich von interstellaren Reisenden. Die Ägypter wären nicht in der Lage gewesen, ihre Pyramiden ohne Hilfe von außen zu erbauen, und die Steine von Baalbek hätten unmöglich mit den damals verfügbaren Hilfsmitteln bewegt werden können. Solche Interpretationen beleidigen die betreffenden Zivilisationen, da sie ihnen Unkenntnis unterstellen, nur weil die Quellen ihrer Kenntnisse oder das Ausmaß ihrer technischen Fähigkeiten der Nachwelt nicht überliefert worden sind.

Eine zweite Kategorie angeblicher Beweise stellt einen Zusammenhang zwischen bestimmten architektonischen Gebilden und außerirdischen Besuchern her. So hätten die Figuren von Nazca in Peru, die nur aus der Luft zu erkennen sind, zur Kommunikation mit Außerirdischen gedient, und die Terrassen von Baalbek wären Landestreifen gewesen. Die geheimnisvollen Statuen auf der Osterinsel werden ebenfalls mit Außerirdischen in Zusammenhang gebracht. Alle diese Dinge sind nützliche Alibis für unsere Unwissenheit.

Schließlich scheinen bestimmte Passagen in alten Texten außerirdische Besucher zu erwähnen – oder zumindest Erscheinungen, die ihnen zugeschrieben werden können. Nach Meinung des sowjetischen Astronomen M.M. Agrest wurden Sodom und Gomorrha durch eine Atomexplosion zerstört. Außerdem glaubt er, daß die Tunguska-Katastrophe von 1908 durch den Absturz eines Raumschiffs verursacht wurde und daß die heiligen Hindu-Texte *Ramayana* und *Mahu Bhratra* Beschreibungen außerirdischer Besucher enthalten. Der Schweizer Sensationsschriftsteller Erich von Däniken interpretiert einige der Figuren auf den Maya-Reliefs von Palenque in Mexiko als Astronauten mit Raumanzügen und Sauerstoffmasken. Er behauptet außerdem, daß die Sphinx in Gizeh einen Außerirdischen darstellt. In ihrem Buch *Le matin des magiciens* (Der Morgen der Magier) widmen Louis Pauwells und Jaques Bergier einige Kapitel möglichen Besuchen von Außerirdischen in der Vergangenheit, wobei sie zu dem Schluß kommen: «Wir lehnen die Möglichkeit von Besuchen durch Bewohner von außerhalb nicht ab.»

Alle diese sensationellen Enthüllungen durch Schriftsteller, die gute Journalisten sein mögen, aber keine Wissenschaftler sind, sollten mit sehr viel Skepsis, wenn nicht gar mit völligem Unglauben aufgenommen werden. Meiner Meinung nach verdient nur ein einziger Fall eine genauere Untersuchung: Die Astronomie der Dogon.

Die Dogon sind ein Nomadenvolk aus Mali mit bemerkenswerten astronomischen Kenntnissen. Die Dogon behaupten, das Universum sei unendlich, aber meßbar und erfüllt von spiralförmigen Sternwelten, wobei auf einer von diesen die Sonne liege. Das Universum sei in zwei Systeme unterteilt. Die meisten Sterne an der Himmelssphäre bildeten das äußere System, das wenig Einfluß auf das irdische Leben habe. Das innere System nehme direkt am Leben teil und bestehe aus Orion, Sirius, Gamma Canis Minor, Procyon, den Plejaden und so weiter. Unter diesen Sternen und Sternhaufen spielt Sirius eine wesentliche Rolle. Der Stern Sigi Tolo (Sirius) besitze einen kleinen Begleiter, Po Tolo (Sirius B, 1862 von Alvin Clark entdeckt), der Sirius in 50 Jahren umkreise (die Periode beträgt tatsächlich 49,9 Jahre). Po Tolo sei der kleinste und schwerste Stern. (Er ist in der Tat ein Weißer Zwerg, dessen bemerkenswerte Eigenschaften, insbesondere seine extreme Dichte, erst 1915 bekannt wurden.) Ein zweiter Begleiter, Emme Tolo, der viermal leichter und ein wenig größer sei als Po Tolo, umkreise Sirius ebenfalls mit derselben Periode, aber auf einer etwas größeren Bahn. (Diese letztere Behauptung widerspricht dem Keplerschen Flächengesetz. Was diesen Stern anbelangt, so haben die Astronomen ohne Erfolg nach ihm gesucht.)

Die Dogon scheinen keine hochentwickelten Beobachtungsmethoden gehabt zu haben, da sie nichts von Planeten jenseits des

Saturn wußten. Doch selbst wenn sie die Mittel zur Beobachtung des Sirius-Systems gehabt hätten und seine Perioden bestimmen konnten, so erfordert die Vorhersage der hohen Dichte des Weißen Zwergs weitergehende naturwissenschaftliche Kenntnisse – es sei denn, es wäre reiner Zufall. Die Beteiligung eines modernen Astronomen erscheint unwahrscheinlich, da dieses astronomische Wissen fest in der Kultur der Dogon verankert ist und einige der Theorien (wie der dritte Begleiter des Sirius oder die Vorstellung, daß der zweite Begleiter heller wird, wenn er sich Sirius nähert) den Astronomen unserer Zeit unbekannt sind.

Die Quelle des astronomischen Wissens der Dogon muß weiter untersucht werden. Die Bedeutung ihrer mythischen Vision vom Universum sollte näher bestimmt werden, und man sollte nach Analogien mit Mythologien und Kenntnissen anderer in diesem Gebiet lebender Völker suchen.* Im Falle der UFOs lehne ich es jedoch ab, ein Eingreifen von Außerirdischen in Betracht zu ziehen – auch wenn ich keine anderweitigen befriedigenden Erklärungen für sie finden kann.

---

* Hier ist möglicherweise das bis ins 16. Jahrhundert reichende, an der Moslemischen Universität von Timbuktu gesammelte Wissen von besonderer Bedeutung.

10
Strategien bei der Suche nach außerirdischen Zivilisationen

Die Natur gab uns zwei Ohren und nur eine Zunge, auf daß wir mehr zuhören und weniger reden.

Zenon von Elea

Angesichts der vielen genannten Unsicherheiten können die Astronomen nur einen Kurs einschlagen: das Universum belauschen in der Hoffnung, künstliche Signale zu entdecken.

Doch nach welchen Signalen sollen wir suchen? In dem speziellen Fall des Lebens auf der Erde stellen wir fest, daß dieses in seiner Umgebung nur ein relativ geringes Ungleichgewicht erzeugt hat – außer im Bereich der Zentimeter- und Millimeterradiowellen, wo es sich besonders geräuschvoll zeigt. Können wir daraus schließen, daß die am leichtesten zu entdeckende Lebensform eine außerirdische Zivilisation ist, die Radiosignale aussendet? Tatsächlich stützt sich ein wichtiger Bereich der bio-astronomischen Forschung auf diese Hypothese. Die Astronomen setzen auf die Existenz außerirdischer Zivilisationen, die Radiosignale aussenden.

Der sowjetische Astronom Nikolai S. Kardashew teilt diese hypothetischen Zivilisationen in drei Kategorien ein, wobei er nur von ihrer Fähigkeit, Energie zu beherrschen, ausgeht und sie ansonsten nicht weiter beschreibt. Danach beherrschen Zivilisationen vom Typ I die gleiche Energiemenge wie wir selbst, Zivilisationen vom

Typ II Energien von der Größenordnung der Energie ihres Sterns und Zivilisationen vom Typ III Energien vergleichbar mit der ihrer Galaxie.

Eine solche Klassifikation ist für den Entwurf einer Suchstrategie recht hilfreich. Unsere Zivilisation ist aufgrund ihrer Radioemissionen leicht zu entdecken. Eine Typ-II-Zivilisation könnte dagegen ihren Stern mit einer sogenannten «Dyson-Sphäre» umgeben haben – einer dünnen Hülle aus planetarem Material, die von ihrem Stern etwa so weit entfernt ist wie Jupiter von der Sonne. Eine solche Zivilisation wäre nur durch ihre Energieabgabe im Infrarotbereich zu entdecken, es sei denn, sie würde einen Teil der in der Dyson-Sphäre aufgefangenen riesigen Energiemengen für die Aussendung interstellarer Signale verwenden. Auch die Energie, die den Typ-III-Zivilisationen zur Verfügung steht, sollte – selbst auf intergalaktischer Ebene – leicht erkennbar sein, wenn sie für die Aussendung von Signalen benutzt wird.

Bei einem solchen Forschungsprojekt sehen wir uns jedoch vielen Problemen gegenüber, sowohl begrifflicher als auch praktischer Art. Erstens sind unsere physikalischen Theorien begrenzt. Möglicherweise sind Radiowellen, auf die sich unsere Forschung hauptsächlich konzentriert, nicht das beste Mittel für eine Kommunikation. Vielleicht benutzen außerirdische Zivilisationen viel effizientere Methoden, die wir noch nicht kennen.

Doch selbst wenn sie Radiowellen benutzen, bleiben viele Unbekannte: die Signalfrequenz, die Art der Wellenlängenmodulation, die Ausrichtung des Empfängers (oder umgekehrt der Standort des Senders), der Sendeplan und so weiter. Die Astronomen waren recht erfinderisch bei der Optimierung all dieser Parameter, so daß sie den «kosmischen Heuhaufen», in dem die künstlichen Signale versteckt sind, verkleinern konnten. Außerdem erkannten sie, daß neue Empfänger entwickelt werden mußten, die die eintreffende Radiostrahlung in Millionen Kanäle mit sehr schmaler Bandbreite zerhacken und die Signale in jedem Kanal sofort analysieren.

Auch wenn es uns gelänge, eines Tages eine Botschaft zu empfangen, so bliebe immer noch das Problem der Entzifferung. Wie könnte die Grammatik und Semantik einer außerirdischen Sprache wohl aussehen? Sowohl die konkrete Suche nach Signalen als auch die Überlegungen über außerirdische Zivilisationen und ihre Folgen für uns zwingen uns, einen Bezug zwischen Begriffen herzustellen, für die wir nur ein einziges Beispiel kennen. Hinzu kommt noch, daß bei der Finanzierung eines solchen Projekts der Skeptizismus derjenigen überwunden werden muß, die die Verteilung der Forschungsgelder kontrollieren.

Es gibt mehrere Möglichkeiten, außerirdische Zivilisationen zu entdecken. Wir können versuchen, Signale von einer künstlichen Quelle aufzufangen, oder wir können selbst Signale aussenden – in alle Richtungen oder in ganz spezielle Richtungen – und dann hoffen, daß sie aufgefangen und beantwortet werden. Und schließlich können wir automatische oder bemannte Sonden aussenden. Die beste Strategie besteht nun darin, die wirtschaftlichste und leistungsfähigste Methode anzuwenden.

Die einfachste und billigste Methode, aber vielleicht nicht die effektivste, ist das Auffangen von Signalen, die eine außerirdische Zivilisation ausgesandt hat. Diese Signale könnten aus mehrerlei Gründen ausgesandt worden sein: einmal, um uns auf das Vorhandensein dieser Zivilisation aufmerksam zu machen (zum Beispiel durch ein interstellares Funkfeuer), um mit einem Raumschiff oder einer anderen Zivilisation zu sprechen, mit der bereits Kontakt aufgenommen wurde, oder aber das Signal ist einfach ein «Geräusch», das durch die gewöhnlichen Aktivitäten der Zivilisation zustande kommt. Diese Strategie – das Auffangen von Signalen – wird von fast allen Astronomen verfolgt, die an einem derartigen Forschungsprojekt beteiligt sind.

Wir selbst sind erst seit wenigen Jahrzehnten in der Lage, über größere Entfernungen hinweg zu kommunizieren. Daher ist es sinnvoll, wenn wir uns darauf beschränken, auf weiter entwickeltere Zivilisationen zu horchen, die stärkere Energiequellen und ausgeklügeltere Technologien für ihre Rundfunkübertragungen haben. Natürlich steht auch gar nicht fest, daß wir überhaupt etwas Interessantes zu übertragen haben. Diese Strategie mag zwar eine bestimmte Zeitlang als die beste erscheinen, doch man wird sie aus einem sehr einfachen Grunde weiterentwickeln müssen: Wenn nämlich alle Zivilisationen diese Strategie verfolgten, würde keine irgend etwas senden!

Selbst wenn wir keine speziellen Botschaften aussenden, könnten uns außerirdische Zivilisationen belauschen und in der Tat viele

Signale von unserem Planeten empfangen. Doch dazu müßten sie sich recht nah bei uns befinden, da wir erst seit kurzer Zeit Radar- und Telekommunikationssignale sowie Radio- und Fernsehsendungen ausstrahlen.

Das gleichzeitige Senden und Empfangen von Signalen löst das oben genannte Problem. Es ermöglicht effektivere, kurzfristige «Semi-Kontakte» anstelle von Dialogen, bei denen die Zeiten zwischen den Antworten sehr lang sind. In einem solchen Falle sendet jede Zivilisation spontan Informationen, ohne sich um einen Dialog zu bemühen, während sie gleichzeitig andere abhört. Die für das Senden von «hörbaren», periodischen Botschaften benötigte Energie könnten konventionelle oder Kernkraftwerke während Zeiten geringer Auslastung liefern.

Die dritte Möglichkeit ist die Erforschung der Galaxis mit automatischen oder bemannten Raumsonden. Die Leistungsfähigkeit automatischer Sonden bei der Erforschung des Sonnensystems muß nicht weiter bewiesen werden. Hätten wir Botschaften zum Mars gesandt anstelle der *Viking*-Sonden, würden wir uns immer noch fragen, ob es Leben auf dem Mars gibt. Die Kosten der Weltraumforschung sind jedoch sehr hoch. Man könnte vielleicht Geldmittel durch öffentliche Fonds beschaffen oder durch den Verkauf von Produkten der Weltraumforschung (zum Beispiel auf dem Mars aufgenommene Kassetten, wo die Akustik ganz außergewöhnlich wäre). Doch wegen der Zeit, die für eine interstellare Reise nötig ist, wäre dies ein sehr langfristiges Projekt und eine Verpflichtung, die große politische und wirtschaftliche Stabilität erfordert. Es ist eine Methode für die Zukunft – eine Methode, die wir in einigen hundert Jahren benutzen werden.

Das gesamte Universum ist erfüllt von natürlichen Signalen, die von Sternen, der Galaxis und dem interstellaren Medium auf allen möglichen Frequenzen ausgesandt werden. Daher muß ein künstliches Signal dem Prinzip der Anti-Kryptographie folgen, um zwischen all diesen Geräuschen aufgefangen und verstanden zu werden. Eine Gesellschaft, die Kontakt zu anderen Zivilisationen aufnehmen möchte, sollte für möglichst optimale Chancen für die Entdeckung und Entschlüsselung ihrer Signale sorgen. Das geschieht, indem man sich in die Lage eines Beobachters versetzt – ob er nun nach künstlichen Signalen sucht oder einfach nur klassische Astrophysik betreibt. Dann fragt man sich, welche Art von Empfänger der Beobachter am häufigsten einsetzt, auf welche Frequenz und Modulation er seinen Empfänger wahrscheinlich einstellt, wie er ihn ausrichtet, zu welchen Zeiten er beobachtet und so weiter. Und schließlich muß man ein Signal senden, dessen Inhalt leicht zu entschlüsseln und zu interpretieren ist.

Ein Beobachter, der nach künstlichen Signalen sucht, sollte ähnliche Überlegungen anstellen. Er sollte sich fragen, welches die Kennzeichen eines künstlichen Signals sind, das leicht im galaktischen Rauschen zu entdecken ist. Die meisten Astronomen sind sich über eine Eigenschaft eines solchen Signals einig: Es müßte mit einer sehr schmalen Bandbreite ausgesandt werden.

Wir nehmen das Universum durch die Strahlungen wahr, die es aussendet, oder zumindest durch diejenigen, die wir mit unseren Sinnen oder Empfängern aufzufangen wissen. Die Untersuchung dieser Strahlungen ist Gegenstand der Astronomie. Nach unserem heutigen Wissen sind elektromagnetische Wellen, die im ganzen Universum weitverbreitet sind, die interessanteste Strahlungsart für Kommunikationszwecke.

Gravitationswellen, die von Einsteins allgemeiner Relativitätstheorie vorhergesagt werden, wären nur äußerst schwierig zu entdecken; Schallwellen pflanzen sich nur in der Atmosphäre fort und sind sehr langsam, und kosmische Strahlen, die aus geladenen Teilchen bestehen, die im allgemeinen aus Supernovaexplosionen in der Scheibe der Galaxis stammen, werden wegen ihrer elektrischen Ladung durch den Sonnenwind und Magnetfelder abgelenkt, so daß sie nicht für ein zielgerichtetes Übertragen einer Botschaft verwendet werden können.

Elektromagnetische Wellen werden bei allen Frequenzen abgestrahlt: Niedrige Frequenzen entsprechen Radiowellen; Infrarot- und sichtbares Licht besitzen mittlere Frequenzen, und Ultraviolett-, Röntgen- und Gammastrahlung haben sehr hohe Frequenzen. Für jeden Frequenzbereich braucht man spezielle Empfänger. Einige Empfänger muß man mit Ballonen oder Satelliten über die Erdatmosphäre hinaus tragen, da diese die Ultraviolettstrahlung, die Strahlung im fernen Infrarotbereich sowie die Röntgen- und Gammastrahlung absorbiert.

Alle diese Wellen breiten sich mit derselben Geschwindigkeit aus, der Lichtgeschwindigkeit, die im Vakuum 300 000 Kilometer pro Sekunde beträgt. Schneller kann keine Information übertragen werden. Alle bekannte Materie im Universum strahlt natürlicherweise in dem gesamten Frequenzbereich elektromagnetische Wellen ab. Daher ist es durchaus gerechtfertigt, wenn wir erwarten, daß eine außerirdische Zivilisation diese Wellen, die so weitverbreitet sind, zur Kommunikation benutzt.

Wenn wir jedoch annehmen, daß die Physik unendlich mehr Kommunikationsmöglichkeiten bietet, als wir sie heute kennen, ist die Wahrscheinlichkeit, elektromagnetische Wellen mit Botschaften aufzufangen, die nicht für uns bestimmt sind, recht gering. In diesem Falle würde Kommunikation mittels elektromagnetischer Wellen nur von einer begrenzten Anzahl von Zivilisationen, die etwa auf der gleichen Entwicklungsstufe wie wir selbst stehen, benutzt werden. Fortgeschrittenere Zivilisationen würden sicherlich eine leistungsfähigere und wirtschaftlichere Methode bevorzugen – eine Methode, die wir noch nicht kennen, da sie auf einer Physik und Technologie beruht, die uns unbekannt ist.

Wenn es tatsächlich künstlich erzeugte und für interstellare Kommunikation verwendete elektromagnetische Wellen gibt, sollten wir sie von den natürlich erzeugten unterscheiden können. Ein als Welle ausgesandtes Signal kann folgendermaßen aufgeteilt werden:

Signal = Frequenz + Modulation + Code

oder auch:

Signal = Physik + Technologie + Sprache.

Das Signal wird von einer Welle getragen, die durch einen physikalischen Mechanismus in einem bestimmten Frequenzbereich ausgestrahlt wurde. Diese Welle kann mit Hilfe einer Technik künstlich moduliert werden, wobei der Rhythmus der Modulation die Botschaft enthält. Ist die Modulation zufällig, gibt es weder Code noch Botschaft – die Welle ist dann nur ein natürliches «Rauschen», das durch ein natürliches Phänomen moduliert wurde. Somit ist es im wesentlichen die Art der Modulation*, die eine Unterscheidung zwischen natürlichen und künstlichen Signalen erlaubt. Auch die Frequenz einer Strahlung kann auf ein künstliches Signal hindeuten, wenn es keinen physikalischen Mechanismus gibt, der eine natürliche Abstrahlung bei dieser Frequenz ermöglicht. Eine weitere Möglichkeit ist das Senden auf einer Frequenz, bei der in der Natur keine spontane Strahlung ausgesandt wird, wie zum Beispiel eine natürliche Frequenz multipliziert mit einer irrationalen Zahl wie π oder $\sqrt{2}$. Tatsächlich gibt es keinen natürlichen physikalischen Prozeß, der die Frequenz einer Welle auf diese Weise verschieben könnte. Das Signal wird dann zu

$$\text{Signal} = \text{Frequenz} \times \text{irrationale Zahl}.$$

Diese Möglichkeit besteht bei einem interstellaren Funkfeuer, das die Gegenwart einer Intelligenz anzeigen soll; Kommunikation wäre damit jedoch nicht möglich. Solche Signale würden uns zwar zeigen, daß wir nicht allein sind – aber mehr nicht. Man könnte natürlich in einem späteren Stadium dem Signal eine Botschaft beifügen.

Wir wollen nun auf die Sendeform zurückkommen, die als erstes vorgeschlagen wurde: eine Welle, die bei einer bestimmten Frequenz ausgestrahlt wird, wobei die zeitliche Modulation der Welle die Botschaft enthält. Das Auffangen eines solchen Signals hängt von mehreren Parametern ab. Erstens muß die Antenne oder das Teleskop – allgemein der Empfänger – auf die Quelle des Signals gerichtet sein. Der Empfänger muß zum richtigen Zeitpunkt eingeschaltet und auf die richtige Frequenz eingestellt sein; und schließlich muß er auch noch in der Lage sein, die richtige Modulationsform zu entdecken. Für jede dieser verschiedenen Variablen gibt es unendlich viele mögliche Werte. Diese Wahlmöglichkeiten müssen optimiert werden, wenn wir eine Chance haben wollen, ein künstliches Signal zu entdecken oder aufgrund unserer eigenen Sendungen selbst entdeckt zu werden.

---

* Es gibt vier Arten, eine elektromagnetische Welle zu modulieren: in der Phase, der Polarisation, der Amplitude und der Frequenz. Die beiden letzten Methoden werden gewöhnlich bei Radio- und Fernsehübertragungen benutzt. Zirkularpolarisation schaltet Interferenzen irdischen Ursprungs aus.

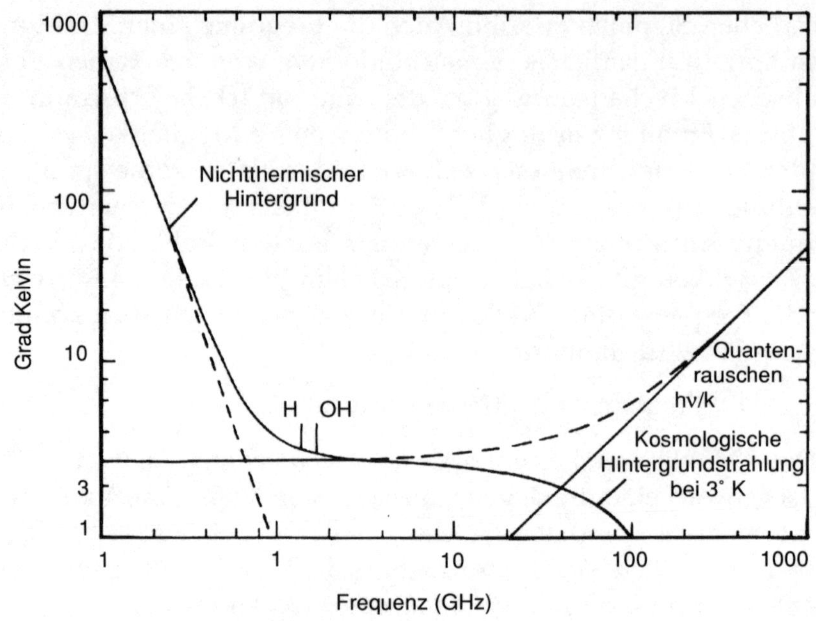

Abb. 18
Das Mikrowellenfenster. Außerhalb der galaktischen Ebene wird die Empfindlichkeit von Empfängern bei tiefen Frequenzen durch das nicht-thermische Hintergrundrauschen und bei hohen Frequenzen durch Quantenrauschen begrenzt (Quelle: NASA).

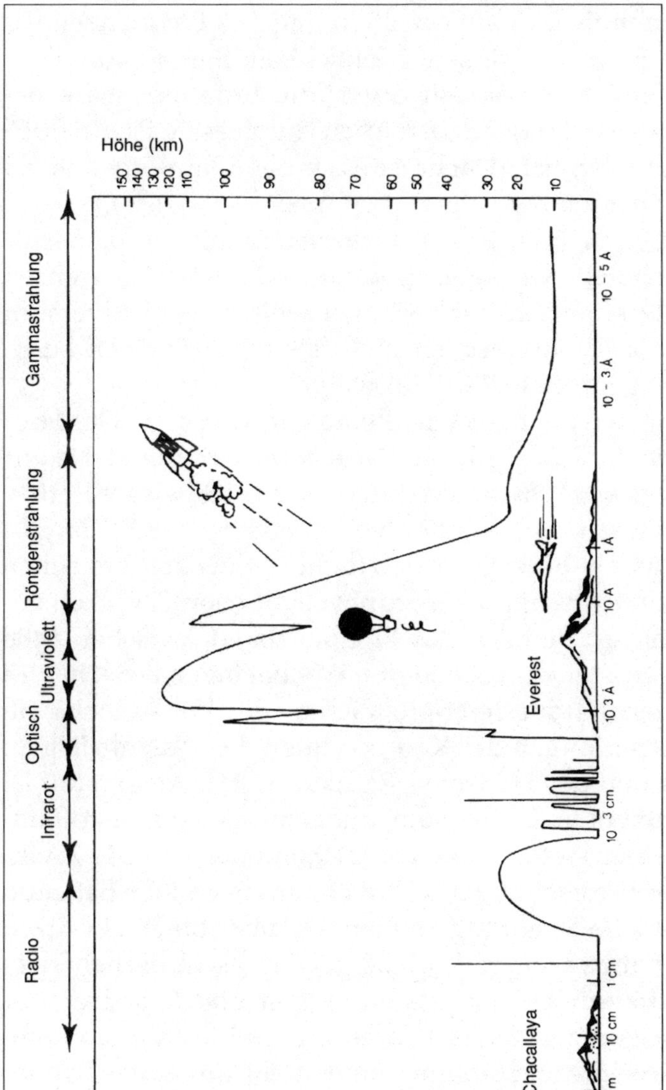

Abb. 19
Durchlässigkeit der Erdatmosphäre. Dieses Diagramm zeigt, in welche Höhe wir gehen müssen, um Strahlung verschiedener Frequenzen aus dem Weltall auffangen zu können. Einige Infrarot- und Gammafrequenzen sind von Flugzeugen aus zugänglich (nach *La Galaxie, l'Univers extragalactique,* hg. vom Bureau de longitudes, mit freundlicher Genehmigung der Editions Dunod).

Es gibt eine unendlich große Anzahl möglicher Frequenzen für das Senden von Signalen. Unsere Möglichkeit, Signale aus dem Weltall zu empfangen, ist jedoch durch die Erdatmosphäre begrenzt, die nur in zwei Frequenzbereichen durchlässig ist: im optischen und im Radiobereich. Daher ist es sinnvoll, mit Frequenzen aus einem dieser beiden Bereiche zu beginnen.

Der sichtbare Bereich ist jedoch nicht sehr geeignet, da Lichtstrahlen vom interstellaren Staub gestreut und absorbiert werden und optische Teleskope sehr viel weniger weit in das Universum «hinausschauen» und ein geringeres Auflösungsvermögen besitzen als speziell angeordnete Radioteleskope.

Radiowellen bieten dagegen eine Reihe von Vorteilen. Das Hintergrundrauschen der Galaxis ist im Radiobereich minimal. Da wir ein Signal nachweisen müssen, das durch die zurückgelegte Entfernung sehr geschwächt ist, ist dies von großem Vorteil. Es gibt bestimmte «Schlüssel»-Bereiche in den Radiofrequenzen, bei denen die Radioastronomen häufig zu astrophysikalischen Zwecken beobachten. Ein solcher Bereich, das Frequenzband zwischen 1400 und 1800 Megahertz (entsprechend den Wellenlängen zwischen 18 und 21 Zentimetern), trägt den Spitznamen «das Wasserloch», da hier natürliche Strahlungen der Komponenten des Wassers liegen: des Wasserstoffs und des Hydroxyl-Radikals (OH). Wasserstoff ist das häufigste Element im Universum, und neutrale Wasserstoffatome strahlen bei einer Wellenlänge von 21 Zentimetern. Jede Zivilisation, die mit der Erforschung des Universums begonnen hat, muß also diese universelle Strahlung kennen. Darüber hinaus besitzen Radioteleskope einige weitere Vorteile gegenüber optischen Teleskopen: ihre Auffangfläche ist größer, billiger und haltbarer, der Dopplereffekt ist von geringerer Bedeutung und leichter zu kompensieren, und die Beobachtungen sind nicht auf gutes Wetter angewiesen. Aus irdischer Sicht wäre das Radiofrequenzband also die beste Wahl.

Die natürliche Strahlung innerhalb der Galaxis ist sehr breitbandig – manchmal erstreckt sie sich über das gesamte elektromagnetische Spektrum. Als Beispiel sei der Krebs-Nebel genannt. Er strahlt hauptsächlich im Radio-, aber auch im sichtbaren und Röntgenbereich. Um sich gegen das ständige Hintergrundrauschen abzuheben, sollte ein künstliches Signal also in einem engstmöglichen

Band ausgesandt werden. Außerdem reicht der gleiche Energiebetrag in größere Entfernungen, wenn er als Signal in einem schmalen Band statt in einem breiten abgestrahlt wird.

Doch ein schmalbandiges Signal ist schwieriger zu entdecken, wenn wir die Frequenz nicht von vornherein kennen. Dafür gibt es einen einfachen Grund: Besitzt unser Empfänger eine große Bandbreite, ist das Signal über das gesamte Band verteilt und damit nicht mehr nachweisbar. Eine Ausnahme bilden sehr starke Signale. Besitzt unser Empfänger eine geringe Bandbreite, können wir jeweils immer nur einen kleinen Ausschnitt des Radiobereichs abhorchen (es sei denn, der Empfänger hat sehr viele Kanäle) und so die Botschaft vielleicht verpassen. Ein weiterer Nachteil eines schmalbandigen Signals besteht darin, daß mit engerem Emissionsfrequenzbereich auch die Modulation (und damit die Botschaft) eingeschränkt wird. Und schließlich ist es recht unwahrscheinlich, daß ein solches künstliches Signal durch Zufall entdeckt wird. Astronomen sortieren nämlich gewöhnlich alle störenden Geräusche aus, die ihre Beobachtungen behindern, ohne sie erst lange zu identifizieren.

Eine Horch- oder Sendestrategie besteht darin, eine der oben erwähnten «Schlüssel»-Frequenzen oder eine unmittelbare Nachbarfrequenz zu wählen. Doch jeder, der bei einer bestimmten Frequenz hören oder senden will, muß zunächst ein schwerwiegendes Problem lösen: Eine bei einer bestimmten Frequenz gesendete Botschaft wird nicht bei dieser Frequenz empfangen, wenn sich der Empfänger relativ zum Sender bewegt, da die Frequenz durch den Dopplereffekt verschoben wird. Das Horchen oder Senden bei einer Frequenz, die jedermanns Bewegung relativ zur gesamten Galaxis mit berücksichtigt, erfüllt das Antikryptographie-Prinzip am besten. Doch damit ist das Problem noch nicht ganz gelöst, da wir unsere eigene Bewegung nur auf zehn Prozent genau kennen. Diese Unsicherheit ist dann von Bedeutung, wenn das Signal bei einer Frequenz multipliziert mit einer irrationalen Zahl ausgesandt wird.

Eine weitere Strategie könnte darin bestehen, über mehrere Frequenzen leicht zu entdeckende Signale zu senden, die aber keine Botschaft enthalten, und dann die Botschaft selbst bei der zentralen Frequenz auszusenden. Die Aufmerksamkeit eines Hörers würde dabei durch eine Serie von Signalen geweckt, die enger beieinander liegen und stärker werden, wenn er den Frequenzbereich durchläuft, und dann wieder schwächer werden und auseinanderrücken. Wenn er schlau genug ist zu untersuchen, was im Zentrum dieses Systems aus symmetrischen Signalen vorgeht, wird er wahrscheinlich ein sinnvolles Signal entdecken.

Technische Gründe können ebenfalls die Wahl der Frequenz beeinflussen. Wenn niederfrequente Radiowellen das interstellare Medium durchlaufen, verbreitert sich ihre Bandbreite. Andererseits werden bei gegebener Energie niederfrequente Wellen noch aus sehr viel größerer Entfernung wahrgenommen als hochfrequente.*

Ein weiteres Problem für die Radioastronomen ist die Wahl der Ziele, die belauscht werden sollen. Der gesunde Menschenverstand sagt uns, daß wir alle sonnenähnlichen Sterne – also Sterne vom Typ G – in unmittelbarer Nachbarschaft des Sonnensystems beobachten sollten. Und hier hat man auch in der Tat mit der Suche nach künstlichen Signalen begonnen. Wenn sich jedoch die Zivilisationen, nach denen wir suchen, über die gesamte Galaxis ausgebreitet haben, könnten sie um jeden beliebigen Stern zu finden sein. Einige Astronomen bevorzugen eine systematische Suche, indem sie den ganzen Himmel mit ihrer Antenne abfahren. Die Suche nach sonnenähnlichen Sternen im Katalog des Smithsonian Astrophysical Observatory, der Informationen über 260 000 Sterne enthält, hat nur magere Ergebnisse erbracht. Von den 50 000 aufgelisteten G-Typ-Sternen sind nur sehr wenige gut untersucht. Nichtsdestoweniger könnte man etwa 1000 Sterne in Richtung zum galaktischen Zentrum und in entgegengesetzter Richtung als Ziele auswählen.

Eine andere Möglichkeit ist, alle abnormalen Strahlungsquellen zu beobachten, die im Laufe klassischer Beobachtungen in Katalogen erfaßt wurden. Die optische Identifikation kosmischer Radioquellen gehört zu den wichtigsten Aufgaben eines Radioastronomen. Je nachdem, welche Wellenlänge für die Erstellung von Radiokarten vom Himmel benutzt wurden, kann es sich bei den Radioquellen um Gasnebel, Supernova-Überreste, Galaxien oder

* Bei gegebener Energie enthalten hochfrequente Wellen sehr viel weniger Photonen als niederfrequente, so daß der Nachweis hochfrequenter Wellen durch Photonenrauschen beschränkt wird.

Quasare handeln. Stellen sich abnormale Quellen als entfernte Sterne heraus, sind sie häufig gute Kandidaten für die Suche nach künstlichen Signalen. Im allgemeinen ist die Aktivität im Radiobereich bei Sternen nicht sehr stark, verglichen mit anderen Radioquellen. Zwar ist die Sonne die stärkste Radioquelle am Himmel, doch nur, weil sie so nahe ist. Auf eine dieser abnormalen stellaren Radioquellen werde ich im nächsten Kapitel noch näher eingehen.

Einige Sterne zeigen einen Infrarotstrahlungsexzeß, weil sie von einer Staubwolke umgeben sind. Diese Strahlung könnte allerdings auch das Ergebnis interstellarer Ingenieurskunst sein. So glaubt Freeman Dyson, daß wir in einem Stadium fortgeschrittener technologischer Entwicklung dereinst innerhalb einer Hohlkugel um die Sonne leben werden, die wir aus Materie vom Mars und den Asteroiden hergestellt haben. Diese «Dyson-Kugel» würde die gesamte Sonnenenergie auffangen und ungenutzte Wärme im Infrarotbereich wieder abstrahlen.

Wir könnten auch versuchen, die Chancen, Signale zu entdekken, zu erhöhen, indem wir den Empfänger auf ein Gebiet richten, in dem sehr viele Sterne vorhanden sind, zum Beispiel auf das Zentrum der Galaxis mit einigen Milliarden Sternen, auf Kugelhaufen mit einer Million Sternen oder auf eine andere Galaxie mit Hunderten Milliarden Sternen. Leider sind die Entfernungen zu derartigen Objekten in der Tat astronomisch – 6000 Lichtjahre im besten Falle –, so daß wir einen sehr empfindlichen Empfänger bräuchten. Außerdem wäre bei so großen Entfernungen die Übertragungszeit so lang, daß keine Möglichkeit zu einem interessanten Dialog bestünde.

Eine weitere Möglichkeit besteht darin, den Empfänger in die entgegengesetzte Richtung eines außergewöhnlichen Objekts – einer Supernova (wie der, die am 23. Februar 1987 in der Großen Magellanschen Wolke ausgebrochen war), eines Pulsars oder des Zentrums der Galaxis – zu richten. Gibt es in dieser entgegengesetzten Richtung eine Zivilisation, so ist sie möglicherweise aus astrophysikalischen Gründen an dem außergewöhnlichen Objekt interessiert und beobachtet es. Die Wahrscheinlichkeit, daß sie auch uns dabei bemerkt, ist damit größer. Wenn wir in einem Kegel von einem Quadratgrad um diese Richtung senden, beträgt die Wahrscheinlichkeit, eine Zivilisation in diesem Kegel zu erreichen (im Gegensatz zum restlichen Himmel), 1:41 253. Mit anderen Worten, wenn es etwa 50 000 Zivilisationen in der Galaxis gäbe, würde uns eine hören – wenn sie horcht.

Wenn irgendwelche außerirdischen Zivilisationen versuchen zu kommunizieren, indem sie nur in die Richtungen senden, in denen sie andere Zivilisationen entdeckt haben, dann ist es sehr gut möglich, daß wir noch nicht bemerkt worden sind. Wir strahlen erst seit etwa 90 Jahren zu eigenen Zwecken Radiowellen aus. Diese Wellen entweichen aus unserer Atmosphäre und breiten sich im interstellaren Raum mit Lichtgeschwindigkeit aus. Sie können also erst eine Entfernung von 90 Lichtjahren erreicht haben – jenseits dieser sehr kurzen Entfernung erscheint die Erde als schweigender und damit anscheinend unbewohnter Planet. Dies vorausgesetzt, gäbe es für uns nur eine Chance, entdeckt zu werden, nämlich die Möglichkeit, daß wir uns zufällig zwischen zwei Zivilisationen befinden, die bereits miteinander kommunizieren.

Daher scheint eine gemischte Lösung am besten: den Himmel systematisch mit einer mittleren Empfindlichkeit abzusuchen und eine Reihe speziell gewählter Ziele mit hoher Empfindlichkeit anzuvisieren. Diese Strategie wird in einem neueren amerikanischen Projekt verfolgt, das ich später noch näher besprechen werde.

Ein weiteres Problem ist die wahrscheinliche Sendezeit. Wir haben keine Möglichkeit festzustellen, zu welcher Zeit die Übertragungen künstlicher Signale am wahrscheinlichsten sind. Wenn wir in unserem täglichen Leben die Nachrichten im Radio hören oder den vermutlichen Beginn einer öffentlichen Veranstaltung, eines Kursus oder eines Films bestimmen wollen, so können wir unserer Erfahrung nach meistens davon ausgehen, daß dieser Zeitpunkt jeweils zur vollen oder zur halben Stunde liegt. Das gleiche gilt auch für die Galaxis. Bestimmte «galaktische Uhren» – Novae, veränderliche Sterne, Doppelsterne – sind Schauplatz natürlicher periodischer Ereignisse mit Zeitskalen zwischen mehreren Stunden und mehreren Jahren. Um unsere Chancen, entdeckt zu werden, zu erhöhen, sollten wir unsere künstlichen Signale synchron zu solchen periodischen Vorgängen aussenden.

Eine solche Synchronisation ist aber schwierig, da wir die Gleichzeitigkeit von zwei Ereignissen (zum Beispiel der Aussendung

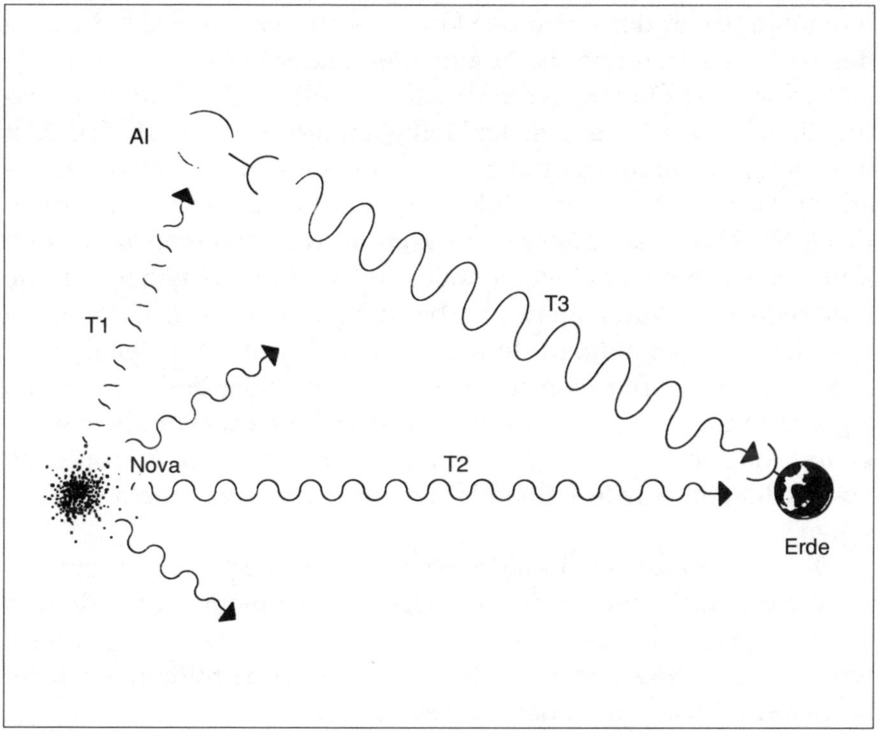

Abb. 20
Sendesynchronisation. Der Ausbruch einer Nova ermöglicht es uns, die Zeitpunkte für das Senden und Empfangen von Botschaften festzusetzen. Die außerirdische sendende Zivilisation (AI) nimmt den Novaausbruch zur Zeit t_1 wahr; zu diesem Zeitpunkt sendet sie ihre Botschaft. Die Erde beobachtet den Novaausbruch zur Zeit t_2 und das Signal von AI zur Zeit t_3. t_2 und t_3 sind nicht gleich, da t_1 ungleich Null ist.

eines Signals und eines Novaausbruchs) bestimmen müssen, die nicht am selben Ort stattfinden. Tatsächlich wissen wir aus Einsteins Relativitätstheorie, daß zwei Ereignisse, die für den einen Beobachter gleichzeitig stattfinden, für einen anderen nicht gleichzeitig sind, da die Lichtgeschwindigkeit nur endlich ist. Das gleiche Ereignis wird von verschiedenen Beobachtern zu Zeitpunkten wahrgenommen, die von ihrer Entfernung zum Ereignis abhängen. Obwohl das Aussenden eines Signals und der Novaausbruch für die sendende Zivilisation gleichzeitig stattfänden, würden wir beides zu verschiedenen Zeitpunkten wahrnehmen. Die Zeitverschiebung hängt von der Form des Dreiecks ab, das die Erde, die sendende Zivilisation und die Nova miteinander bilden.

Novae sind Doppelsterne, bei denen plötzliche Aktivitätsausbrüche zu einem Ansteigen der Helligkeit führen. Im Mittel leuchtet in unserer Nachbarschaft alle zehn Jahre eine Nova auf, die letzte am 29. August 1975 im Sternbild Cygnus. Intelligente Zivilisationen in der Nachbarschaft dieser Nova könnten dies für einen passenden Zeitpunkt gehalten haben, Signale auszusenden. Je näher sich die sendende Zivilisation an der Verbindungslinie zwischen der Nova und der Erde befände, desto kürzer wäre für uns der Zeitabstand zwischen dem Novaausbruch und dem Empfang des künstlichen Signals. Die Idee der Synchronisation durch Novae ist einleuchtend genug, daß sie unabhängig voneinander von zwei Astronomen vorgeschlagen wurde – einem amerikanischen und einem sowjetischen.

Die Leuchtkraft veränderlicher Sterne variiert nach einem Zyklus, der je nach Stern einige Stunden bis zu einigen Jahren dauern kann. Die Wahrscheinlichkeit, künstliche Signale von einem dieser Sterne zu entdecken, wäre zu dem Zeitpunkt am größten, wenn der Stern am schwächsten oder am hellsten ist.

In einem Doppelsternsystem umkreisen sich zwei Sterne, wobei die Umlaufperiode je nach ihrer mittleren Entfernung voneinander zwischen einigen Tagen und einigen Jahren liegen kann. Die Zeitpunkte ihres geringsten oder ihres weitesten Abstands voneinander sind besonders markant und könnten zur Synchronisation beim Senden oder Empfangen dienen.

Eine Botschaft, die mit der Absicht gesendet wird, Kontakt zu anderen Zivilisationen herzustellen, sollte leicht zu entdecken sein und einen einfachen Code und leicht entzifferbaren Inhalt haben. Der einfachste Code ist der von Morsesignalen, der Ende des 19. Jahrhunderts für die Telegraphie entwickelt wurde. Er besteht aus einer Reihe kurzer und langer Signale. Eine erste Botschaft könnte in einer Zahlenreihe bestehen, wie zum Beispiel der Reihe der Primzahlen 1, 2, 3, 5, 7, 11, 13, ... oder in der endlosen Wiederholung einer irrationalen Zahl wie π oder $\sqrt{2}$. Diese Zahlen besitzen insofern einen semantischen Wert, als das Signal nicht natürlich erzeugt werden kann, sondern den Eingriff einer Intelligenz erfordert.

Abb. 21
Die Arecibo-Botschaft. Das Bild links zeigt die Botschaft im Binärcode; dabei bedeuten die weißen Quadrate Nullen und die schwarzen Einsen. Auf der rechten Seite ist die Botschaft dechiffriert. Die erste Zeile zeigt die Zahlen von eins bis zehn, die zweite die Atomgewichte von fünf Atomen; in der folgenden ist die Formel der DNA und ihre Doppelhelix wiedergegeben; die drei letzten Zeilen zeigen die Größe der Weltbevölkerung, einen Menschen und seine Größe, das Sonnensystem sowie das Arecibo-Teleskop und seinen Durchmesser (© Teknea, 31200 Toulouse, France).

Eine andere elementare Botschaft könnte in Form einer Zeichnung gesendet werden. Man müßte nur in aufeinanderfolgenden Zeilen eine Folge von Signalen und Signalpausen eintragen. Das Ende jeder Zeile würde durch ein besonderes Zeichen – zum Beispiel ein längeres Signal – gekennzeichnet. Eine derartige Botschaft wurde am 16. November 1974 von dem Radioteleskop in Arecibo in Puerto Rico in Richtung des Kugelhaufens M 13 gesendet. Sie enthielt 1679 Zeichen im Binärsystem und gab der Reihe nach die Zahlen von eins bis zehn und die Atomgewichte einiger wichtiger Atome an. Dann beschrieb sie zwölf einfache Moleküle, die DNA, die menschliche Gestalt, die Anzahl der Menschen (vier Milliarden) und ihre Größe (14 Einheiten von 13 Zentimetern), das Sonnensystem (mit besonderer Herausstellung der Erde) sowie das Radioteleskop und seine Größe. Eine solche Botschaft ist nicht leicht zu entziffern, doch vielleicht war sie für *wirklich* intelligente außerirdische Zivilisationen gedacht. Wie auch immer, das Hauptziel dieses Experiments war nicht so sehr die Absicht, ein Programm zur interstellaren Kommunikation zu starten, sondern zu zeigen, daß wir die Technologie dafür besitzen.

Die erste Botschaft überhaupt war am 3. März 1972 an Bord der amerikanischen *Pioneer-10*-Sonde ins All gesandt worden, als diese zum Jupiter startete. Nach der Beobachtung des Jupiter verließ die Sonde das Sonnensystem mit einer Geschwindigkeit von etwa elf Kilometern pro Sekunde in Richtung des Sternbilds Orion. Sie führt eine Botschaft mit sich, die auf einer 15 × 22,5 Zentimeter großen Aluminiumplatte eingraviert ist. Die gleiche Botschaft wurde auch der Sonde *Pioneer 11* mitgegeben. Sie besteht aus einer Zeichnung, die einen Mann und eine Frau darstellt sowie das Sonnensystem, das Wasserstoffatom und die Perioden und Positionen von 14 Pulsaren bezüglich der Erde, um ihren Standort innerhalb der Galaxis zu kennzeichnen. Zum Größenvergleich ist hinter den Menschen eine Skizze der Sonde abgebildet.

Eine Zeichnung ist eine einfache Art der Kommunikation. Eine kompliziertere Botschaft erfordert die Konstruktion einer Sprache, einen Kommunikationscode. Die Botschaft muß dann auch eine Art Rosetta-Stein enthalten, der es möglichen Empfängern der Botschaft erlaubt, diese zu entziffern. Hans Freudenthal hat sich 1960 eine solche Sprache ausgedacht, die auf Mathematik und symboli-

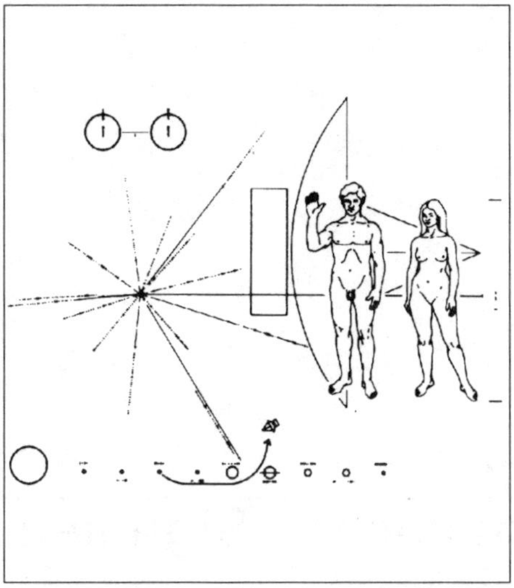

Abb. 22
Die Botschaft auf den *Pioneer-10-* und *-11*-Sonden. Oben links ist die 21-Zentimeter-Linie durch ein Wasserstoffatom symbolisiert. Der Stern in der Mitte gibt die Richtungen der wichtigsten Pulsare von der Erde aus gesehen an sowie ihre Perioden. Darunter befindet sich ein Diagramm vom Sonnensystem. Der Mann und die Frau sind zum Größenvergleich vor der Sonde stehend abgebildet (© Teknea, 31200 Toulouse, France).

scher Logik beruht – er nannte sie Lincos. Physik und Astronomie wären ausreichend universell, um während der ersten Phasen einer Kommunikation als Themen zu dienen. Daß sie universell sind, zeigt die Erfahrung verschiedener Zivilisationen auf der Erde selbst. Diese Vorstellungen sind natürlich sehr anthropomorph und gehen von einer Abstraktionsfähigkeit bei unseren möglichen Zuhörern aus, die sie vielleicht nicht besitzen. Eine realistischere Haltung wäre es, auf einen Kontakt zu warten und dann eine gemeinsame Sprache auf der Grundlage gegenseitigen Lehrens zu entwickeln.

Falls wir jemals offensichtlich künstliche Signale entdecken sollten, könnte es sich als unmöglich herausstellen, sie sinnvoll zu entziffern. Das bedeutet aber nicht, daß interstellare Kommunikation unmöglich ist. Allein schon der Empfang einer Botschaft, auch wenn sie unverständlich ist, wäre ein erster Schritt zu einem Kontakt und würde das Ende unserer Isolation bedeuten. Es ist zu hoffen, daß die gegenwärtige Forschung über künstliche Intelligenz bei solchen Bemühungen von Nutzen sein wird.

11
Die Suche nach künstlichen Signalen

Das ewige Schweigen dieser unendlichen Räume erschreckt mich.

Blaise Pascal: *Gedanken, III*

Die heutigen Hypothesen über Leben im Universum lassen sich sicherlich am besten durch die Suche nach Zeichen von außerirdischem Leben überprüfen. Damit eine solche Suche erfolgreich ist, sind bestimmte Vorarbeiten nötig: Man braucht eine Liste bewohnbarer Orte, man muß sich Gedanken machen, welche Merkmale hypothetische außerirdische Zivilisationen haben könnten, und man muß Forschungsstrategien definieren.

Es ist jedoch nicht einfach, die im vorausgehenden Kapitel vorgestellte Strategie in die Praxis umzusetzen, da die heutigen Radioteleskope nicht für diese Art Forschung geplant wurden. Als allererstes stellt sich die Frage, wie stark ein außerirdischer Sender sein muß, damit wir seine Botschaft im kosmischen Rauschen entdecken können. Wenn er 1000 Lichtjahre entfernt ist, muß er eine Leistung zwischen einer Milliarde und 20 Milliarden Kilowatt haben. Das entspricht unseren leistungsstärksten Radiosendern. Wir haben also durchaus eine Chance, mit unserer heutigen Technologie ein künstliches Signal zu entdecken, wenn all die anderen Bedingungen erfüllt sind – das heißt, wenn wir bei der richtigen Frequenz zum richtigen Zeitpunkt in die richtige Richtung beobachten. Die Umkehrung der obigen Daten beschreibt unsere eigenen Sendemöglichkeiten: Unsere besten Sender reichen in Entfernungen von etwa 300 bis 1000 Lichtjahren. Und in diesem Bereich – innerhalb einer Kugel mit einem Radius von 300 Lichtjahren – gibt es rund 100 000 sonnenähnliche Sterne.

Tabelle 11:
Laufende und abgeschlossene Projekte zur Suche nach künstlichen Radiosignalen außerirdischen Ursprungs.

Jahr	**Forscher (PROJEKTNAME)**	**Ort**	**Wellen-länge (cm)**	**Ziel**	**Dauer (Std.)**
1960	Drake (OZMA)	USA	21	2 Sterne	400
1963	Kardashew	UdSSR	32	Quasar	
1966	Kellerman	Australien	6–85	1 Galaxie	
1968–69	Troitsky	UdSSR	21;32	12 Sterne	11
1968–	Troitsky	UdSSR	21;50;100	Gesamthimmel	
1970–	Troitsky, Bondar, Starodubtsew	UdSSR	16,32;50	Gesamthimmel, gepulstes Signal	700...
1970–72	Slysh	Frankr.	18	10 Sterne	
1971–72	Verschuur (OZPA)	USA	21	9 Sterne	13
1972	Kardashew	UdSSR	60;745	Gesamthimmel	
1972–76	Palmer (OZMA II)	USA	21	674 Sterne	500
1972–	Kardashew, Gindilis	UdSSR	18;223	Gesamthimmel, gepulstes Signal	
1973–	Dixon, Ehman, Raup	USA	21	Gesamthimmel	
1974–76	Bridle, Feldman	Kanada	1;3	70 Sterne	140
1974–	Schwartsman (MANIA)	UdSSR	5;4	21 seltsame Obj.	
1975–76	Drake, Sagan	USA	13;16;21	4 Galaxien	100
1975–79	Israel, de Ruiter	Niederl.	21	50 Sterne (1)	400
1976	Clark, Black, Cuzzi	USA	3,5	4 Sterne	7
1976–	Bowyer (SERENDIP)	USA	18;21	Gesamthimmel ...	
1977	Black, Clark, Cuzzi	USA	18	200 Sterne	100
1977	Drake, Stull	USA	18	6 Sterne	10
1977–	Wielebinski	BRD	21	3 Sterne	2
1978	Horowitz	USA	21	185 Sterne	80
1978	Cohen, Malkan, Dickey	USA, Australien	1,3;18	25 Kugelhaufen	60, 20
1978	Knowles, Sullivan	USA	60;230	2 Sterne	5
1979	Cole, Ekers	Australien	6	F,G,K-Sterne	50
1979–	SERENDIP II	USA	Radio	(2)	400
1979	Tarter, Clark	USA	18;21	200 Sterne	10
1980	Lord, O'Dea	USA	0,34	Rot. Achse Gal.	50
1981	Israel, Tarter	Niederl.	21	85 Sterne	600
1981–88	Biraud, Tarter	Frankr.	18;21	347 Sterne	700
1981	Shostak (SIGNAL)	Niederl.	21	Gal. Zentr.	4

Jahr	Forscher (PROJEKTNAME)	Ort	Wellen-länge (cm)	Ziel	Dauer (Std.)
1982	Horowitz, Teague	USA	10,5;21	150 Sterne	50
1982	Vallée	Kanada	2,8	Gal. Zentr.	72
1983	Horowitz(SENTINEL)	USA	10;18;21	Gesamthimmel	
1983	Damashek	USA	76;5	Pulsare	700
1983	Valdes, Freitas	USA	18	92 Sterne	100
1983–	Gulkis	Australien	3,7;12,5	Südhimmel	800...
1983	Gray	USA	21	Gesamthimmel	
1983–	Cullers (AMSET)I	USA	21		
1983–	Stephens	Kanada	19;21	Gesamthimmel	
1984	Troitsky	UdSSR	21	Gesamthimmel	
1985–	Horowitz(METASETI)	USA			
1986	Mirabel	USA		Gal. Zentr.	
1987	Tarter, Kardashew, Slysh	USA		IR-Qu. Gal. Zentr.	
1988	Bania, Rood	USA			
1990	Blair et al.	Australien		Südhimmel	
1990	Gray	USA		M31, M32	
1990–	Betz	USA		100 nahe Sterne	
1990–	Colomb(META II)	Argentinien	Radio	Südhimmel	
1992–	NASA SETI (MOP) (3)	USA		Gesamthimmel	

(1) Analyse der Radiokarten von 250 Sternfeldern, um Koinzidenzen zwischen Restradiostrahlung und hellen Sternen zu finden.
(2) Analyse von Restradiosignalen bei der Überwachung von NASA-Satelliten.
(3) Gestartet am 12. Oktober 1992, veranschlagte Kosten: hundert Millionen Dollar.

Tabelle 12:
Suchprojekte bei anderen Wellenlängen zur Entdeckung künstlicher Signale außerirdischen Ursprungs.

	Forscher	Ort	Spektralbereich	Ziel	Dauer (Std.)
1974	Wishnia	Satellit	ultraviolett	3 Sterne	
1979	Freitas	USA	sichtbar	(1)	30
1980	Witterborn	USA	infrarot	20 Sterne	50
1981–82	Valdes, Freitas	USA	sichtbar	(2)	70

(1) Überprüfung von 90 Photoplatten von Objekten, die möglicherweise Raumsonden an den Librationspunkten des Erde-Mond-Systems ähneln.
(2) Überprüfung von 137 Platten, um Objekte von einigen Metern Durchmesser auf 23 stabilen Umlaufbahnen in der Nähe der Lagrange-Punkte zu finden.

Seit etwa 30 Jahren horchen die Radioastronomen ohne ein positives Ergebnis den Himmel ab. Einige sind bereits besorgt über dieses große Schweigen. Doch solche Sorgen sind verfrüht, denn es sind längst noch nicht ausreichend viele Quellen beobachtet, Frequenzen untersucht und Beobachtungsstunden am Teleskop verbracht worden. In den Vereinigten Staaten werden zur Zeit neue, speziell für solche Untersuchungen entworfene Empfänger gebaut, die zweifellos in den kommenden Jahren konkretere Antworten geben werden.

In Tabelle 11 sind bereits abgeschlossene oder noch in Gang befindliche astronomische Beobachtungen zur Entdeckung künstlicher Signale aufgezählt. Die meisten wurden im Radiobereich durchgeführt, allerdings mit herkömmlichen Empfängern, die kaum ein vollständiges Abtasten aller Frequenzen erlauben. Die Anzahl der Beobachtungsstunden ist nicht weiter von Bedeutung, da einige der neueren Beobachtungen dank Multikanal-Analysatoren sehr viel effektiver sind als ältere. So könnte zum Beispiel heute der 1008-Kanal-Empfänger in Arecibo die 1960 von Drake in 200 Stunden Beobachtungszeit verarbeitete Information in weniger als einer Sekunde bewältigen.

Manchmal wurden diese Beobachtungen passiv durchgeführt, das heißt, sie sind Nebenprodukte herkömmlicher astrophysikalischer oder astronautischer Beobachtungen. So war das Hauptziel der Beobachtungen von Cohen und seinen Mitarbeitern, Sauerstoffverbindungen in Kugelhaufen nachzuweisen – die Entdeckung möglicher Signale war nur zweitrangig.

Auch Jean Heidmann vom Pariser Observatorium führte gerade klassische radioastronomische Untersuchungen durch, als er ein schwaches stellares Objekt an der Position einer breitbandigen Radioquelle in der Nachbarschaft einer Markarian-Galaxie* bemerkte. Nachfolgende spektroskopische Untersuchungen zeigten, daß es sich um einen G-Typ-Stern wie die Sonne handelte. Wenn tatsächlich dieser Stern und nicht ein hinter ihm stehender Quasar für die gemessene Radiostrahlung verantwortlich wäre, müßte er

* Markarian-Galaxien zeigen einen charakteristischen Exzeß im Ultraviolettbereich.

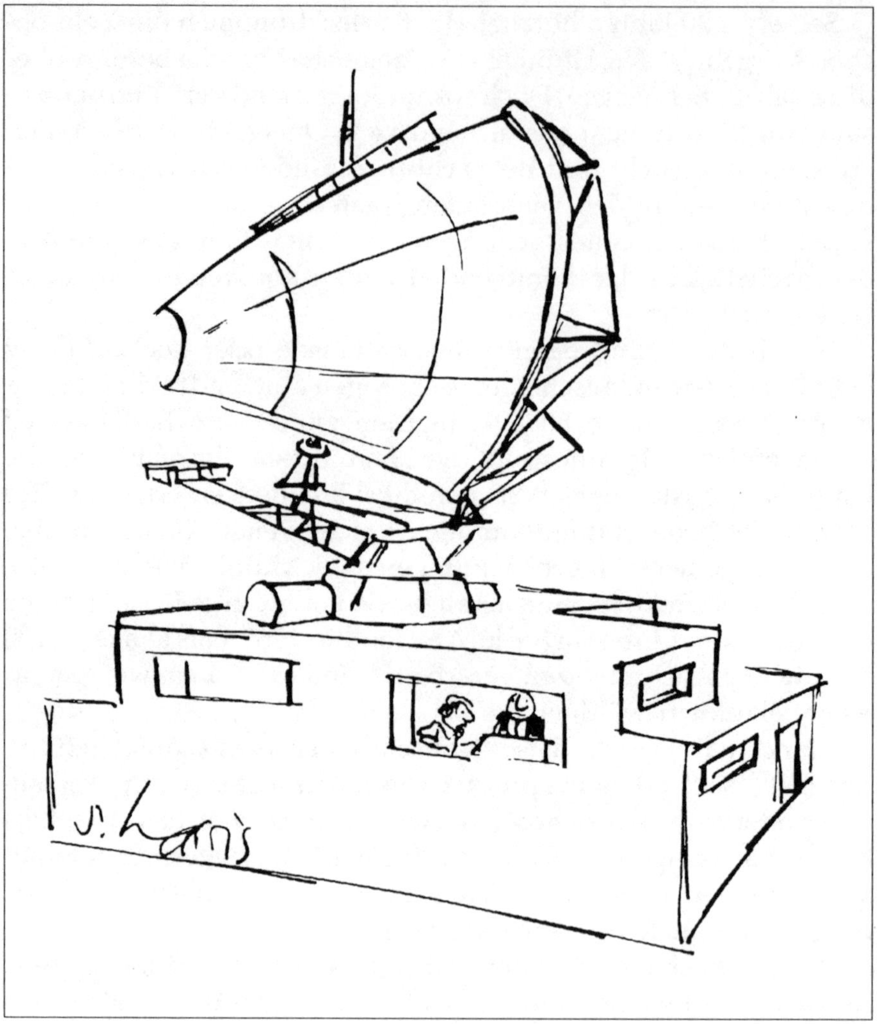

Abb. 23
«Die Botschaft aus dem All bittet uns damit aufzuhören, unverständliche Botschaften ins All zu senden.» (*Savant en Folie* © Sidney Harris; mit freundlicher Genehmigung der Editions Belin.)

einmillionenmal stärker strahlen als die «ruhige» Sonne («ruhig» nennt man die Sonne außerhalb der Perioden mit Radiostrahlungsausbrüchen). Nach Heidmann ließe sich diese intensive Strahlung durch einen riesigen Parabolspiegel erklären, der die natürliche Radiostrahlung des Sterns zu einem engen Strahl bündelt, ähnlich einem Funkleitstrahl. Genauere Radiobeobachtungen 1986 zeigten jedoch, daß sich die Radioquelle nicht genau an der Position des Sterns befindet.

Das Nançay-Dezimeter-Teleskop in Sologne in Frankreich eignet sich gut für die Suche nach künstlichen Signalen. Mit einer Antennenfläche von 200 × 35 Metern und einem auf die Wellenlängen von 18 und 21 Zentimetern eingestellten Empfänger kann es ein monochromatisches Signal von zehn Millionen Megawatt Stärke, das in 40 Lichtjahren Entfernung von der Erde ausgesandt wurde, in einer Sekunde nachweisen. Mit seinen 1024 Kanälen kann es gleichzeitig 1024 Frequenzbänder von 50 Hertz Breite analysieren. Um ein schwächeres Signal zu empfangen, müssen wir nur länger horchen (oder «integrieren», wie die Radioastronomen sagen).

Zwischen 1981 und 1988 führte François Biraud, Radioastronom am Observatorium Meudon, zusammen mit Jill Tarter vom NASA-Ames Research Center sechs Beobachtungsreihen durch, wobei die Beobachtungszeit insgesamt 700 Stunden betrug. Sie suchten nach künstlichen Signalen von Sternen, die in Arecibo nicht beobachtet werden können.*

Diese spezielle Suche richtete sich auf 347 Sterne vom Typ F, G und K, die nicht weiter als 75 Lichtjahre entfernt sind. Im Juni 1981 beobachteten Biraud und Tarter 102 Sterne. Jeder Stern wurde 25 Sekunden lang bei vier Wellenlängen nahe 18 Zentimetern beobachtet. Der Stern RGO 216, der verdächtige Ergebnisse gezeigt hatte, wurde im April 1982 nochmals beobachtet, allerdings mit negativem Ergebnis. Wegen technischer Probleme konnten die Daten der zweiten Beobachtungsreihe, die im Oktober 1982 durchgeführt wurde, nicht reduziert werden. Im August 1984 wurden weitere 155 Sterne bei den Wellenlängen 18 und 21 Zentimeter beobachtet – ohne positive Ergebnisse außer einem Fehlalarm, der von einem Sender auf der Erde ausgelöst wurde. Im April 1987 kam ein starkes Signal vom Stern RGO 243, das sich aber wiederum als irdisch herausstellte.

---

* Beobachtungen in Arecibo sind auf eine Deklination zwischen –39 Grad und –2 Grad beschränkt. In Nançay kann man vom nördlichen Himmelspol bis zu einer Deklination von etwa –40 Grad beobachten.

Abb. 24
Die große Antenne des Nançay-Radioteleskops. Die Antennenfläche besteht aus einem eng geflochtenen Schirm von 200 Metern Länge und 35 Metern Breite, der in Deklinationsrichtung bewegt werden kann. Während der Beobachtung von Radioquellen bewegt sich der Teleskopfokus, um die Erdrotation auszugleichen (© L. Gouguenheim).

Insgesamt wurden 344 Sterne beobachtet, von denen 95 in Wirklichkeit Vielfachsterne waren. Man fand kein Signal mit den von einem außerirdischen Signal erwarteten Eigenschaften. Trotzdem waren diese Beobachtungen nicht wertlos – sie zeigten, welche Beobachtungsverfahren ungeeignet sind, und deckten technische Probleme auf, deren Lösung zukünftigen SETI-Beobachtungen (SETI = Search for Extraterrestrial Life) und deren Analysen zugute kommen werden.

Bei allen vorhergehenden Suchaktionen war angenommen worden, daß das künstliche Signal monochromatisch sei. Doch Biraud glaubt, daß auch breitbandige Signale durchaus möglich sind. Ein monochromatisches Signal zeigt regelmäßige zeitliche Amplitudenschwingungen – es ist sinusförmig. Bei einem breitbandigen Signal kann jedoch die zeitliche Modulation beliebig sein. Sie kann

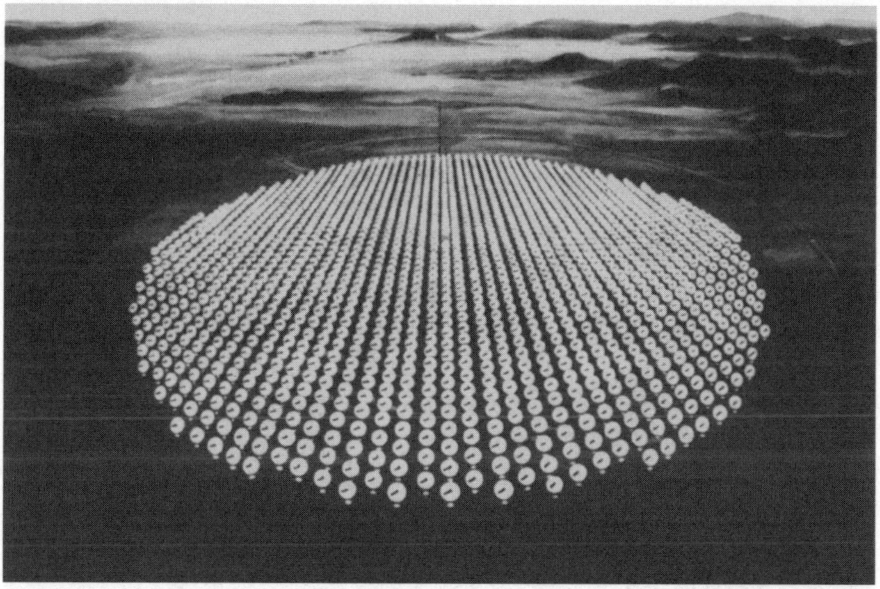

Abb. 25
Das Cyclops-Projekt. Bei diesem Projekt aus den siebziger Jahren, das inzwischen aufgegeben wurde, waren 100 Antennen, verteilt über eine Fläche von acht Kilometern Radius, geplant. Damals glaubte man, daß eine Gesamtantennenfläche von sieben bis 20 Quadratkilometern nötig sei, um künstliche Signale im kosmischen Rauschen nachweisen zu können (Quelle: NASA).

sich auch beim Durchgang durch das interstellare Medium ändern. Ist die Form der Welle nicht von vornherein bekannt, wird die für die Entdeckung des breitbandigen Signals benötigte Rechenzeit jedoch sehr lang.

Das Radioteleskop der Ohio State University ist vom gleichen Typ wie das in Nançay. Seit 1969 wird es ausschließlich für die Suche nach künstlichen Signalen eingesetzt – daher sein Spitzname «das Große Ohr». Im August 1977 registrierte man ein außergewöhnliches Signal – es war der größte Alarm in acht Jahren. Doch dieses aufregende Signal (bei einer Rektaszension von 19h 17m und einer Deklination von –27°3′) tauchte niemals wieder in den Computerausdrucken auf und konnte nie geklärt werden. Als dann 1985 ein Golf-Club Anspruch auf das Teleskopgelände erhob, konnten nur die gemeinsamen Bemühungen der interna-

Abb. 26
Ausschnitt aus dem Cyclops-Projekt. Jede Antenne hat einen Durchmesser von 100 Metern. Rechts befindet sich das Kontroll- und Datenverarbeitungsgebäude (Quelle: NASA).

tionalen astronomischen Gemeinde die Verschrottung des Teleskops verhindern.

Das großangelegte Cyclops-Projekt der NASA aus den siebziger Jahren wurde inzwischen zugunsten weniger ehrgeiziger, aber realistischerer Programme aufgegeben, die bereits vorhandene Radioteleskope benutzen. Das NASA-Projekt META zur Suche nach künstlichen Signalen stützt sich auf revolutionäre neue Empfänger. Ein solcher Spektralanalysator kann gleichzeitig Signale in acht Millionen Frequenzbändern nachweisen und analysieren – in Echtzeit, das heißt direkt während der Beobachtung –, wobei jedes Band eine Breite von einem bis 32 Hertz besitzt. Diese Art Empfänger wird für nötig befunden, weil die hypothetischen künstlichen Signale wahrscheinlich in einem schmalen Frequenzband ausgesandt werden und wir nicht im voraus wissen können, wie schmal es ist.

Eine Vergrößerung der Bandbreite, um weniger Kanäle analysieren zu müssen, wäre nicht zweckdienlich; wenn die Bandbreite, in der gesendet wird, zu groß ist, wird das Signal verschmiert und verschwindet im Hintergrundrauschen der Galaxis.

Die neue Strategie der NASA ist zweigleisig. Das am 12. Oktober 1992, dem 500. Jahrestag der Entdeckung Amerikas gestartete Projekt MOP besteht zum einen in der Beobachtung von einigen hundert sonnenähnlichen Sternen mit Entfernungen von weniger als 50 Lichtjahren, wobei die Beobachtungsfrequenzen zwischen 1 und 3 Gigahertz liegen, die in 14 Millionen (später sogar in 29 Millionen) Kanäle aufgeteilt werden. Zum anderen wird der Himmel in einem breiteren Frequenzbereich mit geringerer Auflösung systematisch abgesucht, wobei jede Position am Himmel bei einer bestimmten Frequenz nur einige Sekunden lang beobachtet wird. Das vorläufige Budget für das Programm wird auf 100 Millionen Dollar geschätzt.

Forscher der Universität von Kalifornien haben die Technik der passiven Beobachtung automatisiert. Ihr Programm ist insofern ein Parasit, als es klassischen astrophysikalischen Beobachtungen aufgepfropft wird, ohne sie jedoch zu stören. Die während der herkömmlichen Untersuchungen anfallenden Radiodaten werden automatisch analysiert. Die Wahl der Frequenzen, Ziele und Beobachtungsperioden wird somit durch das Hauptforschungsprogramm bestimmt, das sich mit astrophysikalisch interessanten Objekten befaßt. Die während der Beobachtung erhaltenen Spektren werden auf Magnetbändern gespeichert; anschließend «hört» sie ein Mikroprozessor auf Signale in einem schmalen Frequenzband ab. Die Nachweisgrenze ist so gewählt, daß etwa 4000 Ereignisse pro Monat entdeckt werden. Jedes Ereignis wird anhand seiner Koordinaten (Rektaszension, Deklination, Stundenwinkel, Azimut) und eines Datums identifiziert. Um statistische Fluktuation des Hintergrundrauschens oder Signale irdischen Ursprungs auszuschließen, muß ein Signal mehrere Male nachgewiesen werden. Die Strategie besteht in dem Versuch, ein systematisches Verhalten der nachgewiesenen Signale im Hinblick auf die Koordinaten zu erkennen. Eine erste Beobachtungsserie von 35 Tagen wurde 1980 während normaler Beobachtungen von Roten Riesen durchgeführt, die

Maserquellen* enthalten. Die Analyse ergab etwa 4000 Signale, die die mittleren Fluktuationen im Hintergrundrauschen des Himmels und des Empfängers um den Faktor 4,5 überstiegen. Der Ursprung einiger Signalgruppen war der Empfänger selbst, 60 blieben ungeklärt. Drei oder vier beruhten wahrscheinlich auf statistischen Fluktuationen im Rauschen. Deshalb wäre es sinnvoll, noch einmal in die Richtungen zu beobachten, in die die Antenne während dieser Ereignisse gezeigt hat.

Auf vielen Gebieten der Astronomie sind Amateurastronomen tätig, auch bei der Suche nach künstlichen Signalen. Robert Gray, ein Software-Ingenieur aus Chicago, baute kürzlich zu diesem Zwecke ein automatisches Teleskop. Es ist eine Parabolantenne mit vier Metern Durchmesser, die auf einem azimutalen Radargestell montiert ist und von einem 0,5-PS-Motor bewegt wird. Der Empfänger ist auf die Wellenlänge von 21 Zentimetern eingestellt; er besitzt 256 Kanäle, deren Bandbreite zwischen einem und 100 Hertz variieren kann. Dieser Empfänger könnte mit einer Antenne von 100 Metern Durchmesser ein 1000-Megawatt-Signal aus 50 Lichtjahren Entfernung in 16 Sekunden nachweisen. Doch wegen des kleinen Durchmessers hat das Teleskop nur eine geringe Auflösung, so daß es mögliche Quellen nicht sehr genau lokalisieren kann. Das Teleskop wird von einem Mikrocomputer gesteuert, der die Beobachtungen durchführt und automatisch die Daten reduziert. Gewöhnlich arbeitet das Teleskop sechs bis zwölf Stunden pro Nacht. Es könnte auch am Tage beobachten, doch dann kommt es häufiger zu Interferenzen mit terrestrischen Radiostrahlungen. Wegen der schmalen Bandbreite der Kanäle kann der Empfänger von Grays Teleskop nur die stärksten Radioquellen nachweisen. Diese werden bei der Beobachtung als Standardobjekte zur Eichung anderer möglicher Signale benutzt. Der Amateur Gray beobachtet hauptsächlich eine Himmelsregion, in der das Radioteleskop der Ohio State University bereits einmal verdächtige Signale entdeckt hatte. Bis jetzt gibt es keine positiven Ergebnisse – doch das beweist

* Ein Maser funktioniert wie ein Laser, indem er nach der Stimulation durch einen physikalischen Prozeß (der natürlich sein kann) sehr intensives monochromatisches Licht abstrahlt.

wahrscheinlich, daß das Instrument keine terrestrische parasitäre Strahlung nachweist.

Der außerirdische Ursprung eines monochromatischen Radiosignals steht dann sicher fest, wenn eine leichte Frequenzverschiebung (0,1 Hertz pro Sekunde) des Signals auftritt, die auf der Rotation der Erde in bezug auf den Sender beruht, und wenn das Signal jeden Tag vier Minuten früher erscheint.

Unter dem Namen AMSETI hat sich eine Gruppe von Radioamateuren im Silicon Valley in Kalifornien zusammengefunden. Sie haben einen Spektralanalysator, der auf eine Wellenlänge von 21 Zentimetern eingestellt ist, an eine TV-Satellitenschüssel angeschlossen.

Eine weitere Gruppe, das «Terrestrische Forschungsinstitut in den Nordwest-Territorien Kanadas», hat zwei Ionosphärenantennen mit 15 Metern Durchmesser erworben und einen rauscharmen Empfänger für die Frequenzen des «Wasserlochs» gebaut.

Das Durchhaltevermögen solcher Amateurgruppen wird vom Enthusiasmus ihrer Mitglieder und insbesondere von ihren finanziellen Mitteln abhängen.

Die Suche nach künstlichen Signalen beginnt zwar gerade erst, doch vielleicht ist es bereits zu spät. Immer mehr Geräte, die Radiostrahlung abgeben, werden auf der Erde und auch in der Umgebung der Erde verwendet, wodurch radioastronomische Beobachtungen immer schwieriger werden. Einige Frequenzbänder, die für die Radioastronomie von essentieller Bedeutung sind, sind zwar geschützt – dazu gehören die Strahlungsfrequenzen des neutralen Wasserstoffs (1420 Megahertz) und des Hydroxyl-Radikals (1660 Megahertz), also die beiden Grenzen des «Wasserlochs», in dem die Radioastronomen eines Tages künstliche Signale zu entdecken hoffen – doch Starter für Benzinmotoren und fernbediente Garagentoröffner sind bei den Schutzmaßnahmen nicht berücksichtigt. Ein Radioteleskop kann die Strahlung eines solchen Geräts noch in 40 000 Kilometern Entfernung nachweisen. Der sowjetische Navigationssatellit *Glonass*, der in der Nachbarschaft von 1600 Megahertz sendet, verhindert etwa zwölf Stunden am Tag, daß das Radioteleskop in Nançay bei dieser Frequenz beobachten kann. Wenn 1992 alle 24 *Glonass*-Satelliten in der Umlaufbahn sind, wird diese Frequenz für Nançay vollkommen blockiert sein. Auch das

Projekt MOP (Microwave Observing Project) ist durch solche Störungen bedroht. Vielleicht wird den Radioastronomen in der Zukunft nichts anderes übrigbleiben, als ihre Observatorien auf der Rückseite des Monds zu errichten.

12
Die Diskussion innerhalb der Gesellschaft

Die unerklärliche Verbissenheit des Menschen, die Welt nachzuerschaffen, ist nicht vergebens, denn nichts erlangt wieder Gestalt jenseits des Todes außer den nacherschaffenen Formen.

André Malraux: *Das imaginäre Museum*

Bis zu diesem Punkt haben wir uns in diesem Buch mit einzelnen wissenschaftlichen Elementen aus den verschiedensten Gebieten zum Thema «Leben im Universum» beschäftigt. Zunächst haben wir diejenigen astronomischen, biologischen, paläontologischen und soziologischen Aspekte des Lebens auf der Erde betrachtet, die universeller Natur sein könnten. Anschließend haben wir astronomische Erkenntnisse kennengelernt, die auf mögliches außerirdisches Leben im Universum hindeuten. Doch bevor wir nun auf die Folgen und die Bedeutung eingehen, die diese Forschung für unser Weltbild und möglicherweise für unsere Zukunft hat, möchte ich darstellen, wie die Suche nach Leben im Universum in jüngster Zeit bei Astronomen und in der Allgemeinheit beurteilt wurde. Ich möchte die Geschichte dieser Forschung beschreiben und über die Diskussionen berichten, die sie unter den Astronomen ausgelöst hat. Die Meinung der Öffentlichkeit zu diesem Thema wird aus den Ergebnissen verschiedener Meinungsumfragen deutlich. Wie wir sehen werden, ist die Unterstützung durch die Öffentlichkeit in demokratischen Gesellschaften sehr wichtig, um die Finanzierung dieser Forschung zu sichern. Ziel dieser Analyse der Meinungsströmungen, die diese Forschung beeinflußt haben oder in Zukunft beeinflussen könnten, ist es, das in diesem Buch Dargestellte in einen größeren Rahmen zu stellen – über den relativ begrenzten Kreis der beitragenden Forscher hinaus.

Ausgangspunkt für die moderne Erforschung des Lebens im Universum war ein Artikel von zwei Wissenschaftlern des Massachussetts Institute of Technology, der 1959 in der britischen Zeitschrift *Nature* erschien. In diesem Artikel wiesen Giuseppe Cocconi und Philip Morrison darauf hin, daß für eine interstellare Kommunikation eine Wellenlänge von 21 Zentimetern am besten geeignet sei – also die Wellenlänge, bei der neutraler Wasserstoff, das häufigste Element im Universum, Strahlung aussendet. Damals fand der Artikel wenig Interesse und weckte auch keinerlei Polemik, wie das sonst bei der Veröffentlichung neuer und provokativer Ideen gewöhnlich der Fall ist. 1960 griff jedoch Frank Drake, ein junger Radioastronom in Green Banks, die Idee für sein Projekt Ozma auf. Er versuchte, künstliche Radiosignale aus der Richtung zweier naher Nachbarsterne der Sonne aufzufangen – jedoch ohne Erfolg. Cocconi verfolgte dann diese Arbeiten nicht weiter, doch Drake und Morrison begeisterten sich weiterhin dafür, auch dann noch, als sie sich mehr klassischeren Forschungsthemen widmeten.

Zehn Jahre vergingen, ehe andere Radioastronomen damit begannen, Sterne zu belauschen. Es gab jedoch weder einen theoretischen Hintergrund noch eine Synthese der wissenschaftlichen Erkenntnisse, um diesem neuen Forschungsfeld Geltung zu verschaffen. Warum sollte man über interstellare Kommunikation reden, wenn es niemanden gab, mit dem man kommunizieren konnte?

Das erste Buch, das die Möglichkeiten, intelligentes Leben im Universum zu finden, anhand einer vollständigen Zusammenfassung aller bisherigen wissenschaftlichen Erkenntnisse untersuchte, kam aus der Sowjetunion. Der Autor dieses Werks, das 1962 veröffentlicht wurde, war Joseph Shklovsky. Eine von Carl Sagan ergänzte englische Ausgabe erschien 1966 in den Vereinigten Staaten. Etwa zur gleichen Zeit erschien auch eine französische Übersetzung des

Originals unter dem Titel *Univers, Vie, Raison* (Universum, Leben, Vernunft). Dieser Titel weist sehr deutlich auf den Inhalt des Buchs hin: eine astronomische Einführung, eine Untersuchung des Lebens auf der Erde und schließlich eine Diskussion möglicher Intelligenz im Universum. Hier behauptet Shklovsky insbesondere, daß die beiden Marsmonde Phobos und Deimos hohl und damit künstlich seien. Heute wissen wir, daß der wahre Grund für die scheinbar zu geringe Masse der beiden Monde ihre unregelmäßige Gestalt ist.

Die Internationale Astronomische Union (IAU) erkannte inzwischen das Interesse innerhalb der internationalen Wissenschaftlergemeinde an der Suche nach Leben im Universum als berechtigt an und gründete 1981 eine entsprechende Kommission mit dem Namen «Search for Extraterrestrial Life» («Suche nach außerirdischem Leben»). Diese Kommission 51 der IAU hat inzwischen bereits 250 Mitglieder – das sind fünf Prozent der Gesamtmitgliederzahl der IAU. Die Aufgabe der Kommission umfaßt die Suche nach Planeten in anderen Sonnensystemen, die Erforschung der Entwicklung von Planeten und ihrer Möglichkeiten, Leben zu beherbergen, die Suche nach biologischen Molekülen und die Untersuchung ihrer Entstehung, die Suche nach künstlichen Radiosignalen außerirdischen Ursprungs, die Suche nach Hinweisen auf andere höherentwickelte Zivilisationen, die spektroskopische Suche nach primitivem Leben um andere Sterne und schließlich die Koordination internationaler Aktivitäten auf diesen Gebieten.

Das erste IAU-Symposium zu diesem Thema mit dem Titel «Die Suche nach außerirdischem Leben: Jüngste Fortschritte» fand im Juni 1984 in Boston statt und lockte etwa 150 Teilnehmer an. Es war nicht die erste internationale Konferenz über dieses Thema – andere hatten bereits in den Vereinigten Staaten und der Sowjetunion (Byurakan, 1971; Tallin, 1981) stattgefunden, doch sie waren nicht von der IAU veranstaltet worden, sondern gingen auf Einzelinitiativen zurück.

Trotz dieser offiziellen Anerkennung herrscht unter den westlichen Wissenschaftlern bei weitem keine Einigkeit über die Zweckmäßigkeit einer Suche nach intelligentem Leben im Universum. Daß sich Wissenschaftler nicht über den Ursprung des Lebens auf der Erde oder über die Ursachen der periodischen Katastrophen oder über die Gründe für das große Schweigen einig sind, ist normal. Gerade die unterschiedlichen Meinungen und Hypothesen machen dieses Thema ja so interessant. Die Suche nach anderen Planetensystemen oder nach Anzeichen für Leben auf anderen Planeten in unserem Sonnensystem wird allgemein noch als nützlich anerkannt, doch bezüglich der Suche nach intelligentem Leben und nach künstlichen Signalen zum jetzigen Zeitpunkt sind die Astronomen sehr geteilter Meinung. Dabei stellen sie nicht das mögliche Ergebnis, sondern die Forschung selbst in Frage.

Auch in der damaligen Sowjetunion, wo die Astronomen wichtige Beiträge zur Forschung über außerirdische Zivilisationen oder zumindest zu ihrer Methodologie lieferten und damit noch den Eindruck erweckten, daß man sich über die Nützlichkeit dieser Forschung einig sei, zeigte sich ein Dissens. 1977 kam es zu einem Disput zwischen Shklovsky, der inzwischen eine eindeutig pessimistische Haltung eingenommen hatte, und den Befürwortern dieser Forschung in Osteuropa, zu denen auch Nikolai Kardashew, Wladimir Troitsky und der polnische Science-fiction-Autor Stanislaw Lem gehörten. Die Diskussion wurde in mehreren Beiträgen in der sowjetischen Zeitschrift *Znanie-Sila* abgedruckt.

Um die Gründe für diese Meinungsverschiedenheit zu verstehen, muß man wissen, wie Wissenschaftler arbeiten. Ein Wissenschaftler baut normalerweise seine Forschung auf soliden Kenntnissen und begründeten Hypothesen auf. Doch manchmal folgt er eher seiner Intuition als logischen Überlegungen, und diese Einstellung kann sich als sehr fruchtbar erweisen. Der hohe Einsatz an Teleskopzeit und Arbeitskraft, den die astronomische Forschung erfordert, verhindert jedoch häufig die Erforschung von Gebieten, die wissenschaftlich nicht begründet sind (was auch als «fischen gehen» bezeichnet wird). Die Suche nach künstlichen Radiosignalen ist ein gutes Beispiel hierfür. In diesem speziellen Falle ist die Auswahl an experimentellen Parametern so groß, der kosmische Heuhaufen so riesig, daß die Chancen für einen Erfolg nur sehr, sehr klein sind, insbesondere da wir noch nicht einmal wissen, ob «sie» überhaupt Radiosignale aussenden. Soll man ein solches Projekt wirklich fortführen, selbst wenn Teleskopzeit und entsprechendes Personal zur Verfügung stehen, wenn die ersten Ergebnisse nicht erfolgversprechend sind?

Die wirtschaftlichen Folgen einer solchen Debatte sind allen klar, die wissen, wie wissenschaftliche Forschung gemanagt wird. Forschungsgelder und Teleskopzeit werden nur im Hinblick auf ihren wissenschaftlichen Wert bewilligt; die erneute Finanzierung hängt von den erzielten Ergebnissen ab. Wird ein Forschungsgegenstand nicht für wissenschaftlich interessant erachtet oder war die Forschung nicht erfolgreich, so wird die Arbeit auf diesem Gebiet nicht länger unterstützt. Das erklärt, warum die Teleskope, die für die Suche nach außerirdischem Leben benutzt werden, gewöhnlich Eigentum kleiner Gruppen sind und warum die meisten Beobachtungen miteinander geteilt werden.

Der negative Ausgang aller Versuche, künstliche Radiosignale zu entdecken, hat eine Reihe von Wissenschaftlern, darunter auch Shklovsky, veranlaßt, ihre Argumente für die Existenz von intelligentem Leben im Universum neu zu überdenken und ihren Enthusiasmus zu bremsen.

Diese Skepsis erreichte Anfang der achtziger Jahre ihren Höhepunkt, als Frank Tipler eine Artikelserie veröffentlichte, in der er diese Forschung unter Anklage stellte. Er zog sogar die Beweggründe der Hauptbefürworter einer solchen Forschung in Zweifel. Die Reaktionen der Leser und die einfache Tatsache, daß Tiplers Artikel von den Herausgebern der Zeitschrift angenommen wurden, zeigen eine klare Entwicklung in der Einstellung zu dieser Forschung.

Tiplers Argumentation ist einfach: Wenn die gesamte Galaxis von Zivilisationen bevölkert ist, die technisch etwas weiter entwickelt sind als wir und auch nur ein minimales Interesse an der Erforschung oder dem Kontakt mit anderen intelligenten Wesen haben, dann hätte zumindest eine ihre Raumschiffe bereits in unser Sonnensystem entsenden müssen. Da dies nicht der Fall ist, sind wir allein, und eine solche Forschung ist nutzlos.

Um eine so bestimmte Aussage machen zu können, muß man über sehr starke Argumente verfügen. Tipler geht davon aus, daß es möglich ist, mit unserer heutigen Raumfahrttechnologie und mit der Computertechnik der kommenden Jahrhunderte die Galaxis in weniger als 300 Millionen Jahren zu erforschen. Die futuristische Computertechnologie ist nötig, um Von-Neumann-Sonden herzustellen – Roboter, die in der Lage sind, in Planetensystemen Material zu gewinnen und sich damit selbst zu reparieren und zu reproduzieren. Darüber hinaus behauptet Tipler, daß eine Zivilisation, die nicht versucht, das Universum zu erforschen, per Definition nicht als intelligent anzusehen sei.

Tiplers Argument beruht jedoch auf Vorhersagen von Entwicklungen, die möglicherweise nicht stattfinden. Und selbst wenn man aus dem Fehlen von Raumschiffen in unserer Weltraumnachbarschaft schließt, daß es keine Zivilisationen gibt, die weiter entwickelt sind als wir, was ist mit denen, die sich auf unserem technologischen Niveau befinden und versuchen, Radiokontakt herzustellen? Meiner Meinung nach kann man sich nicht so sicher sein wie Tipler, ohne das Universum vollständig nach Artefakten und künstlichen Signalen abgesucht zu haben. Bei der momentanen Geschwindigkeit würde das wahrscheinlich einige Jahrzehnte dauern. Philip Morrison meint sogar, daß wir unsere Bemühungen mindestens ein oder zwei Jahrhunderte fortsetzen sollten.

Nichtsdestoweniger hat Tipler recht, wenn er die Beweggründe seiner Kollegen als unwissenschaftlich anzweifelt. Anhand von Zitaten aus Schriften von Carl Sagan, Fred Hoyle und Frank Drake zeigt er, daß diese Autoren außerirdischen Zivilisationen eine Art Messias-Rolle zuschreiben und hoffen, daß sie uns vor kommenden technologischen Katastrophen erretten. Drake hofft sogar, daß die hochentwickelten Zivilisationen das Geheimnis ihrer Unsterblichkeit an die jüngeren Zivilisationen der Galaxis weitergeben. Ich sollte auch Michael Papagiannis erwähnen, der einen seiner Artikel über die Suche nach außerirdischen Zivilisationen mit einem unwiderlegbaren Beweis für die Existenz eines Schöpfers des Universums beendet. So mußte Tipler dann auch seinen ersten Artikel gegen Sagan verteidigen, der als Gutachter die Veröffentlichung in zwei Zeitschriften hintereinander ablehnte. Der Inhalt von Sagans Gutachten gab Tipler das Gefühl, er sei in einen theologischen Disput verwickelt. Tipler berichtet, daß Michael Hart, Autor einer Untersuchung über ständig bewohnbare Zonen, die gleichen Schwierigkeiten bei der Veröffentlichung seiner Artikel hatte, insbesondere in den Vereinigten Staaten.

Wenn Tiplers Argumente auch anfechtbar sind, so kommt ihnen zumindest das Verdienst zu, die Hauptautoren auf diesem Gebiet gezwungen zu haben, ihre Motive und Argumente neu zu überdenken und eine solide Begründung für ihre Forschung zu finden.

Die Veröffentlichung von Tiplers Artikeln hatte katastrophale Folgen für die Finanzierung der Suche nach künstlichen Signalen. Nachdem ihm einer dieser Artikel bekannt wurde, gelang es Senator William Proxmire, den US-Senat davon zu überzeugen, die bescheidenen NASA-Subventionen (einige Millionen Dollar) für 1982 zu streichen. Die Auswirkungen dieser negativen Publizität wurden von Wissenschaftlern mit Sinn für Humor umgehend als «Proxmire-Effekt» bezeichnet. Der Proxmire-Effekt – er ist nur schwer in den Forschungsablauf mit einzubeziehen – ist vielleicht einer der Gründe, warum wir bisher noch keine außerirdischen künstlichen Signale empfangen haben: Die zuständigen Stellen anderer Zivilisationen haben möglicherweise ihre eigenen Proxmires.

Auf diese negative Einstellung mußte ganz klar mit Nachdruck reagiert werden. Carl Sagan ergriff die Initiative und verfaßte eine Petition unter dem Titel «Extraterrestrische Intelligenz: Eine internationale Petition», für die er die Unterschriften von 69 Wissenschaftlern aus verschiedenen Ländern gewinnen konnte. Sie wurde 1982 als Leserbrief in der amerikanischen Zeitschrift *Science* veröffentlicht. Ziel dieser Petition war es, möglichst viele – und möglichst bekannte – Wissenschaftler davon zu überzeugen, daß es an der Zeit ist, die Frage nach intelligentem Leben im Universum mit modernen technischen Mitteln anzugehen und anderen Wissenschaftlern, Senator Proxmire und der Öffentlichkeit zu beweisen, daß es auf diesem Gebiet doch eine gewisse Übereinstimmung gibt.

Nach einigen Vorbemerkungen über unsere reellen Chancen der Radio-Kommunikation mit anderen Zivilisationen im Universum (falls es sie gibt) und über die bescheidenen Kosten eines solchen Forschungsprogramms (einige Millionen Dollar pro Jahr) sowie über dessen Dringlichkeit (da die Störungen durch irdische Radiostrahlung immer schlimmer werden) geht Sagan in dieser Petition auf das Hauptargument gegen eine solche Forschung ein: das Fehlen von sichtbaren Anzeichen «ihrer» Gegenwart in der Galaxis, insbesondere in unserem Sonnensystem. Laut Sagan ist aber das Nichtvorhandensein eines Beweises noch lange nicht der Beweis für Nichtexistenz; außerdem habe ein solches Forschungsprogramm den Vorzug, daß es möglichen außerirdischen Zivilisationen keine Fähigkeiten zuschreibt, die wir selbst auch nicht besitzen. Hier spielt Sagan wohl auf die hypothetischen Von-Neumann-Sonden an, auf denen die pessimistischen Argumente Tiplers beruhen.

Dann lenkt Sagan die Aufmerksamkeit auf die Unterzeichner, die sehr unterschiedlicher Herkunft sind – sowohl wissenschaftlich als auch geographisch. Neben den bereits erwähnten Wissenschaftlern, die direkt oder indirekt an dieser Forschung beteiligt sind (Drake, Morrison, Tarter, Shklovsky, Raup et al.), finden wir einige Nobelpreisträger (Chandrasekhar, Crick, Herzberg, Pauling), Wissenschaftsmanager in den Vereinigten Staaten (DuBridge, Field), einen französischen Radioastronomen (Jean Heidmann) und einige britische Wissenschaftler (darunter auch den Physiker Stephen Hawking). Auch wenn sie über die wahrscheinliche Anzahl anderer Zivilisationen, über die Erfolgsaussichten einer Radiosuche oder sogar über die Argumente zugunsten «ihrer» Existenz geteilter Ansicht sind, so sind sich alle Unterzeichner doch darin einig, daß diese Hypothese einzig und allein durch das Experiment getestet werden kann.

Diese Petition konnte Tipler nicht unbeachtet lassen. In einem Leserbrief an *Science* kritisierte er zwei Punkte: Wenn sich außerirdische Zivilisationen auf dem gleichen wissenschaftlichen und technologischen Stand befinden wie wir (und damit keine systematischen Radiosignale zu interstellaren Kommunikationszwecken aussenden), sind unsere Chancen, sie zu entdecken, praktisch gleich Null. Bei negativen Ergebnissen wird diese Forschung auch keinerlei Auswirkung haben, da wir «ihr» Nichtvorhandensein keineswegs bewiesen hätten – vielleicht haben «sie» die Radiokommunikation ja zugunsten einer wirksameren Methode aufgegeben.

Aber, so antwortete Sagan, wir haben ja bereits eine Botschaft gesendet (in Richtung des Kugelhaufens M 13). Und wenn wir uns entschieden, nicht zu senden, so hätten wir trotzdem zumindest die technischen Mittel dazu, wenn schon nicht die finanziellen. Die Antwort Jill Tarters ist konkreter: Das schwächste Signal, das wir zur Zeit auffangen können, muß von einem ein bis 20 Megawatt starken Sender kommen, wenn sich dieser in 1000 Lichtjahren Entfernung von der Erde befindet. Dieses Leistungsvermögen ist vergleichbar mit dem des Radioteleskops in Arecibo. Daher gibt es keinen Grund, so pessimistisch zu sein wie Tipler, der in einem anderen Artikel zugibt, daß eine Radiosuche ein Test für seine pessimistische Auffassung wäre.

Gegen die Suche nach mikroskopischem Leben auf der Marsoberfläche oder nach künstlichen Radiosignalen aus dem Weltall ist nichts einzuwenden, doch die Entdeckung von Bakterien im interstellaren Medium wird als Frevel angesehen – zu dieser Überzeugung mußten Fred Hoyle und seine Kollegen an der Universität von Cardiff in den letzten Jahren gelangen.

Hoyle ist einer der brillantesten britischen Astrophysiker. Er gehört zu den Begründern der Theorie vom stationären Universum, und sein Name ist mit einigen der großen astrophysikalischen Entdeckungen der fünfziger Jahre verbunden. Seit vielen Jahren sind er und sein Kollege Chandra Wickramasinghe an interstellarem Staub und der Absorption von Sternlicht beim Durchgang durch solche Staubwolken interessiert. Dabei hatten sie zunächst versucht, diese sogenannte Extinktion auf Kohlenstoffteilchen zurückzuführen, dann auf festen Wasserstoff, dann auf Magnesiumoxide – doch nie konnten sie eine befriedigende Übereinstimmung zwischen Laborexperimenten und astronomischen Beobachtungen erzielen. Erst nach langer Suche in der chemischen Literatur kamen sie schließlich 1977 auf die Idee, daß interstellare Körner organische Produkte wie Polysaccharide sein könnten. Diese Hypothese ergab eine bemerkenswerte Übereinstimmung zwischen Labor- und Teleskopdaten. Und damit begannen die Probleme für Hoyle und Wickramasinghe, dieser neuartigen Vorstellung Anerkennung zu verschaffen. Dabei stieß nicht so sehr ihre Idee, daß der interstellare Staub organischer Natur sei, auf Widerspruch, sondern eher ihre parallel dazu geäußerten Überlegungen über Leben im Universum und die Panspermie. Seither mußten sie ihre Arbeiten über Panspermie als Vorabdrucke und Broschüren mit geringer Auflage veröffentlichen – außerhalb des traditionellen Netzwerks wissenschaftlicher Information, den wissenschaftlichen Zeitschriften. Diese lehnen es nämlich ab, etwas zu drucken, das sie zu Recht oder zu Unrecht als Mutmaßungen ohne solide wissenschaftliche Grundlagen ansehen.

In Kapitel 5 habe ich erwähnt, wie Hoyles organische interstellare Molekülwolken bestritten wurden. Hoyle reagierte darauf mit einem direkten Angriff auf die Autoren: «Wären Davies und seine Mitarbeiter dieser Frage mit Aufgeschlossenheit begegnet, anstatt um jeden Preis nach Fehlern zu suchen ...» Eine solche, in der wissenschaftlichen Literatur unübliche Polemik zeigt, daß Hoyle entweder die Geduld mit seinen Kritikern oder aber die für die wissenschaftliche Forschung nötige Objektivität verloren hat. Tatsächlich scheint das letztere der Fall zu sein, da Hoyles Antwort nicht in *Nature* erschien, wo er das Recht auf eine Erwiderung gehabt hätte, sondern in *Astrophysics and Space Science*, eine Zeitschrift, die für ihre sehr liberale Redaktionspolitik bekannt ist. Als Kommentar ließ der Herausgeber dieser Zeitschrift auf Hoyles Antwort jedoch einen Brief von zwei japanischen Forschern folgen, die versucht hatten, Hoyles Laborexperimente zu reproduzieren. Trotz aller Bemühungen war es ihnen nicht gelungen, die Absorptionseigenschaften nachzuweisen, die Hoyle angeblich im Ultraviolettbereich gefunden hatte.

Im Sommer 1986 kam es zu einem zweiten Disput – diesmal in *Nature* –, als Hoyle und Wickramasinghe dagegen protestierten, daß in einem Artikel von J. Mayo Greenberg über den Halleyschen Kometen Hinweise auf ihre Arbeiten fehlten. Sie beschuldigten deshalb Greenberg der Voreingenommenheit und Unfairneß. Außerdem warfen sie *Nature* vor, einen Hinweis auf eine ihrer Arbeiten in einem Artikel, den sie geschrieben hatten, unterdrückt zu haben. Ihrer Meinung nach war der Grund für diese Streichung die Unterbindung jeglicher Kritik am Darwinismus. In seiner Erwiderung stellte John Maddox, einer der Herausgeber von *Nature*, fest, daß sich die fragliche Arbeit auf die Panspermie-Theorie der Autoren beziehe und daß sie gerade durch ihren Bekehrungseifer für diese immer noch rein spekulative Theorie ihre anderen sehr wertvollen Arbeiten, wie zum Beispiel die Schlußfolgerung, daß Kometen organische Moleküle enthalten, bei ihren Kollegen in Mißkredit brächten. Ihre Vorstellung von mikroskopischem Leben, das durch Staub im ganzen Universum verteilt wird, mag sich als richtig herausstellen, doch im Moment sei sie nur eine Vermutung.

All diese hitzigen Diskussionen zeigen, daß Wissenschaftler auf diesem Forschungsgebiet nicht immer eigene Gefühle und Überzeugungen unterdrücken, was offensichtlich Auswirkungen über den wissenschaftlichen Bereich hinaus hat.

Und was hält die Öffentlichkeit von der Suche nach Leben im Universum? Bei einer Gallup-Umfrage im April 1966 in den Vereinigten Staaten wurde 1500 Leuten unter anderem folgende Frage gestellt: «Glauben Sie, daß auf anderen Planeten im Universum Wesen leben, die uns ein wenig ähneln?» 34 Prozent gaben eine positive Antwort, 46 Prozent sagten nein, und der Rest hatte keine Meinung.

Bei einer weiteren Gallup-Umfrage im November 1973 waren 46 Prozent der Antworten positiv und 38 Prozent negativ. Die Überzeugung, daß es außerirdisches Leben gibt, war unter Gebildeteren und Wohlhabenderen weiter verbreitet. 58 Prozent derjenigen, die mit Ja antworteten, hatten ein College besucht, 29 Prozent dagegen waren niemals auf der High School. Mehr Männer als Frauen stimmten zu (48 Prozent gegenüber 45 Prozent) und mehr Katholiken als Protestanten (46 Prozent gegenüber 43 Prozent). Der Meinungsunterschied war am größten bei den verschiedenen Altersgruppen – 66 Prozent der unter 25jährigen antworteten mit Ja, dagegen nur 30 Prozent der über 50jährigen. Da die jungen Leute die Gesellschaft von morgen bilden werden, könnte diese positive Einstellung entscheidend sein für die Suche nach Leben im Universum.

1981 befragte William Bainbridge, Soziologe an der Harvard-Universität, 1465 Studenten der Universität von Washington. Diese jungen Leute könnten mit ihren Ideen die amerikanische Öffentlichkeit beeinflussen, die wiederum über die Finanzierung der zukünftigen Weltraumforschung, insbesondere der Suche nach Leben im Universum, bestimmen wird. Auf die Frage: «Sollten wir versuchen, mit intelligenten Wesen auf anderen Planeten zu kommunizieren?» antwortete die Hälfte der Männer mit Ja, aber nur 35 Prozent der Frauen (im Mittel 42 Prozent). Die Aussage «Intelligentes Leben existiert wahrscheinlich nur auf unserem Planeten» wurde deutlich zurückgewiesen – nur acht Prozent der Männer und zwölf Prozent der Frauen waren dieser Meinung.

Die Antworten auf eine Reihe von Fragen über Weltraumforschung lassen vermuten, daß in den Köpfen junger Leute die Suche nach außerirdischen Zivilisationen eher mit dem fernen Ziel einer Kolonisierung des Weltraums verknüpft ist als mit unmittelbareren wirtschaftlichen und militärischen Ergebnissen der Weltraumforschung, wie zum Beispiel den Meteorologie- und Kommunikationssatelliten oder SDI. Das ist ein sehr wichtiger Punkt. Wenn nämlich die übermäßige Militarisierung des Weltraums zu einer feindlichen Einstellung der Öffentlichkeit gegenüber jeglicher Nutzung des interplanetaren Raums führen sollte, so wäre die Unterstützung der Suche nach intelligentem Leben im Universum wahrscheinlich nicht davon betroffen.

Ein weiterer Aspekt der Bainbridge-Studie zeigte, daß eine positive Haltung gegenüber der Suche nach intelligentem Leben mehr mit der Befürwortung einer hochentwickelten Technologie als mit Krieg und nationaler Verteidigung verbunden ist. Diejenigen, die der Suche nach Leben im Universum mißtrauisch gegenüberstanden, waren dieselben, die auch einer fortschrittlichen Technologie mißtrauten. Es wird also in Zukunft wichtig sein, mehr den sozialen und kulturellen Nutzen, der sich aus einer fortgesetzten Suche nach intelligentem Leben ergeben kann, zu betonen und nicht so sehr mögliche neue Technologien.

Dieser Studie zufolge ist das Interesse an der Suche nach Leben im Universum verknüpft mit dem Drang, mehr über das riesige Weltall um uns herum zu wissen. Fortschritte in der Astronomie könnten daher zu einer vermehrten öffentlichen Unterstützung für unsere Forschung führen. Auf der anderen Seite schienen Studenten, die Kommunikationswissenschaft, Fremdsprachen oder Soziologie studieren, ihr Interesse nicht über die Erde hinaus ausdehnen zu wollen. Unter den Studenten der Sozialwissenschaften waren nur Studenten der Anthropologie bereit, Interesse für außerirdische Zivilisationen aufzubringen.

Die Suche nach Leben im Universum soll Antworten auf einige existentielle Fragen geben und stößt dabei in einen Bereich vor, der normalerweise von der Religion eingenommen wird. Es ist daher nicht überraschend, daß Bainbridges Studie eine religiöse Opposition gegenüber dieser Forschung offenbarte, insbesondere unter Protestanten. Nur 38 Prozent von ihnen waren der Meinung, wir sollten versuchen, mit außerirdischen Zivilisationen zu kommunizieren, doch 42 Prozent der Juden, 44 Prozent der Katholiken und 50 Prozent der Studenten ohne Religionszugehörigkeit (zur Erinnerung: 42 Prozent der Studenten insgesamt waren für eine solche Forschung). Die Analyse der Fragen über religiöse Praktiken zeigte, daß sehr religiöse Studenten weniger der Weltraumforschung zustimmten als andere – das galt ganz besonders für die Suche nach intelligentem Leben. Der besonders starke Widerstand unter den Protestanten beruht wohl auf der Tatsache, daß unsere Forschung die wörtliche Interpretation der Bibel in Frage stellt. Eine andere Erklärung wäre die traditionelle Fremdenfeindlichkeit der meisten Protestanten, die Sekten angehören.

Die Popularität des Themas «Leben im Universum» kann also von den Ergebnissen der Weltraumforschung nur profitieren, ohne von deren negativen Aspekten beeinträchtigt zu werden. Außerdem stellt die begeisterte Unterstützung durch die Jugend einen entscheidenden Faktor zugunsten der zukünftigen Finanzierung dieser Forschung dar.

13
Die Stellung des Menschen im Universum

Das, was der Mensch von sich selbst denkt, bestimmt sein Schicksal oder läßt es vielmehr erkennen.

Henry David Thoreau: *Walden*

Die Suche nach Leben im Universum hat gerade erst begonnen, und deshalb kann ich diese Abhandlung nur mit einer Frage beenden – einer Frage, die heute eines der Ziele dieser Forschung beschreibt: Welche Stellung haben wir im Universum?

Diese Forschung geht in viele Richtungen. Sie hat uns den Reichtum, die Vielfalt und die Möglichkeiten des Universums enthüllt, und zweifellos wird sie uns in naher Zukunft neue Wunder entdecken lassen. Die Suche nach außerirdischer Intelligenz ist auch für andere Bereiche der Wissenschaft von Nutzen. Sie ist multidisziplinär – Wissenschaftler aller Richtungen teilen ihr Wissen, um nach der Antwort auf eine Frage zu suchen, deren Bedeutung weit über die Wissenschaft hinausgeht. Besonders hervorgehoben habe ich hier die Beiträge der Biologen, Paläontologen, Soziologen und der auf den verschiedensten Gebieten tätigen Astronomen – von den Radioastronomen bis zu den Spezialisten für planetare Atmosphären und Stellarkinematik. Eine solche Zusammenarbeit wird zweifellos den Forschern aller beteiligten Gebiete neue Horizonte eröffnen.

Und wenn all diese Wissenschaftler auch keine Antwort auf die Frage nach dem Leben im Universum geben können, so tragen sie doch zu unserem Wissen über das Leben auf der Erde und über unsere Stellung im Universum bei. Die Versuche, den Begriff einer intelligenten Zivilisation oder der Sprache zu verallgemeinern, werden unserem Schicksal eine neue Bedeutung geben. Das gleiche gilt für den Begriff des Lebens und der Intelligenz. Diese Suche wird auch zur Entstehung neuer Wissenschaftszweige beitragen, wie zum Beispiel der Bioastronomie, der Wissenschaft vom Leben im Universum.

Ein derartiges Programm wird sicherlich zahlreiche astrophysikalische Begleiterscheinungen haben. Systematische Durchmusterungen des Himmels in engen Frequenzbändern sind bisher noch nie durchgeführt worden. So ist es gut möglich, daß Astronomen bei ihrer Suche nach künstlichen Signalen neue monochromatische Strahlungsquellen in Sternen und im interstellaren Medium finden werden oder kurzfristig aufflackernde Radioquellen und ähnliches. Einzelne Wolken aus neutralem Wasserstoff sind bereits entdeckt worden.

Auch technologische Nebenprodukte wird es geben. Die Suche nach monochromatischen Radiosignalen erfordert die Entwicklung von ultraempfindlichen Multikanal- oder Scanner-artigen Empfängern sowie die Verarbeitung der empfangenen Signale in Echtzeit. Diese neuen Techniken können auf den verschiedensten Gebieten der klassischen Astrophysik angewandt werden, so bei der Radiospektroskopie, bei der genauen Untersuchung von Pulsaren und Supernova-Überresten, bei der Messung der internen Geschwindigkeiten in Galaxien und so weiter. Auch bei der Kommunikation mit Raumsonden, die wir mit Sicherheit in immer größere Entfernungen entsenden werden, können sie Verwendung finden.

Es wird also deutlicher, wie bescheiden unsere physikalische Stellung im Universum ist, und damit stellt sich die Frage, ob das Leben möglicherweise ein Einzelfall ist. Und falls wir wirklich die einzigen Lebewesen, die alleinigen Bewohner dieses Universums sind, warum muß es dann so groß sein? Doch diese Frage ist falsch gestellt, da sie dem Universum einen Zweck zuschreibt – den Zweck, Leben zu beherbergen. Wissenschaftler sehen keinen

Zweck im Universum. (Genauer: Die Frage nach dem Zweck ist für die Naturwissenschaft nicht relevant.) Das Auftreten von Leben ist jedoch sehr eng mit den beobachteten Eigenschaften des Universums verknüpft. Wäre das Universum nur ein wenig anders, so würden wir wahrscheinlich nicht existieren. Jede geringfügige Abänderung eines der Parameter, die die Struktur des Universums beherrschen, hat einen großen Einfluß auf die Entwicklung des Universums und somit auch auf die Entwicklung von Leben, sei es irdisch oder universell.

Das Universum dehnt sich seit etwa 15 Milliarden Jahren aus, und diese Ausdehnung wird durch die gegenseitige Anziehungskraft gebremst, die die im Universum enthaltene Materie aufeinander ausübt. Man kann sich sehr wohl ein Universum mit völlig anderen fundamentalen physikalischen Konstanten vorstellen, ein Universum, das sich somit vollkommen anders entwickelt hätte. Doch in keinem anderen Universum hätten Planeten und Leben, wie wir es kennen, entstehen können.

Wenn die Gravitationskonstante größer wäre, wären Sterne nicht größer als die Erde und würden in weniger als einem Jahr verglühen. Wäre sie um vieles größer, würde die Ausdehnung des Universums gestoppt und in eine Kontraktion umgekehrt, noch ehe sich Sterne bilden könnten. Im umgekehrten Falle einer sehr niedrigen Gravitationskonstanten wäre die Expansion zu schnell, so daß die Gravitationskräfte die Sterne nicht zusammenhalten und das nukleare Brennen in ihren Zentren nicht zünden könnten.

Die Vielfalt der beobachteten Sterne, konvektiver wie auch radiativer (das heißt, Sterne, bei denen die Energie durch Konvektion oder durch Strahlung nach außen transportiert wird), ist nur bei einer ganz speziellen Wahl dieser Konstanten möglich. Bei jedem anderen Wert wären die Sterne radiativ, so daß sich keine Planeten um sie bilden könnten, oder aber die Sterne wären stark konvektiv, so daß die schweren Elemente in ihrem Inneren zu sehr vermischt wären, um Supernovae entstehen zu lassen, die diese Elemente wieder im interstellaren Medium verteilen.

Die Stärke der Kernkräfte beherrscht die Chemie der Materie und der lebenden Welt. Wären diese Kräfte schwächer, wäre nur Wasserstoff stabil; es gäbe keine komplexeren Verbindungen und damit keine Erde und kein Leben.

Kurzum: Die Weite des Universums ist eine notwendige Bedingung für die Bildung von Sternen wie der Sonne, eine Voraussetzung für die Entstehung von Leben. Die Sonne und ihre Kette von Planeten könnten unmöglich ein Universum für sich allein bilden. Sie könnten sich ohne die Milliarden anderen Sterne unserer Galaxis nicht gebildet haben oder ohne die Milliarden anderen Galaxien, die unser Universum bevölkern. Derartige Argumente haben zur Aufstellung des anthropischen Prinzips geführt. Es besagt, daß das Vorhandensein von Leben und insbesondere vom Menschen zur Erklärung der Geschichte des Universums beiträgt.

Die Wahl der physikalischen Konstanten sei durch die Notwendigkeit eines Beobachters bestimmt, ohne den das Universum nicht existieren könnte und nur ein wahrscheinlicher Zustand (im quantenmechanischen Sinne) wäre. Meiner Meinung nach ist dies eher ein philosophisches als ein astrophysikalisches Problem: Kann die Realität existieren, ohne daß ein Bewußtsein sie wahrnimmt? Sehr viel besser wäre es, eine vereinheitlichte Theorie der Physik zu entwickeln, in der die beobachteten Werte der physikalischen Konstanten eine rationale Erklärung finden, so daß ein Universum mit anderen Werten für diese Konstanten einfach unvorstellbar würde.

Nach einer der neuesten Inflationstheorien vom Universum, die der sowjetische Kosmologe Andrej Linde entwickelt hat, ist das Universum unendlich und besteht aus Regionen, die durch unüberwindliche Horizonte voneinander getrennt sind. In jeder solchen isolierten Region des Universums haben die physikalischen Konstanten spezifische Werte. Eine komplexere Entwicklung von Materie findet nur in den Regionen statt, in denen die Konstanten die richtigen Werte besitzen. In diesem Falle ist es vielleicht nur ein Zufall, daß unser Universum die uns bekannten Eigenschaften besitzt, die unsere Existenz ermöglichen.

Solche Überlegungen stellen meiner Meinung nach den fruchtbarsten Aspekt der Suche nach Leben im Universum dar. In der Tat erwarte ich – was immer das Ergebnis dieser Suche sein wird –, daß sie zu einem besseren Verständnis der Rolle des Lebens auf der Erde führen wird. Eine Aufstellung der Lebensressourcen des Universums stellt unsere Existenz in einen größeren Rahmen – diese Befragung des Universums ist ein Dialog, in dessen Verlauf uns das Universum ein Bild von uns selbst zurücksendet. Für mich ist dies der Hauptnutzen der Suche. Sie läßt uns unsere Stellung im Universum besser verstehen.

Lassen Sie uns nun die praktischen Folgen untersuchen, die ein konkretes Ergebnis unserer Suche haben würde. Falls wir nicht allein sind im Universum und unsere Suche positive Ergebnisse liefert, so wird eine unmittelbare Folge davon eine Lektion in Bescheidenheit sein: Unsere Erde ist nicht nur nicht das Zentrum des Universums, auch die Zivilisation, die sie bewohnt, ist nichts Besonderes. Nach der Kontaktaufnahme würden wir auf lange Sicht zu einer neuen Betrachtungsweise unserer Lebensform, ihrer Ursprünge und ihrer Zukunft gelangen. Wir würden lernen, welche sozialen Formen und Strukturen am ehesten überleben. Neue ästhetische Erkenntnisse würden uns bereichern. Wir würden Vollmitglieder des Galaktischen Clubs und am kulturellen, historischen und wissenschaftlichen Erbe teilhaben, das über Milliarden von Jahren von verschiedensten Zivilisationen angehäuft wurde.

Pessimistischere Folgen eines Kontakts könnten die Invasion und Ausbeutung der Erde sein. Zum Glück bewahren uns die riesigen interstellaren Entfernungen wahrscheinlich vor einer solchen Katastrophe. Eine subtilere Gefahr stellt Subversion dar. Unter dem Deckmantel der Lehre oder der technologisch-wissenschaftlichen Hilfe könnten «sie» uns dazu bringen, die Mittel herzustellen, die ihnen die Übernahme der Erde ermöglichten. In diesem Falle wäre die einzig mögliche Verteidigung ein gerütteltes Maß an Skepsis, woran es den meisten Wissenschaftlern sowieso nicht fehlt.

Es besteht auch die Möglichkeit, daß wir durch den bloßen Kontakt mit einer weit überlegenen Gesellschaft einen «Kulturschock» erleiden. Was auch immer die Absichten einer intelligenten Zivilisation uns gegenüber sein mögen, unsere eigene Zivilisation wird nach einem Kontakt nicht mehr dieselbe sein. Insbesondere könnte die Gefahr bestehen, daß wir unsere Identität verlieren, wenn «sie» auf einer höheren technischen und kulturellen Ebene stehen – so wie die sogenannten primitiven Gesellschaften, die in die westliche Zivilisation integriert wurden. Ohne direkten physikalischen Kontakt sind solche Auswirkungen jedoch weniger wahrscheinlich. Darüber hinaus sollten sich zwei Kulturen relativ ähnlich sein, damit es zu einer wirksamen kulturellen Wechselwirkung kommen kann. Ohne die Risiken eines Kontakts herabsetzen zu wollen, glaube ich, daß sie zum Zeitpunkt der Entdeckung minimal sind; sie wachsen mit dem Umfang der ausgetauschten Information.

Einige der Vorstellungen von einem Kontakt gehören sicherlich ins Reich der Science-fiction – eine Literaturgattung, die ihren Erfolg der Faszination verdankt, die Leben im Weltraum ausübt. Es gibt auch einige Befürworter der Bioastronomie, die in einer Art religiöser Erwartung leben, daß ein solcher Kontakt unserer Zivilisation die Errettung bringt. Eine solche Einstellung ist mir völlig fremd. Ich bin überzeugt, daß die Überraschung vollkommen sein wird, wenn wir eines Tages eine Form von außerirdischem Leben entdecken sollten. Daher ist es ziemlich nutzlos, sich diesen Kontakt weiter ausmalen zu wollen. Die Bilder, die uns die *Voyager*-Sonden aus dem Sonnensystem übermittelt haben, zeigen uns bereits Welten von solch unerwarteter Vielfalt, daß ich keine Zweifel habe, daß uns das Universum abermals überraschen wird.

Neben all den Vorteilen, die ich genannt habe, gibt es einen sehr viel tiefergehenden Grund für den Wunsch, eines Tages tatsächlich andere Lebewesen im Universum zu entdecken. Ein bewohntes Universum hätte in unseren Augen sofort eine größere Bedeutung. Die jüngsten Fortschritte in der Astronomie haben uns ein Universum mit unermeßlich weiten Dimensionen enthüllt, das von tödlichen Strahlen und Teilchen aller Art durchkreuzt wird und von diabolischen Objekten wie Quasaren, Schwarzen Löchern und Pulsaren bevölkert ist – kurz, eine unmenschliche und damit unbegreifliche Welt. Dieser Eindruck würde beträchtlich gemildert, wenn wir wüßten, daß es irgendwo in unserer Galaxis zumindest einen Planeten mit ein paar Blumen gibt! Mehr noch, die Präsenz einer Intelligenz würde eine erste Antwort auf unsere existentiellen Fragen liefern.

Ein negatives Ergebnis unserer Suche wäre genauso wertvoll, wenn es uns gelänge, einen Vorteil daraus zu machen. Wenn alle Bemühungen der Wissenschaftler, anderswo Leben zu finden, vergeblich bleiben sollten, werden zukünftige Generationen schließlich einsehen, daß sie allein sind. Wenn sie dann das Schwindelgefühl, das die Konfrontation mit dieser unendlichen Leere mit sich bringt, erst einmal überwunden haben, werden sie über die Bedeutung ihrer Einmaligkeit nachzudenken haben und ebenso über ihre

Rolle als alleinige Zeugen eines schweigenden Universums. Aber sind wir immer allein gewesen und werden wir es immer sein? Oder sind wir die ersten Vertreter eines Lebens, das sich gerade in der Galaxis entwickelt? Was bedeutet dieser kleine Planet, diese winzige Insel des Lebens, verloren in der Unermeßlichkeit des Universums? Dies ist der Ausgangspunkt eines Gedankens, den zu verfolgen ich Sie herzlich einladen möchte.

Anhang

Die Galaxis – unser Milchstraßensystem

Der Himmel scheint gleichmäßig mit Sternen übersät zu sein. Wenn wir jedoch genauer hinsehen, bemerken wir ein helles, breites Band, das sich quer über den Himmel zieht. Mit einem Teleskop erkennen wir, daß es aus unzähligen Sternen besteht: Es ist die Milchstraße – unser Sternsystem. Astronomen nennen es Galaxis im Unterschied zu einer fremden Galaxie. Da die Galaxis in diesem Buch häufiger vorkommt, möchte ich sie hier etwas näher beschreiben.

Die Galaxis ist eine riesige Scheibe, bestehend aus Sternen und Gas, die regelmäßig um ihr Zentrum, den galaktischen Kern, rotiert. Eine vollständige Umdrehung dauert etwa 200 Millionen Jahre. Der Radius der Galaxis beträgt 45000 Lichtjahre, ihre Dicke 3000 Lichtjahre. Im Zentrum zeigt sie eine Verdickung. Der mittlere Abstand zwischen zwei Sternen beträgt drei Lichtjahre, so daß die Scheibe keine große Dichte besitzt. Das Sonnensystem nimmt eine sehr bescheidene Stellung in der Galaxis ein. Nimmt man den Abstand zwischen Sonne und Pluto als Maßeinheit, so beträgt der Radius der Galaxis 70 Millionen Einheiten. Die Sonne ist einer von etwa 200 Milliarden Sternen in der Galaxis, von denen nur ein paar tausend mit bloßem Auge sichtbar sind. Das Sonnensystem liegt etwa bei zwei Drittel der Entfernung vom Zentrum zum Rand; es nimmt an der allgemeinen Rotation teil, deren Geschwindigkeit bei diesem Radius 250 Kilometer pro Sekunde beträgt.

Die galaktische Scheibe ist nicht gleichförmig. Aufgrund dynamischer Instabilitäten wird sie von Dichtewellen durchlaufen, ähnlich den Wellen auf der Wasseroberfläche. Diese zeigen sich in den Spiralarmen. Auf den Wellenkämmen sammeln sich Wolken aus Staub, Molekülen und Wasserstoff an, und dort werden neue Sterne geboren. Da wir uns innerhalb der Scheibe befinden und sie von der Kante her sehen, sind die Spiralarme nicht direkt zu erkennen. Erst mit Hilfe der Radioastronomie konnten wir feststellen, daß wir uns in einer Spiralgalaxie mit vier Hauptarmen befinden.

Assoziationen und Sternhaufen – weitere erkennbare Strukturen innerhalb der Galaxis – bestehen im wesentlichen aus einer kleineren Zahl junger Sterne, höchstens aus einigen tausend. Am bekanntesten sind die Plejaden und die Orion-Assoziation. Diese Systeme entstehen in den Spiralarmen. Durch die Kartographierung der Nachbarschaft der Sonne wurde deutlich, daß die Sonne zwischen dem äußeren Perseus-Arm und dem Saggitarius-Hauptarm liegt, näher zum letzteren hin.

Kugelhaufen – sphärische Sternsysteme mit bis zu einer Million Sternen – sind dagegen sehr alt. Sie entstanden wahrscheinlich gleichzeitig mit oder sogar noch vor der Galaxis. Sie nehmen nicht an der galaktischen Rotation teil; ihre Bahnen führen sie weit aus der Scheibe hinaus. Sternbilder sind keine homogenen Systeme mit gemeinsamen Eigenschaften wie Sternhaufen und Assoziationen. Sie dienen nur dem Zweck, bestimmte Himmelsgebiete zu bezeichnen. So liegt zum Beispiel der Kern der Galaxis im Sternbild Saggitarius (Schütze) und der Plejaden-Haufen in der Nähe des Sternbilds Perseus.

Die Galaxis und der Andromeda-Nebel sind zwei riesige Spiralgalaxien innerhalb eines Galaxienhaufens, der «Lokalen Gruppe», zu dem auch etwa 20 kleinere Galaxien wie zum Beispiel die beiden Magellanschen Wolken gehören. Der nächste Nachbargalaxienhaufen ist der Virgo-Haufen, der in Richtung des Sternbilds Virgo (Jungfrau) in etwa 30 Millionen Lichtjahren Entfernung liegt. Er enthält einige tausend Galaxien.

Die Diskussion in diesem Buch beschränkt sich auf die Suche nach Leben in unserer Galaxis, und zwar einfach deshalb, weil sie laut Kant eine «Welteninsel» darstellt – ein ziemlich isoliertes

Abb. 27
Die Galaxie NGC 2336. Diese 48 Millionen Lichtjahre entfernte Spiralgalaxie ähnelt unserer Galaxis. Sie zeigt eine balkenförmige Zentralregion, von der gut ausgebildete Spiralarme ausgehen. Die hellen Punkte sind Sterne unserer eigenen Galaxis (© CNRS/OHP).

System also. Ich schließe die Möglichkeit von *extragalaktischem* Leben nicht aus, doch es ist sicherlich einfacher, mit der Suche nach Leben in unserer unmittelbaren Nachbarschaft zu beginnen.

Bibliographie

Allgemeine Literatur

Cameron, A. G. W. (Hrsg.): *Interstellar communication.* (Benjamin) 1963.

Kuiper, T. B. H.; Brin, G. D.: *Resource letter ETC-1: Extraterrestrial civilisation.* In: *American Journal of Physics* 57/1 (1989), S. 12.

Mallove, E. P.; Connors, M. M.; Forward, R. L.; Paprotny, Z. A.: *Bibliography on the Search for Extraterrestrial Intelligence.* Report RP-1021 (NASA) 1978.

Marx, G. (Hrsg.): *Bioastronomy: The Next Steps.* IAU Colloquium 99 (Kluwer) 1988.

Papagiannis, M. D. (Hrsg.): *The Search for Extraterrestrial Life: Recent Developments.* Symposium 112 of the IAU 1985.

Paprotny, Z.; Lehman, J.; Prytz, J.: *Interstellar travel and communication bibliography – 1984 update.* In: *Journal of the British Interplanetary Society* 37 (1984), S. 502.

Paprotny, Z.; Lehman, J.; Prytz, J.: *Interstellar travel and communication bibliography – 1985 update.* In: *Journal of the British Interplanetary Society* 39 (1985), S. 427.

Ponnamperuma, C.; Cameron, A. G. W. (Hrsg.): *Interstellar Communication: Scientific Perspectives.* (Houghton Mifflin) 1974.

Rubtsov, V. V.; Ursul, A. D.: *Problema vnezemnykh tsivilizatsij.* Kishinev, UdSSR (Shtiintsa) 1984.

Sagan, C.: *The Cosmic Connection.* (Doubleday) 1973.

Schatzman, E.: *Les enfants d'Uranie.* (Seuil) 1986.

Shklovsky, I. S.; Sagan, C.: *Intelligent life in the universe.* (Holden-Day) 1966.

Project Cyclops. Report CR-114445 (NASA) 1973.

Life in the Universe. Report CP-2156 (NASA) 1981.

L'Astronomie 103 (Special issue on exobiology) (Dezember 1989).

Übersichtsartikel

Papagiannis, M. D.: *Commission 51: Search for Extraterrestrial Life.* IAU Transaction 19A (1985), S. 713.

Sagan, C.; Drake, F.: *The Search for Extraterrestrial intelligence.* In: *Scientific American* 232 (5) (1975), S. 80.

Cape, J.: *Life in the universe.* In: *The Cambridge Encyclopaedia of Astronomy* (1977).

Kapitel 1

Anders, E.: *Pre-biotic organic matter from comets and asteroids.* In: *Nature* 342 (1989), S. 255.

Bonny, P.: *Nouvelles collections de micrométéorites groenlandaises et antarctiques.* In: *L'Astronomie* 103 (1989), S. 498.

Boureau, E.: *Au précambrien: naissance du monde vivant.* In: *La Recherche* 68 (1976), S. 541.

Boureau, E.: *Biogenèse.* In: *Encyclopédia Universalis.* 1980.

Boureau, E.: *Les fossiles précambriens et les origines de l'organisation biologique.* In: *La Vie des Sciences.* Comptes-Rendues de l'Académie des Sciences, serie générale 1 (1984), S. 431.

Brownlee, D. E.: *Interplanetary dust: Its physical nature and entry into the atmosphere of terrestrial planets.* In: Ponnamperuma, C. (Hrsg.): *Comets and the Origin of Life.* (Reidel) 1981.

Buhl, D.; Ponnamperuma, C.: *Interstellar molecules and the origin of life.* In: *Space Life Sciences* 3 (1971), S. 157.

Butler, R. N.: *On the place of organic life in the universe and the possibility of extraterrestrial life.* In: *Irish Astronomical Journal* 14 (1982), S. 177.

Delsemme, A. H.: *Are comets connected to the origin of life?* In: Ponnamperuma, C. (Hrsg.): *Comets and the Origin of Life.* (Reidel) 1981.

Desbruyères,D.: *La vie dans les évents marins.* In: *L'Astronomie* 103 (1989), S. 531.

Dickerson, R. E.: *Chemical evolution and the origin of life.* In: *Scientific American* 239 (3) (1978), S. 70.

Dickerson, R. E.: *Chemische Evolution und der Ursprung des Lebens.* In: *Spektrum der Wissenschaft* (Sept. 1979), S. 98.

Greenberg, J. M.: *Chemical evolution of interstellar dust: a source of prebiotic material?* In: Ponnamperuma, C. (Hrsg.): *Comets and the Origin of Life.* (Reidel) 1981.

Greenberg, J. M.; Weber, P.: *Panspermia: A biological approach.* In: Papagiannis, M. D. (Hrsg.): *The Search for Extraterrestrial Life: Recent Developments.* (IAU) 1985.

Kamminga, H.: *Life from space: A history of panspermia.* In: *Vistas in Astronomy* 26 (1982), S. 67.

Knoll, A. H.: *The precambrian evolution of terrestrial life.* In: Papagiannis, M. D. (Hrsg.): *The Search for Extraterrestrial Life: Recent Developments.* (IAU) 1985.

Lake, J.: *Origin of the eukaryotic nucleus determined by rate-invariant analysis of rRNA sequences.* In: *Nature* 331 (1988), S. 184.

Lawless, J. G.; Folsome, C. E.; Kvenvolden, K. N.: *Organic matter in meteorites.* In: *Scientific American* 226 (6) (1972), S. 38.

Mukhin, L. M.; Gerasimov, M. V.; Safonova, E. N.: *Origin of precursors of organic molecules during evaporation of meteorites and mafic terrestrial rocks.* In: *Nature* 340 (1989), S. 46.

Parkin, D. W.; Tilles, D.: *Influx measurement of extraterrestrial material.* In: *Science* 159 (1968), S. 936.
Ponnamperuma, C. (Hrsg.): *Comets and the Origin of Life.* (Reidel) 1981.
Ponnamperuma, C.: *Cosmochemistry and the origin of life.* In: Ponnamperuma, C. (Hrsg.): *Cosmochemistry and the Origin of Life.* (Reidel) 1981.
Ponnamperuma, C. (Hrsg.): *Cosmochemistry and the Origin of Life.* (Reidel) 1982.
Ponnamperuma, C.; Ochiai, E.: *Comets and origin of life.* In: Wilkening, L. L. (Hrsg.): *Comets.* (University of Arizona Press) 1982.
Roberts, J. A.: *Supernovae and life.* In: *Nature* 308 (1984), S. 318.
Rubenstein, E.; Bonner, W. A.; Noves, H. P.; Brown, G. S.: *Supernovae and life.* In: *Nature* 306 (1983), S. 118.
Schidlowski, M.: *A 3'800-million-year isotopic record of life from carbon in sedimentary rocks.* In: *Nature* 333 (1988), S. 313.
Wallis, M. K.; Wickramasinghe, N. C.; Hoyle, F.; Rabilizirov, R.: *Biologic versus abiotic models of cometary grains.* In: *Monthly Notices of the Royal Astronomical Society* 238 (1989), S. 1165. (Siehe auch wissenschaftliche Korrespondenz in *Nature* 328 (1987), S. 117.)
Wolstencroft, R. D.: *Astronomical sources of circularly polarized light and their role in determing molecular chirality on earth.* In: Papagiannis, M. D. (Hrsg.): *The Search for Extraterrestrial Life: Recent Developments.* (IAU) 1985.
Did life start from clay? In: *Newsweek* 105 (15) (1985), S. 50.

Kapitel 2

Begley, S.: *Science contra Darwin.* In: *Newsweek* 105 (14) (1985), S. 50.
Elredge, N.: *Progress in evolution?* In: *New Scientist* 110 (1511) (1986), S. 54.
Girardon, J.: *Darwin et les extraterrestres.* In: *Sciences et Avenir* 443 (1984), S. 85.
Halstead, B.: *Anti-Darwinian theory in Japan.* In: *Nature* 317 (1985), S. 85.
Jacob, F.: *Evolution and tinkering.* In: *Science* 196 (1977), S. 1161.
Thuillier, P.: *Darwin chez les Samourai.* In: *La Recherche* 17 (1986), S. 1276.
Tintant, H.: *L'évolution des céphalopodes: Gradualisme ou ponctualisme?* In: *La vie des Sciences.* Comptes-Rendues de l'Académie des Sciences, série générale 2 (1985), S. 409.

Kapitel 3

Alvarez, L. W.: *Mass extinctions caused by large bolide impacts.* In: *Physics Today* 40 (7) (1987), S. 24.
Alvarez, L. W.; Alvarez, W.; Asaro, F.; Michel, H. V.: *Extraterrestrial cause for the cretaceous-tertiary extinction.* In: *Science* 208 (1980), S. 1095.
Alvarez, W.; Muller, R. A.: *Evidence from crater ages for periodic impacts the Earth.* In: *Nature* 308 (1984), S. 718.
Audouze, J.: *Le géologue, l'astrophysicien et la fin des dinosaures.* In: *La Recherche* 12 (1981), S. 78.
Beatty, J. K.: *Killer crater in the Yucatan?* In: *Sky and Telescope* 82 (1) (1991), S. 38.

Cherfas, J.: *Extinction patterns of evolution.* In: *New Scientist* (3. Oktober, 1985), S. 48.

Clark, D.; Hunt, G.; McCrea, W.: *Celestial chaos and terrestrial catastrophes.* In: *New Scientist* 80 (1978), S. 861.

Clube, S. V. M.; Napier, W. M.: *Terrestrial catastrophism: Nemesis or Galaxy?* In: *Nature* 311 (1984), S. 635.

Crawford, A. R.: *Spiral Arms, comets and terrestrial catastrophism: A Discussion.* In: *Quarterly Journal of the Royal Astronomical Society* 26 (1985), S. 53.

Crowley, T. J.; North, G. R.: *Abrupt climate change and extinction events in earth history.* In: *Science* 240 (1988), S. 996.

Crutzen, P. J.: *Acid rain at the K/T boundary.* In: *Nature* 330 (1987), S. 108.

Davis, M.; Hut, P.; Muller, R. A.: *Extinction of species by periodic comet showers.* In: *Nature* 308 (1984), S. 715.

Delsemme, A. H.: *Une explication astronomique à la disparition des dinosaures.* In: *L'Astronomie* 99 (1985), S. 3.

Donovan, S. K.: *Iridium anomalous no longer?* In: *Nature* 326 (1987), S. 331.

Fremlin, J.: *Dinosaur death: The unconscious factor.* In: *New Scientist* 81 (1979), S. 259.

Hallam, A.: *The cause of mass extinctions.* In: *Nature* 308 (1984), S. 686.

Halliday, I.; Blackwell, A. T.; Griffin, A. A.: *Meteorite impacts on humans and on buildings.* In: *Nature* 318 (1985), S. 317.

Hess, J.; Bender, M. L.; Schilling, J.-G.: *Evolution of the ratio of strontium-87 to strontium-86 in seawater from cretaceous to present.* In: *Science* 231 (1986), S. 979.

Hut, P.; Alvarez, W.; Elder, W. P.; Hansen, T.; Kaufman, E. G.; Keller, G.; Shoemaker, E. M.; Weissman, P. R.: *Comet showers as a cause of mass extinctions.* In: *Nature* 329 (1987), S. 118.

Jablonski, D.: *Background and mass extinctions: The alternation of macroevolutionary regimes.* In: *Science* 231 (1986), S. 129.

Kyte, F. T.; Wasson, J. T.: *Accretion rate of extraterrestrial matter: Iridium deposited 33 to 67 million years ago.* In: *Science* 232 (1986), S. 1225.

Lutz, T. M.: *Themagnetic reversal record is not periodic.* In: *Nature* 317 (1985), S. 404.

Muller, R. A.: *Evidence for a solar companion star.* In: Papagiannis, M. D. (Hrsg.): *The Search for Extraterrestrial Life: Recent Developments.* (IAU) 1985.

Officer, C. B.; Drake, C. L.: *Terminal cretaceous environmental events.* In: *Science* 227 (1985), S. 1161.

Officer, C. B.; Hallam, A.; Drake, C. L.; Devine, J. D.: *Late Cretaceous and paroxysmal Cretaceous/Tertiary extinctions.* In: *Nature* 326 (1987), S. 143.

Öpik, E. J.: *Our cosmic destiny.* In: *Irish Astronomical Journal* 11 (1973), S. 113.

Poupeau, G.: *Une horloge astronomique rythme-t-elle la disparition des espèces?* In: *La Recherche* 16 (1985), S. 674.

Rampino, M. R.; Stothers, R. B.: *Terrestrial mass extinctions, cometary impacts and the sun's motion perpendicular to the galactic plane.* In: *Nature* 308 (1984), S. 709.

Rampino, M. R.; Stothers, R. B.: *Flood basalt volcanism during the past 250 million years.* In: *Science* 241 (1988), S. 663.

Raup, D. M.: *Magnetic reversals and mass extinctions.* In: *Nature* 314 (1985), S. 341.

Raup, D. M.; Sepkoski, J. J. Jr.: *Periodic extinctions of families and genera.* In: *Science* 231 (1986), S. 833.

Renard, M.; Rocchia, R.: *Extinction des espèces au secondaire: La Terre dans un nuage interstellaire?* In: *La Recherche* 15 (1984), S. 393.

Rocchia, R.; Boclet, D.: *Des dinosaures aux pluies de comètes.* In: *Ciel et Espace* 207 (1986), S. 28.

Russel, D. A.: *The mass extinctions of the late mesozoic.* In: *Scientific American* 246 (1) (1982), S. 48.

Russel, D. A.: *Der Untergang der Dinosaurier.* In: *Spektrum der Wissenschaft* (März 1982), S. 16.

Schwarz, R. D.; James, P. B.: *Periodic mass extinctions and the Sun's oscillation about the galactic plane.* In: *Nature* 308 (1984), S. 712.

Schwarzschild, B.: *Do asteroid impacts trigger geomagnetic reversals?* In: *Physics Today* 40 (2) (1987), S. 17.

Sepkoski, J. J. Jr.: *Some implications of mass extinction for the evolution of complex life.* In: Papagiannis, M. D. (Hrsg.): *The Search for Extraterrestrial Life: Recent Developments.* (IAU) 1985.

Thaddeus, P.; Chanan, G. A.: *Cometary impacts, molecular clouds, and the motion of the Sun perpendicular to the galactic plane.* In: *Nature* 314 (1985), S. 73.

Torbett, M. V.; Smoluchowski, R.: *Orbital stability of the unseen solar companion linked to periodic extinction events.* In: *Nature* 311 (1984), S. 641.

Tucker, W. H.: *Astrophysical crises in the evolution of life in the Galaxy.* Report CP-2156 (NASA) 1981.

Van Den Bergh, S.: *Life and death in the inner solar system.* In: *Publications of the Astronomial Society of the Pacific* 101 (1989), S. 500.

Van Valen, L. M.: *The case against impact extinction.* In: *Nature* 311 (1984), S. 18.

Weissman, P. R.: *Terrestrial impactors at geological boundary events: Comets or asteroids?* In: *Nature* 314 (1985), S. 517.

Whitmire, D. P.; Jackson. A. A., IV.: *Are periodic mass extinctions driven by a distant solar companion?* In: *Nature* 308 (1984), S. 713.

Whitmire, D. P.; Matese, J. J.: *Periodic comet showers and planet X.* In: *Nature* 313 (1985), S. 36.

Wolbach, W. S.; Gilmour, I.; Anders, E.; Orth, C. J.; Brooks, R. R.: *Global fire at the Cretaceous-Tertiary boundary.* In: *Nature* 334 (1988), S. 665.

Zhao, M.; Bada, J. L.: *Extraterrestrial amino acids in Cretaceous/Tertiary boundary sediments at Stevns Klint, Denmark.* In: *Nature* 339 (1989), S. 463.

Kapitel 4

Balébanov, V.: *Mission Phobos: un pas vers Mars.* In: *La Recherche* 19 (1988), S. 396.

Banks, P. M.; Ride, S. K.: *Soviets in space.* In: *Scientific American* 260 (2) (1989), S. 18.

Barnola, J. M.; Raynaud, D.; Korotkevich, Y. S.; Lorius, C.: *Vostok ice core provides 160'000-year record of atmospheric* CO_2. In: *Nature* 329 (1987), S. 408.

Begley, S.: *On the wings of Icarus.* In: *Newsweek* 117 (20) (20. Mai 1991), S. 42.

Berger, A.: *L'hiver nucléaire.* In: *La Recherche* 17 (179) (1986), S. 880.

De Goursac, O.: *Objectif 2017: des hommes sur Mars!* In: *Ciel et Espace* 216 (1987), S. 33.

Dickinson, R. E.; Cicerone, R. J.: *Future global warming from atmospheric trace gases.* In: *Nature* 319 (1986), S. 109.

Dyson, F.: *Human consequences of the exploration of space.* In: *Bulletin of the Atomic Scientist* 25 (7) (1969), S. 8.

Eshleman, V. R.: *Colonization of space: Destiny or folly?* In: *Nature* 324 (1986), S. 115.

Finney, B. R.: *Exponential expansion: Galactic destiny or technological hubris?* In: Papagiannis, M. D. (Hrsg.): *The Search for Extraterrestrial Life: Recent Developments.* (IAU) 1985.

Guillen, M.: *Moon mines, space factories and colony L5.* In: *Science News* 110 (1976), S. 124.

Heath, D. F.: *Non-seasonal changes in total column ozone from satellite observations, 1970-86.* In: *Nature* 332 (1988), S. 219.

Hörner, S. von: *The general limits of space travel.* In: *Science* 137 (1962), S. 18.

Hörner, S. von: *Population explosion and interstellar expansion.* In: *Journal of the British Interplanetary Society* 28 (1975), S. 691.

Khalil, M. A. K., Rasmussen, R. A.: *Carbon monoxide in the earth's atmosphere: Indications of a global increase.* In: *Nature* 332 (1988), S. 242.

Kuo, C.; Lindberg, C.; Thomson, D. J.: *Coherence established between atmospheric carbon dioxide and global temperature.* In: *Nature* 343 (1990), S. 709.

Lebeau, A.: *L'astronaute et le robot.* In: *Futuribles* (September 1986).

Marshall, E.: *Nuclear winter debate heats up.* In: *Science* 235 (1987), S. 271.

Oberg, J. E.: *Un homme sur Mars.* In: *La Recherche* 17 (1986), S. 510.

O'Neill, G. K.: *Colonization of space.* In: *Physics Today* 27 (9) (1974), S. 32.

O'Neill, G. K.: *Space colonies and energy supply to the Earth.* In: *Science* 190 (1975), S. 943.

Papagiannis, M. D.: *Natural selection of stellar civilizations by the limits of growth.* In: *Quarterly Journal of the Royal Astronomical Society* 25 (1985), S. 309.

Pyle, J. A.; Farman, J. C.: *Antarctic chemistry to blame.* In: *Nature* 329 (1987), S. 103.

Schneider, S. H.: *The greenhouse effect: Science and policy.* In: *Science* 243 (1989), S. 771.

Schneider, S. H.; Thompson, S. L.: *Simulating the climatic effects of nuclear war.* In: *Nature* 333 (1988), S. 221.

Stolarski, R. S.: *The antarctic ozone hole.* In: *Scientific American* 285 (1) (1988), S. 20.

Stolarski, R. S.: *Das Ozonloch über der Antarktis.* In: *Spektrum der Wissenschaft* (März 1988), S. 70.

Sullivan, S.: *Nature's revenge.* In: *Newsweek* 109 (9) (1987), S. 40.

Sundquist, E. T.: *Ice core links CO_2 to climate.* In: *Nature* 329 (1987), S. 389.

Turco, R. P.; Toon, O. B.; Ackerman, T. P.; Pollack, J. B.; Sagan, C.: *Nuclear winter: Global consequences of multiple nuclear explosions.* In: *Science* 222 (1983), S. 1283.

Turco, R. P.; Toon, O. B.; Ackerman, T. P.; Pollack, J. B.; Sagan, C.: *Climate and smoke: An appraisal of nuclear winter.* In: *Science* 247 (1990), S. 166.

Volz, A.; Kley, D.: *Evolution of the Montsouris series of ozone measurements made in the nineteenth century.* In: *Nature* 332 (1988), S. 240.

Kapitel 5

Cairns-Smith, G.: *Signs of life*. In: *New Scientist* 109 (1489) (1986), S. 34.

Carlotto, M. J.: *Digital imagery analysis of unusual Martian surface features*. In: *Applied Optics* 27 (1988), S. 1926.

Davies, R. E.; Delluva, A. M.; Koch, R. H.: *No valid evidence exists for interstellar proteins, bacteria, etc.* In: Papagiannis, M. D. (Hrsg.): *The Search for Extraterrestrial Life: Recent Developments*. (IAU) 1985.

Goldspiel, J. M.; Squyres, S. W.: *Ancient aqueous sedimentation on Mars*. In: *Icarus* 89 (1991), S. 392.

Horowitz, N. H.: *La vie sur Mars*. In: *Le système solaire* (Bibliothèque pour la Science).

McKay, C. P.; Toon, O. B.; Kasting, J. F.: *Making Mars habitable*. In: *Nature* 352 (1991), S. 489.

McKay, C. P.: *Urey prize lecture: Planetary evolution and the evolution and origin of life*. In: *Icarus* 91 (1991), S. 93.

Reynolds, R. T.; Squyres, S. W.; Colburn, D. S.; McKay, C. P.: *On the habitability of Europa*. In: *Icarus* 56 (1983), S. 246.

Sagan, C.; Thompson, W. R.; Khare, B. N.: *Tiran's organic chemistry*. In: Papagiannis, M. D. (Hrsg.): *The Search for Extraterrestrial Life: Recent Developments*. (IAU) 1985.

Schneider, J.: *A model for a non-chemical form of life: Crystalline physiology*. In: *Origins of Life* 8 (1977), S. 33.

Wilford, J. N.: Mars – unser geheimnisvoller Nachbar. (Birkhäuser) 1992.

Kapitel 6

Aumann, H. H.: *Protplanetary material around nearby stars*. In: Papagiannis, M. D. (Hrsg.): *The Search for Extraterrestrial Life: Recent Developments*. (IAU) 1985.

Aumann, H. H.: *Prospects of infrared prospecting for planets*. In: *Nature* 328 (1987), S. 208.

Becklin, E. E.; Zuckerman, B.: *A low-temperature companion to a white dwarf star*. In: *Nature* 336 (1988), S. 656.

Beckwith, S.; Sargent, A.: *HL Tauri, a site for planet formation?* In: *Mercury* 16 (1987), S. 178.

Black, D. C.: *A review of the scientific rationale and methods used in the search for other planetary systems*. In: Papagiannis, M. D. (Hrsg.): *The Search for Extraterrestrial Life: Recent Developments*. (IAU) 1985.

BMS. *Infrared evidence for protoplanetary rings around seven stars*. In: *Physics Today* 37 (5) (1984), S. 17.

Burke, B. F.: *Detection of planetary systems and the search for evidence of life*. In: *Nature* 322 (1986), S. 340.

Campbell, B.; Garrison, R. F.: *On the inclination of extra-solar planetary orbits*. Preprint. (Dominion Astrophysical Observatory, Canada) 1984.

Campbell, B.; Walker, G. A. H.; Pritchet, C.; Long, B.: *The search for low mass stellar companions with the HF precision velocity technique*. Workshop on the Astrophysics of Brown Dwarfs. Fairfax, Virginia, Oktober 1985.

Campbell, B.; Walker, G. A. H.: *Stellar radial velocities of high precision: Techniques and results*. In: *Stellar Radial Velocities*. IAU Colloquium 88. Oktober 1984.

Couper, H.: *In search of solar systems*. In: *New Scientist* 112 (1534) (1986), S. 34.

Diner, D. J.; Appleeby, J. F.: *Prospecting for planets in circumstellar dust: Sifting the evidence from β Pictoris*. In: *Nature* 322 (1986), S. 436.

Duquennoy, A.; Mayor, M.: *Duplicity of solar-like stars in the solar neighborhood*. In: Vazquez, M. (Hrsg.): *Proceedings of the XI European Regional Astronomy Meeting*. (Cambridge University Press).

Encrenaz, T.: *La recherche d'autres systèmes solaires*. In: *La Recherche* 14 (1983), S. 1597.

Harvey, P. M.; Wilking, B. A.; Joy, M.: *On the far-infrared excess of Vega*. In: *Nature* 307 (1984), S. 441.

Latham, D. W.; Mazeh, T.; Stefanik, R. P.; Mayor, M.; Burki, G.: *The unseen companion of HD 114762: A probable brown dwarf*. In: *Nature* 339 (1989), S. 38.

Lyne, A. G.; Bailes, M.: *No planet orbiting PSR1829-10*. In: *Nature* 355 (1992), S. 213.

McCarthy, D. W.; Henry, T. J.: *Direct infrared observations of the very low mass object Gliese 623B*. In: *Astrophysical Journal* 319 (1987), S. L95.

Nakano, T.: *Formation of planets around stars of various masses*. In: *Monthly Notices of the Royal Astronomical Society* 224 (1987), S. 117.

Page, T.: *Detecting distant planets with space telescope*. In: Papagiannis, M. D. (Hrsg.): *The Search for Extraterrestrial Life: Recent Developments*. (IAU) 1985.

Perrier, C.; Mariotti, J.-M.: *On the binary nature of Van Biesbroek 8*. In: *Astrophysical Journal* 312 (1987), S. L23.

Reeves, H.: *Une planète bien curieuse*. In: *Ciel et Espace* 204 (1985), S. 5.

Struck-Marcell, C. C.: *SiO masers in late-type giant stars: Jovian planets engulfed*. In: *Astrophysical Journal* 330 (1988), S. 986.

Tayler, R. J.: *Les naines brunes*. In: *La Recherche* 19 (1988), S. 326.

Wolszczan, A.; Frail, D. A.: *A planetary system around the millisecond pulsar PRS1257+12*. In: *Nature* 355 (1992), S. 145.

Zuckerman, B.; Becklin, E. E.: *Excess infrared radiation from a white dwarf: An orbiting brown dwarf?* In: *Nature* 300 (1987), S. 138.

Kapitel 7

Freeman, J.; Lampton, M.: *Interstellar archeology and the prevalence of intelligence*. In: *Icarus* 25 (1975), S. 368.

Harrington, R. S.; Harrington, B. J.: *Can we find a place to live near a multiple star?* In: *Mercury* 7 (6) (1978).

Hart, M. H.: *Habitable zones about main sequence stars*. In: *Icarus* 37 (1979), S. 351.

Hohlfeld, R. G.; Terzian, Y.: *Multiple stars and the number of habitable planets in the Galaxy*. In: *Icarus* 30 (1977), S. 598.

Kasting, J. F.; Toon, O. B.; Pollack, J. B.: *How climate evolved on the terrestrial planets*. In: *Scientific American* 258 (2) (1988), S. 46.

Kasting, J. F.: *Die Entwicklung des Klimas auf den erdähnlichen Planeten*. In: *Spektrum der Wissenschaft* (April 1988), S. 46.

Kreifeld, J. G.: *A formulation for the number of communicative civilizations in the Galaxy.* In: *Icarus* 14 (1971), S. 419.

Lindley, D.: *Is the Earth alive or dead?* In: *Nature* 332 (1988), S. 483.

Lovelock, J.: *Gaia: The world as a living organism.* In: *New Scientist* 112 (1986), S. 1539.

Oliver, B. M.: *Proximity of galactic civilizations.* In: *Icarus* 25 (1975), S. 360.

Schneider, S. H.; Thompson, S. L.: *Cosmic conclusions from climatic models: Can they be justified?* In: *Icarus* 41 (1980), S. 456.

Shklovsky, I. S.: *Problema vnezemnykh tsivilizatsei i ee filosofskie aspekti.* In: *Voprosy Filosofii* 2 (1973), S. 76.

Sturrock, P. A.: *Uncertainty Estimates of the Number of Extraterrestrial Civilizations.* SUIPR report 808. 1980.

Wallenhorst, S. G.: *The Drake equation re-examined.* In: *Quarterly Journal of the Royal Astronomical Society* 22 (1981), S. 380.

Walters, C.; Hoover, R. A.; Kotra, R. K.: *Interstellar colonization: A new parameter for the Drake equation?* In: *Icarus* 41 (1980), S. 193.

Kapitel 8

Ball, J.: *The zoo hypothesis.* In: *Icarus* 19 (1973), S. 347.

Brin, G. D.: *The great silence: The controversy concerning extraterrestrial intelligent life.* In: *Quarterly Journal of the Royal Astronomical Society* 24 (1983), S. 283.

Clarke, J. N.: *Extraterrestrial intelligence and galactic nuclear activity.* In: *Icarus* 46 (1981), S. 94.

Cox, L. J.: *An explanation for the absence of extraterrestrials on Earth.* In: *Quarterly Journal of the Royal Astronomical Society* 17 (1976), S. 201.

Hart, M. H.: *An explanation for the absence of extraterrestrials on Earth.* In: *Quarterly Journal of the Royal Astronomical Society* 16 (1975), S. 128.

Jones, E. M.: *Colonization of the Galaxy.* In: *Icarus* 28 (1976), S. 421.

Jones, E. M.: *Discrete calculations of interstellar migration and settlement.* In: *Icarus* 46 (1981), S. 328.

Newman, W. I.; Sagan, C.: *Galactic civilizations: Population dynamics and interstellar diffusion.* In: *Icarus* 46 (1981), S. 293.

Papagiannis, M. D.: *Are we all alone, or could they be in the asteroid belt?* In: *Quarterly Journal of the Royal Astronomical Society* 19 (1978), S. 277.

Sagan, C.: *Direct contact among galactic civilizations by relativistic interstellar spaceflight.* In: *Planetary and Space Science* 11 (1963), S. 485.

Sagan, C.: *On the detectivity of advanced galactic civilizations.* In: *Icarus* 19 (1973), S. 350.

Sagan, C.; Newman, W. I.: *The solipsist approach to extraterrestrial intelligence.* In: *Quarterly Journal of the Royal Astronomical Society* 24 (1983), S. 113.

Schwartzman, D.: *The absence of extraterrestrials on earth and the prospects for CETI.* In: *Icarus* 32 (1972), S. 473.

Stephenson, D. G.: *Extraterrestrial cultures within the solar system.* In: *Quarterly Journal of the Royal Astronomical Society* 20 (1979), S. 422.

Tipler, F.: *Extraterrestrial intelligent beings do not exist.* In: *Quarterly Journal of the Royal Astronomical Society* 21 (1980), S. 267.

Tipler, F.: *A brief history of the extraterrestrial intelligence concept.* In: *Quarterly Journal of the Royal Astronomical Society* 22 (1981), S. 133.

Tipler, F.: *Additional remarks on extraterrestrial intelligence.* In: *Quarterly Journal of the Royal Astronomical Society* 22 (1981), S. 279.

Tipler, F.: *Extraterrestrial intelligent beings do not exist.* In: *Physics Today* (April 1981), S. 9. (Siehe auch *Letters to the editor* (März 1982), S. 26.)

Tipler, F.: *The most advanced civilization in the Galaxy is ours.* In: *Mercury* 11 (1) (1982), S. 5.

Kapitel 9

Condon, E. U. et al.: *Scientific Study of Unidentified Flying Objects.* (Dutton). Reviews: Hynek, J. A. In: *Bulletin of the Atomic Scientist* 25 (24) (1969), S. 39; Rothberg, G. In: *Physics Today* 22 (12) (1969), S. 69; Chiu, H. Y. In: *Icarus* 11 (1979), S. 447.

Condon, E. U.: *UFOs I have loved and lost.* In: *Bulletin of the Atomic Scientist* 25 (10) (1969), S. 6.

Esterle, A.: *Les phénomènes aérospatiaux non identifiés à l'étude en France.* In: *La Recherche* 10 (1979), S. 761.

Granger, M.; Oberg, J. E.: *La NASA et les chasseurs d'OVNI.* In: *La Recherche* 10 (1979), S. 753.

Margolis, H.: *The UFO phenomenon.* In: *Bulletin of the Atomic Scientist* 23 (6) (1967), S. 40.

Migouline, V.: *Les phénomènes aérospatiaux non identifiés á l'étude en Union Soviétique.* In: *La Recherche* 10 (1979), S. 760.

Pauwells, L.; Bergier, J.: *Le Matin des Magiciens.* (Gallimard) 1960.

Poher, C.: *Etude statistique des rapport d'observation du phénomène OVNI.* Toulouse (GEPAN) 1976.

Reeves, H.: *Le message des OVNI.* In: *La Recherche* 10 (1979), S. 762.

Rubtsov, V. V.: *Building the scientific paleovisitology.* In: *Ancient Skies* 13 (2) (1986).

Sagan, C.: *Unidentified flying objects.* In: *Bulletin of the Atomic Scientists* 23 (6) (1967), S. 43.

Sturrock, P. A.: *Extraterrestrial intelligent life.* In: *Quarterly Journal of the Royal Astronomical Society* 19 (1978), S. 521.

Temple, R. K. S.: *The Sirius Mystery.* (Sidgwick and Jackson) 1976. Review: Ovenden, M. In: *Nature* 261 (1976), S. 617.

On the UFOs. In: *Bulletin of the Atomic Scientists* 23 (10) (1967), S. 40.

Des soucoupes volantes aux OVNI. In: *Problèmes politiques et sociaux* 450–451 (1982), S. 18.

Kapitel 10

Bates, D. R.: *Difficulty of interstellar radio communication.* In: *Nature* 248 (1974), S. 317.

Bates, D. R.: *On making radio contact with extraterrestrial civilizations.* In: *Astrophysics and Space Science* 55 (1978), S. 7.

Black, D.; Tarter, J.; Cuzzi, J. N.; Conners, M.; Clark, T. A.: *Searching for extraterrestrial intelligence: The ultimate exploration.* In: *Mercury* 6 (4) (1977), S. 8.

Bracewell, R.: *Interstellar messengers.* In: *Mercury* 4 (2) (1975), S. 4.

Cocconi, G.; Morrison, P.: *Searching for interstellar communications.* In: *Nature* 184 (1959), S. 844.

Deardorff, J. W.: *Possible extraterrestrial strategy for Earth.* In: *Quarterly Journal of the Royal Astronomical Society* 27 (1986), S. 94.

Dixon, R. S.: *A search strategy for finding extraterrestrial radio beacons.* In: *Icarus* 20 (1973), S. 187.

Drake, F. D.; Sagan, C.: *Interstellar radio communication and the frequency selection problem.* In: *Nature* 245 (1973), S. 257.

Dyson, F. J.: *Search for artificial stellar sources of infrared radiation.* In: *Science* 131 (1960), S. 1667.

Freitas, R. A. Jr.: *Metalaw and interstellar relations.* In: *Mercury* 6 (2) (1977), S. 15.

Freudenthal, H.: *Lincos, design of a language for cosmic intercourse.* Review: Hogben, L. In: *Nature* 192 (1967), S. 826.

Frisch, D.; Melia, F.: *Siblings for SETI.* In: *Icarus* 55 (1983), S. 432.

Hörner, S. von: *The search for signals from other civilizations.* In: *Sience* 134 (1961), S. 1893.

Kardashew, N. S.: *Transmission of information by extraterrestrial civilizations.* In: *Soviet Astronomy* 8 (1964), S. 217.

Kuiper, T. B. H.; Morris, M.: *Searching for extraterrestrial civilizations.* In: *Science* 196 (1977), S. 616.

Makovetskii, P. V.: *Structure of call signals of extraterrestrial civilizations.* In: *Soviet Astronomy* 20 (1976), S. 123.

Makovetskii, P. V.: *Nova Cygni 1975: A synchrosignal for extraterrestrial civilizations?* In: *Soviet Astronomy* 21 (1977), S. 251.

Makovetskii, P. V.: *Mutual strategy of search for CETI call signals.* In: *Icarus* 41 (1980), S. 178.

McLaughlin, W. I.: *On the timing of an interstellar communication.* In: *Icarus* 32 (1977), S. 464.

Murray, B.; Gulkis, S.; Edelson, R. E.: *Extraterrestrial intelligence: An observational approach.* In: *Science* 199 (1978), S. 485.

National Astronomy and Ionosphere Center. *The Arecibo message of November, 1974.* In: *Icarus* 26 (1975), S. 462.

Pace, G. W.; Walker, J. C. G.: *Time markers in interstellar communication.* In: *Nature* 254 (1975), S. 400.

Papagiannis, M. D.: *An infrared search in our solar system as part of a more flexible search strategy.* In: Papagiannis, M. D. (Hrsg.): *The Search for Extraterrestrial Life: Recent Developments.* (IAU) 1985.

Seeger, C. L.: *Strategic considerations in SETI, and a microwave approach.* In: *Acta Astronautica* 6 (1979), S. 105.

Sullivan, W. T. III.; Mighell, K. J.: *A Milky Way search strategy for extraterrestrial intelligence.* In: *Icarus* 60 (1984), S. 675.

USSR Academy of Sciences. *The Soviet CETI programm.* In: *Icarus* 26 (1975), S. 377.

Kapitel 11

Biraud, F.: *Bilan du programme SETI à Nançay, 1981–1989.* In: *L'Astronomie* 103 (1989), S. 566.

Bowyer, S.; Zeitlin, G.; Tarter, J.; Lampton, M.; Welch, W. J.: *The Berkeley parasitic SETI program.* In: *Icarus* 53 (1983), S. 147.

Cohen, N. L.; Malkan, M. A.; Dickey, J. M.: *A passive SETI in globular clusters at the hydroxyl and water lines.* In: *Icarus* 41 (1980), S. 198.

Dixon, R. S.; Cole, D. M.: *A modest all-sky search for narrow-band radio radiation near the 21-cm Hydrogen line.* In: *Icarus* 30 (1977), S. 267.

Dixon, R. S.: *The Ohio SETI program: The first decade.* In: Papagiannis, M. D. (Hrsg.): *The Search for Extraterrestrial Life: Recent Developments.* (IAU) 1985.

Gray, R. H.: *A small SETI radio telescope.* In: *Sky and Telescope* (April 1985), S. 354.

Heidmann, J.: *Emission radio anormale provenant de la direction d'une étoile.* In: *Comptes-Rendues de l'Académie des Sciences,* serié II (1) (1986), S. 47.

Heidmann, J.: *Le Mega-SETI, une étape majeure en bioastronomie.* In: *Journal des astronomes français* 29 (1987), S. 11.

Heidmann, J.: *Mega-SETI, à la recherche des extraterrestres.* In: *Ciel et Espace* 225 (1988), S. 32.

Horowitz, P.: *A search for ultra-narrowband signals of extraterrestrial origin.* In: *Science* 201 (1978), S. 733.

Horowitz, P.; Froster, J.: *Project Sentinel: An ultra-narrowband SETI at Harvard/Smithsonian.* In: Papagiannis, M. D. (Hrsg.): *The Search for Extraterrestrial Life: Recent Developments.* (IAU) 1985.

Kent, S.; Uhil, G.: *Popular Support for the Search for Extraterrestrial Intelligence (SETI).* IAF Congress paper IAA-8983.

Papagiannis, M. D.: *Recent progress and future plans on the search for extraterrestrial intelligence.* In: *Nature* 318 (1985), S. 135.

Sweet, W.: *Spielberg funds search for ETs by Harvard-Smithsonian.* In: *Physics Today* 39 (1) (1986), S. 80.

Tarter, J.: *SETI observations worldwide.* In: Papagiannis, M. D. (Hrsg.): *The Search for Extraterrestrial Life: Recent Developments.* (IAU) 1985.

Tarter, J.; Cuzzi, J.; Black, D.; Clark, T.: *A high-sensitivity search for extraterrestrial intelligence at 18 cm.* In: *Icarus* 42 (1980), S. 136.

Troitsky, V. S.; Starodubtsev, A. M.; Gershtein, L. I.; Rakhlin, V. L.: *Search for monochromatic 927-Mhz radio emission from nearby stars.* In: *Soviet Astronomy* 15 (1971), S. 508.

Troitsky, V. S.; Bondar, L. N.; Starodubtsev, A. M.: *The search for sporadic radio emission from space.* In: *Soviet Physics Uspekhi* 17 (1975), S. 607.

Verschuur, G. L.: *A search for narrow band 21-cm wavelength signals from ten nearby stars.* In: *Icarus* 19 (1973), S. 329.

Kapitel 12

Bainbridge, W. S.: *Attitudes toward interstellar communication: An empirical study.* In: *Journal of the British Interplanetary Society* 36 (1983), S. 298.

Hoyle, F.; Wickramasinghe, N. C.: *The case for life as a cosmic phenomenon.* In: *Nature* 322 (1986), S. 509.

Hoyle, F.; Wickramasinghe, N. C.; Al-Mufti, S.: *The case for interstellar microorganisms.* In: *Astrophysics and Space Science* 110 (1985), S. 401.

Maddox, J.: *When reference means deference.* In: *Nature* 321 (1986), S. 723.

Sagan, C.: *Extraterrestrial intelligence: An international petition.* In: *Science* 218 (1982), S. 426.

Sagan, C.: *SETI petition.* In: *Science* 220 (1983), S. 462.

Tarter, J. C.: *SETI program.* In: *Science* 220 (1983), S. 359.

Tipler, F. J.: *Extraterrestrial intelligence: A skeptical view of radio searches.* In: *Science* 219 (1983), S. 110.

Kapitel 13

Breuer, R.: *Das anthropische Prinzip.* (Megster) 1981.

Carr, B. J.: *On the origin and purpose of the physical universe.* In: *Irish Astronomical Journal* 15 (1983), S. 237.

Carr, B. J.; Rees, M. J.: *The anthropic principle and the structure of the physical world.* In: *Nature* 278 (1979), S. 605.

Finney, B.: *The impact of contact.* (International Astronautical Congress, Innsbruck) 1986.

Gale, G.: *The anthropic principle.* In: *Scientific American* 245 (6) (1981), S. 154.

Gale, G.: *Das anthropische Prinzip; Kein Universum ohne Mensch.* In: *Spektrum der Wissenschaft* (Feb. 1982), S. 90.

Gribbin, J., Rees, M.: *Ein Universum nach Maß.* (Birkhäuser) 1991.

Rees, M.: *The anthropic universe.* In: *New Scientist* 115 (1572) (1987), S. 44.

Index